你问我答学工控

学会通用变频器应用

主　编　王桂英

参　编　孙玉倩　张志伟　白润峰　胡振波　孙　燕
　　　　王　月　迟彩芬　贺爱萍　曹　峥　张伯虎

中国电力出版社
CHINA ELECTRIC POWER PRESS

内 容 提 要

本书从实际应用和教学需要出发，采用问答形式，由浅入深、循序渐进地介绍了变频器的功能及分类、变频器控制电路构成、变频器的选型、变频器使用测量工具、电子元器件识别与检测、变频器的安装、高性能通用矢量变频器的接线实例实战详解、通用矢量变频器的试运行实例、高性能矢量变频器参数设定、高性能矢量变频器故障诊断及维护等内容。在介绍维修实践时，按照变频器的品牌分类进行故障讲解，这样使读者能够更加有针对性的学会不同品牌变频器的维修思路、技巧和常见故障排除。

本书在编写过程中最大限度地降低学习难度，以提高读者的学习兴趣。全书层次分明，系统性强，注重理论联系实践，每章中都结合大量实例问题去讲解，便于读者学习。可作为电气及相关专业人员和初学者的入门读物及自学教材，也可作为相关院校和培训学校师生的参考学习资料。

图书在版编目(CIP)数据

学会通用变频器应用/王桂英主编. —北京：中国电力出版社，2015.3

(你问我答学工控)

ISBN 978-7-5123-6433-2

Ⅰ.①学… Ⅱ.①王… Ⅲ.①变频器-应用-问题解答 Ⅳ.①TN773-44

中国版本图书馆 CIP 数据核字(2014)第 212554 号

中国电力出版社出版、发行

(北京市东城区北京站西街 19 号 100005 http://www.cepp.sgcc.com.cn)

航远印刷有限公司印刷

各地新华书店经售

*

2015 年 3 月第一版 2015 年 3 月北京第一次印刷

710 毫米×980 毫米 16 开本 20.5 印张 357 千字

印数 0001—3000 册 定价 **48.00** 元

前　言

变频器是应用变频技术与微电子技术，通过改变电动机工作电源频率方式来控制交流电动机的电力控制设备。变频器主要由整流（交流变直流）、滤波、逆变（直流变交流）、制动单元、驱动单元、检测单元微处理单元等组成。变频器靠内部 IGBT 的开断来调整输出电源的电压和频率，根据电动机的实际需要来提供其所需要的电源电压，进而达到节能、调速的目的。另外，变频器还有很多的保护功能，如过流、过压、过载保护等。随着工业自动化程度的不断提高，变频器也得到了非常广泛的应用。

本书以欧姆龙、安邦信、艾默生、中源通用矢量变频器等几种具有代表性的变频器为主线，详细讲解了变频器的功能及分类、变频器控制电路构成、变频器的选型、变频器使用测量工具、电子元器件识别与检测、变频器的安装、高性能通用矢量变频器的接线实例实战详解、通用矢量变频器的试运行、高性能矢量变频器参数设定、高性能矢量变频器故障诊断及维护等内容。在编写过程中，充分考虑了初学者的需要，力求语言通俗，内容翔实，图文并茂，实用性强，便于初学者学习和掌握。

本书最大的特点是在介绍维修实践时，按照变频器的品牌分类进行故障讲解，这样使读者能够更加有针对性地学会不同品牌变频器的维修思路、技巧和常见故障排除，可作为电气及相关专业人员和初学者的入门读物及自学教材，也可作为相关院校和培训学校师生的参考学习资料。

本书由王桂英任主编，孙玉倩、张志伟、白润峰、胡振波、孙燕、王月、迟彩芬、贺爱萍、曹峥、张伯虎参与了本书的编写工作。

由于编者水平和时间有限，书中还有很多不足之处，敬请广大读者谅解。

编　者

目　录

6 通用变频器的数字式操作器与操作模式/124

9

认 识 变 频 器

问 1 什么是变频器?

答: 变频器(Variable-frequency Drive,VFD)是应用变频技术与微电子技术,通过改变电动机工作电源频率的方式来控制交流电动机的电力控制设备。变频器主要由整流(交流变直流)、滤波、逆变(直流变交流)、制动单元、驱动单元、检测单元、微处理单元等组成。变频器靠内部 IGBT 的开断来调整输出电源的电压和频率,根据电动机的实际需要来提供其所需要的电源电压,进而达到节能、调速的目的。另外,变频器还有很多的保护功能,如过流、过压、过载保护等。随着工业自动化程度的不断提高,变频器也得到了非常广泛的应用。变频调速能够应用在大部分的电动机拖动场合,由于它能提供精确的速度控制,因此可以方便地控制机械传动的上升、下降和变速运行。

问 2 变频器有哪些功能?

答: 变频应用可以大大提高工艺的高效性(变速不依赖于机械部分),同时可以比原来的定速运行电动机更加节能。变频器的主要功能如下。

(1)变频节能。变频器节能主要表现在风机、水泵的应用上。为了保证生产的可靠性,各种生产机械在设计配用动力驱动时,都留有一定的余量。当电动机不能在满负荷下运行时,除达到动力驱动要求外,多余的力矩增加了有功功率的消耗,造成电能的浪费。风机、泵类等设备传统的调速方法是通过调节入口或出口的挡板、阀门开度来调节给风量和给水量,其输入功率大,且大量的能源消耗在挡板、阀门的截流过程中。当使用变频调速时,如果流量要求减小,通过降低泵或风机的转速即可满足要求。

电动机使用变频器的作用就是为了调速,并降低起动电流。为了产生可变的电压和频率,该设备首先要把电源的交流电变换为直流电(DC),这个过程叫整流。把直流电变换为交流电(AC)的装置称为 inverter(逆变器)。一般逆变器是把直流电源逆变为一定的固定频率和一定电压的逆变电源。对于逆变频率可调、电压可调的逆变器我们称为变频器。变频器输出的波形是模拟正弦波,主要是三相异步电动机调速用,又叫变频调速器。对于主要用在仪器仪表的检测设备中的波形要求较高的可变频率逆变器，要对波形进行整理，可以输出标准的正弦波，叫变频电源。一般变频电源是变频器价格的 15～20 倍。由于变频器设备中产生变化的电压或频率的主要装置叫"inverter"，故该产品本身就被命名为"inverter"，即变频器。

变频并不是总能省电，有不少场合用变频并不一定能省电。作为电子电路，变频器本身也要耗电（约额定功率的 3%～5%）。一台 1.5 匹的空调自身耗电算下来也有 20～30W，相当于一盏长明灯。变频器在工频下运行具有节电功能是事实，但是其前提条件如下：

1）大功率并且为风机/泵类负载；

2）装置本身具有节电功能（软件支持）；

3）长期连续运行。

这是体现节电效果的三个条件。如果不加前提条件的说变频器工频运行节能，则是夸大或是商业炒作。一定要注意使用场合和使用条件并正确应用，否则就是盲从、轻信，还起不到节电的效果。

（2）功率因数补偿节能。无功功率不但增加线损和设备的发热，更主要的是功率因数的降低会导致电网有功功率的降低，大量的无功电能消耗在线路当中，设备使用效率低下，浪费严重。使用变频调速装置后，由于变频器内部滤波电容的作用，减少了无功损耗，增加了电网的有功功率。

（3）软启动节能。电动机硬启动对电网造成严重的冲击，而且还会对电网容量要求过高，启动时产生的大电流和振动对挡板和阀门的损害极大，对设备、管路的使用寿命极为不利。而使用变频节能装置后，利用变频器的软启动功能将使启动电流从零开始，最大值也不超过额定电流，减轻了对电网的冲击和对供电容量的要求，延长了设备和阀门的使用寿命，节省了设备的维护费用。

从理论上讲，变频器可以用在所有带有电动机的机械设备中，电动机在启动时，电流会比额定值高 5～6 倍，不但会影响电动机的使用寿命，而且消耗较多的电量。系统设计时在电动机选型上会留有一定的余量，电动机的速度是固定不变的，但在实际使用过程中，有时要以较低或者较高的速度运行，因此进行变频改造是非常有必要的。变频器不仅可实现电动机软启动、补偿功率因素、通过改变设备输入电压频率达到节能调速的目的，而且能给设备提供过流、过压、过载等保护功能。

（4）可控的加速功能。变频调速能在零速启动并按照用户的需要进行均匀地加速，而且其加速曲线也可以选择（直线加速、S形加速或者自动加速）。而通过工频启动时对电动机或相连机械部分的轴或齿轮都会产生剧烈的振动。这种振动将进一步加剧机械磨损和损耗，降低机械部件和电动机的寿命。

另外，变频启动还能应用在灌装线上，以防止瓶子倒翻或损坏。

（5）可调的运行速度。运用变频调速能优化工艺过程，并能根据工艺过程迅速改变，还能通过远控 PLC 或其他控制器来实现速度变化。

（6）可调的转矩极限。通过变频调速后，能够设置相应的转矩极限来保护机械不致损坏，从而保证工艺过程的连续性和产品的可靠性。目前的变频技术使得不仅转矩极限可调，甚至转矩的控制精度都能达到 3%～5%。在工频状态下，电动机只能通过检测电流值或热保护来进行控制，而无法像变频控制一样设置精确的转矩值来动作。

（7）受控的停止方式。如同可控的加速一样，在变频调速中，停止方式也可以受控，并且有不同的停止方式可以选择（减速停车、自由停车、减速停车＋直流制动），同样它能减少对机械部件和电动机的冲击，从而使整个系统更加可靠，寿命也会相应增加。

（8）节能。离心风机或水泵采用变频器后都能大幅度地降低能耗，这在十几年的工程经验中已经得到体现。由于最终的能耗与电动机的转速成立方比，所以采用变频后投资回报就更快。

（9）可逆运行控制。在变频器控制中，要实现可逆运行控制无须额外的可逆控制装置，只需要改变输出电压的相序即可，这样就能降低维护成本和节省安装空间。

（10）减少机械传动部件。由于目前矢量控制变频器加上同步电动机就能实现高效的转矩输出，从而节省了齿轮箱等机械传动部件，最终构成直接变频传动系统。从而就能降低成本和空间，提高稳定性。

（11）控制电动机的启动电流。当电动机通过工频直接启动时，将会产生 7～8 倍的电动机额定电流。这个电流值将大大增加电动机绕组的电应力并产生热量，从而降低电动机的寿命。而变频调速则可以在零速零电压下启动（也可适当加转矩提升）。一旦频率和电压的关系建立，变频器就可以按照 V/F 或矢量控制方式带动负载进行工作。使用变频调速能充分降低启动电流，提高绕组承受力，用户最直接的好处就是电动机的维护成本将进一步降低，电动机的寿命则相应增加。

（12）降低电力线路电压波动。在电动机工频启动时，电流剧增的同时，电压也会大幅度波动，电压下降的幅度将取决于启动电动机的功率大小和配电网的容量。电压下降将会导致同一供电网络中的电压敏感设备故障跳闸或工作异常，如 PC、传感器、接近开关和接触器等均会动作出错。而采用变频调速后，由于

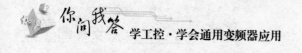

能在零频零压时逐步起动，则能最大程度上消除电压下降。

（13）起动时需要的功率更低。电动机功率与电流和电压的乘积成正比，那么通过工频直接起动的电动机消耗的功率将大大高于变频起动所需要的功率。在一些工况下其配电系统已经达到了最高极限，其直接工频起动电动机所产生的电涌就会对同网上的其他用户产生严重的影响，从而将受到电网运行商的警告，甚至罚款。如果采用变频器进行电动机起停，就不会产生类似的问题。

变频器是利用电力半导体器件的通断作用将工频电源稳压器变换为另一频率的电能控制装置，可分为交—交变频器、交—直—交变频器。交—交变频器可直接把交流电变成频率和电压都可变的交流电；交—直—交变频器则先把交流电经整流器先整流成直流电，再经过逆变器把这个直流电流变成频率和电压都可变的交流电。

问3　变频器可以分为哪几类？

答：变频器的分类方法可以有很多种，有按照技术特点来分的，有按照电压等级来分的，也有按照应用场合特点来分的。

（1）按变换的环节分类。

1）交流变频器。

a）交—直—交变频器，是先把工频交流通过整流器变成直流，然后再把直流变换成频率电压可调的交流，又称间接式变频器，是广泛应用的通用型变频器。

b）交—交变频器，即将工频交流直接变换成频率电压可调的交流，又称直接式变频器。

2）直流变频器。

a）电压型变频器。电压型变频器特点是中间直流环节的储能元件采用大电容，负载的无功功率将由它来缓冲，直流电压比较平稳，直流电源内阻较小，相当于电压源，故称电压型变频器，常选用于负载电压变化较大的场合。

b）电流型变频器。电流型变频器特点是中间直流环节采用大电感作为储能环节，缓冲无功功率，即扼制电流的变化，使电压接近正弦波，由于该直流内阻较大，故称电流源型变频器（电流型）。电流型变频器的特点（优点）是能扼制负载电流频繁而急剧的变化，常选用于负载电流变化较大的场合。

（2）按照用途分类。可以分为通用变频器、高性能专用变频器、高频变频器、单相变频器和三相变频器等。

（3）按变频器调压方法分类。

1）PAM 变频器是通过改变电压源 U_d 或电流源 I_d 的幅值进行输出控制的。

2）PWM 变频器方式是在变频器输出波形的一个周期产生脉冲波，其等值电压为正弦波，波形较平滑。

（4）按工作原理分类。

1）U/f 控制变频器（VVVF 控制）。

2）SF 控制变频器（转差频率控制）。

3）VC 控制变频器（Vectory Control 矢量控制）。

（5）按生产区域分类。

1）国产变频器：安邦信、浙江三科、欧瑞传动、森兰、英威腾、蓝海华腾、迈凯诺、伟创、美资易泰帝。

2）国外变频器：ABB，西门子，日本富士、三菱，韩国变频器，中国台湾变频器台达，中国香港变频器。

（6）按电压等级分类。

1）高压变频器：3、6、10kV。

2）中压变频器：660、1140V。

3）低压变频器：220、380V。

问 4　变频器内部电路由哪些部分构成？

答： 变频器内部由逆变模块、整流模块、整流桥、控制板、驱动板、主回路板、电源板、分线板、制动电阻、电解电容器、金属膜电容器、电阻器、继电器、接触器、快速熔断器、RS485 接口、RS232 接口、电流传感器、散热风机、散热器、充电电阻、光耦、温控开关、电源厚膜组件、频率厚膜组件、缺相厚膜组件、快速三极管、主回路端子排、控制回路端子排、接线端子、充电指示灯、压敏电阻等电路构成。

问 5　变频器外部部件由哪些部分构成？

答： 变频器外部由制动单元、输入电抗器、输出电抗器、直流电抗器、标准键盘、远控键盘、远控电源、远控电缆、自动控制专用接口板、RS232/RS485 总线适配器、RS232 总线分配器、RS232 总线电缆、RS485 通信电缆、机壳、机箱、机柜等部件组成。

问 6　变频器的工作原理是怎样的？

答： 变频器是利用电力半导体器件的通断作用将工频电源变换为另一频率的

电能控制装置。我们现在使用的变频器主要采用交—直—交方式（VVVF变频或矢量控制变频），先把工频交流电源通过整流器转换成直流电源，然后把直流电源转换成频率、电压均可控制的交流电源以供给电动机。

问7 **变频器的电路由哪几部分构成？**

答：变频器的电路一般由主电路（整流、中间直流环节、逆变）和控制电路组成。

（1）主电路。主电路是给异步电动机提供调压调频电源的电力变换部分，变频器的主电路大体上可分为两类：电压型是将电压源的直流变换为交流的变频器，直流回路的滤波是电容；电流型是将电流源的直流变换为交流的变频器，其直流回路滤波是电感。它由三部分构成，包括将工频电源变换为直流功率的"整流器"，吸收在变流器和逆变器产生的电压脉动的"平波回路"，以及将直流功率变换为交流功率的"逆变器"。

1）整流器。最近大量使用的是二极管的变流器，它把工频电源变换为直流电源。也可用两组晶体管变流器构成可逆变流器，由于其功率方向可逆，可以进行再生运转。

2）平波回路。在整流器整流后的直流电压中，含有电源6倍频率的脉动电压，此外逆变器产生的脉动电流也使直流电压变动。为了抑制电压波动，采用电感和电容吸收脉动电压（电流）。装置容量小时，如果电源和主电路构成器件有余量，可以省去电感采用简单的平波回路。

3）逆变器。同整流器相反，逆变器是将直流功率变换为所要求频率的交流功率，以所确定的时间使6个开关器件导通、关断就可以得到3相交流输出。

（2）控制电路。是给异步电动机供电（电压、频率可调）的主电路提供控制信号的回路，它由频率、电压的"运算电路"，主电路的"电压、电流检测电路"，电动机的"速度检测电路"，将运算电路的控制信号进行放大的"驱动电路"，以及逆变器和电动机的"保护电路"组成。

1）运算电路：将外部的速度、转矩等指令同检测电路的电流、电压信号进行比较运算，决定逆变器的输出电压、频率。

2）电压、电流检测电路：与主回路电位隔离检测电压、电流等。

3）速度检测电路：以装在异步电动机轴上的速度检测器（TG、PLG等）的信号为速度信号，送入运算回路，根据指令和运算可使电动机按指令速度运转。

4）驱动电路：驱动主电路器件的电路。它与控制电路隔离使主电路器件导通、关断。

5) 保护电路：检测主电路的电压、电流等，当发生过载或过电压等异常时，为了防止逆变器和异步电动机损坏，使逆变器停止工作或抑制电压、电流值。

问 8　变频器的控制电路由哪几部分构成？

答： 变频器的控制电路由以下电路组成：频率、电压的运算电路，主电路的电压、电流检测电路，电动机的速度检测电路，将运算电路的控制信号进行放大的驱动电路，以及逆变器和电动机的保护电路。在控制电路增加了速度检测电路，即增加速度指令，可以对异步电动机的速度进行控制更精确的闭环控制。

问 9　变频器运算电路的功能是什么？

答： 变频器运算电路的功能是将外部的速度、转矩等指令同检测电路的电流、电压信号进行比较运算，决定逆变器的输出电压、频率。

问 10　变频器电压、电流检测电路的功能是什么？

答： 变频器电压、电流检测电路的功能是与主回路电位隔离检测电压、电流等。

问 11　变频器驱动电路的功能是什么？

答： 变频器驱动电路为驱动主电路器件的电路，它与控制电路隔离使主电路器件导通、关断。

问 12　变频器有哪些 I/O（输入/输出）信号？

答： 为了变频器更好人机交互，变频器具有多种输入（如运行、多段速度运行等）信号，还有各种内部参数的输出（如电流、频率、保护动作驱动等）信号。

问 13　变频器速度检测电路的功能是什么？

答： 以装在异步电动机轴上的速度检测器（TG、PLG 等）的信号为速度信号，送入运算回路，根据指令和运算可使电动机按指令速度运转。

问 14　变频器保护电路的功能是什么？

答： 变频器保护电路的功能是检测主电路的电压、电流等，当发生过载或过电压等异常时，为了防止逆变器和异步电动机损坏，使逆变器停止工作或抑制电压、电流值。

问 15 变频器保护电路可以分为哪几种？

答：逆变器控制电路中的保护电路，可分为逆变器保护和异步电动机保护两种，保护功能如下。

(1) 变频器驱动电路的 HCPL-316J 特性。HCPL-316J 是由 Agilent 公司生产的一种 IGBT 门极驱动光耦合器，其内部集成集电极发射极电压欠饱和检测电路及故障状态反馈电路，为驱动电路的可靠工作提供了保障。其特性为：兼容 CMOS/TYL 电平；光隔离，故障状态反馈；开关时间最大 500ns；"软" IGBT 关断；欠饱和检测及欠压锁定保护；过流保护功能；宽工作电压范围（15～30V）；用户可配置自动复位、自动关闭。DSP 与该耦合器结合实现 IGBT 的驱动，使得 IGBTVCE 欠饱和检测结构紧凑，低成本且易于实现，同时满足了宽范围的安全与调节需要。

(2) HCPL-316J 保护功能的实现。HCPL-316J 内置了丰富的 IGBT 检测及保护功能，使驱动电路设计起来更加方便，安全可靠。下面详述了欠压锁定保护（UVLO）和过流保护两种保护功能的工作原理。

1) IGBT 欠压锁定保护（UVLO）功能。在刚刚上电的过程中，芯片供电电压由 0V 逐渐上升到最大值。如果此时芯片有输出会造成 IGBT 门极电压过低，那么它会工作在线性放大区。HCPL316J 芯片的欠压锁定保护的功能（UV-LO）可以解决此问题。当 VCC 与 VE 之间的电压值小于 12V 时，输出低电平，以防止 IGBT 工作在线性工作区造成发热过多进而烧毁。

2) IGBT 过流保护功能。HCPL-316J 具有对 IGBT 的过流保护功能，它通过检测 IGBT 的导通压降来实施保护动作。同样可以看出，在其内部有固定的 7V 电平，在检测电路工作时，它将检测到的 IGBTC～E 极两端的压降与内置的 7V 电平比较，当超过 7V 时，HCPL-316J 芯片输出低电平关断 IGBT，同时，一个错误检测信号通过片内光耦反馈给输入侧，以便于采取相应的解决措施。在 IGBT 关断时，其 C～E 极两端的电压必定是超过 7V 的，但此时，过流检测电路失效，HCPL-316J 芯片不会报故障信号。实际上，由于二极管的管压降，在 IGBT 的 C～E 极间电压不到 7V 时芯片就采取保护动作。

2

>>>>>>>>>>>>>>>>>>>>>>>>>
>>>>>>>>>>>>

变 频 器 的 选 型

问1 变频器类型可以分为哪几种?

答: 变频器可分为通用型和专用型,一般的机械负载和要求高过载情况,选择通用型变频器。专用型变频器又可分为风泵专用型、电梯专用型、张力控制专用型等。根据自身应用环境加以选择。

问2 变频器可以根据哪些方面进行选择?

答: (1) 变频器性价比选择。变频器的性价比是仁者见仁,智者见智,用户可根据情况自行选购。

(2) 变频器售后服务选择。变频器的售后服务是选择品牌的关键,进口品牌质量可靠,价格高,售后服务好,但是过了保修期,维修的价格非常高。国产品牌质量良莠不齐,质量好的已和进口品牌不相上下,售后服务好,即使过了保修期,维修价格也算公道。

(3) 变频器种类的选择。变频器种类很多,但在选择时,主要根据容量和功能选择变频器。

此外,选择一种品牌的、一种形式的变频器,具有互换性、备件也方便。使用、开发都极具灵活性。

问3 变频器的容量分为哪几种?

答: 相对于电动机来说,变频器的价较贵,因此在保证安全可靠运行的前提下,合理地降低变频器的容量就显得十分有意义。

变频器的功率指的是它适用的 4 极异步电动机的功率。

由于同容量电动机极数不同,电动机额定电流也不同。随着电动机极数的增多,电动机额定电流增大。变频器的容量选择不能以电动机额定功率为依据。同时,对于原来未采用变频器的改造项目,变频器的容量选择也不能以电动机额定电流为依据。这是因为,电动机的容量选择要考虑最大负荷、富裕系数、电动机规格等因素,往往富裕量较大,工业用电动机常常在 50%~60% 额定负荷下运行。若以电动机额定电流为依据来选择变频器的容量,留有富裕量太大,造成经

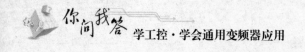

济上的浪费，而可靠性并没有因此得到提高。

对于鼠笼式感应电动机，变频器的容量选择应以变频器的额定电流大于或等于电动机的最大正常工作电流的 1.1 倍为原则，这样可以最大限度地节约资金，对于重载启动、高温环境、绕线转子异步电动机、同步电动机等条件，变频器的容量应适当加大。

对于一开始就采用变频器的设计，变频器容量的选择以电动机额定电流为依据无可厚非，这是因为此时变频器的容量不能以实际运行情况来选择。当然，为了减少投资，在有些场合，也可先不确定变频器的容量，等设备实际运转一段时间后，再根据实际电流进行选择。

问 4　变频器输入侧的额定值分为哪几种？

答： 变频器输入侧的额定值主要是电压和相数。中小容量变频器输入电压的额定值有以下几种（均为线电压）。

(1) 380V/50Hz、三相，用于绝大多数设备中。

(2) 200～230V/50Hz 或 60Hz、三相，主要用于某些进口设备中。

(3) 200～230V/50Hz、单相，主要用于小容量设备和家用电器中。

问 5　变频器输出侧的额定值包括哪些内容？

答： (1) 额定输出电压 U_N。额定输出电压是指变频器输出电压中的最大值。在大多数情况下，它就是输出频率等于电动机额定频率时的输出电压值。通常，额定输出电压总是和输入电压的额定值相等。

(2) 额定输出电流 I_N。额定输出电流是指变频器可以连续输出的最大交流电流的有效值，是用户选择变频器的主要依据。

(3) 输出容量 S_N（kV·A）。变频器输出容量决定于额定输出电流与额定输出电压的三相视在输出功率，S_N 与 U_N 和 I_N 的关系为

$$S_N = \sqrt{3} U_N I_N \times 10^{-3}$$

(4) 适用电动机功率 P_N（kW）。适用电动机功率是指以 4 极的标准电动机为对象，表示在额定输出电流以内可以驱动的电动机功率。

(5) 过载能力。过载能力是指其输出电流超过额定电流的允许范围和时间。大多数变频器都规定为 $150\% I_N$、60s 或 $180\% I_N$、0.5s。专门用于风机、泵类负载调速的变频器规定为 $120\% I_N$、60s。

问 6　通用变频器选择应注意哪些事项？

答： 通用变频器的选择包括变频器的型式选择和容量选择两个方面。其总的

原则是首先保证可靠地实现工艺要求，再尽可能节省资金。

根据控制功能可将通用变频器分为三种类型：普通功能型 U/f 控制变频器、具有转矩控制功能的高性能型 U/f 控制变频器（也称无跳闸变频器）和矢量控制高性能型变频器。变频器类型的选择要根据负载的要求进行。对于风机、泵类等平方转矩，低速下负载转矩较小，通常可选择普通功能型的变频器。对于恒转矩类负载或有较高静态转速精度要求的机械，采用具有转矩控制功能的高功能型变频器则是比较理想的。因为这种变频器低速转矩大，静态机械特性硬度大，不怕负载冲击，具有挖土机特性。日本富士公司的 FRENIC5000G7/P7、G9/P9、三肯公司的 SAMCO-L 系列属于此类。也有采用普通功能型变频器的例子。为了实现大调速比的恒转矩调速，常采用加大变频器容量的办法。对于要求精度高、动态性能好、响应快的生产机械（如造纸机械、轧钢机等），应采用矢量控制高性能型通用变频器。安川公司的 VS-616G5 系列、西门子公司的 6SET 系列变频器属于此类。

大多数变频器容量可从三个角度表述：额定电流、可用电动机功率和额定容量。其中后两项，变频器生产厂家由本国或本公司生产的标准电动机给出，或随变频器输出电压而降低，都很难确切表达变频器的能力。选择变频器时，只有变频器的额定电流是一个反映半导体变频装置负载能力的关键量。负载电流不超过变频器额定电流是选择变频器容量的基本原则。需要着重指出的是，确定变频器容量前应仔细了解设备的工艺情况及电动机参数，例如潜水电泵、绕线转子电动机的额定电流要大于普通鼠笼式感应异步电动机额定电流，冶金工业常用的辊道用电动机不仅额定电流大很多，同时它允许短时处于堵转工作状态，且辊道传动大多是多电动机传动，应保证在无故障状态下负载总电流均不超过变频器的额定电流。

总之用户可以根据自己的实际工艺要求和运用场合选择不同类型的变频器。在选择变频器时因注意以下几点注意事项：

（1）选择变频器时应以实际电动机电流值作为变频器选择的依据，电动机的额定功率只能作为参考。另外，应充分考虑变频器的输出含有丰富的高次谐波，会使电动机的功率因数和效率变坏。因此，用变频器给电动机供电与用工频电网供电相比较，电动机的电流会增加 10%，而温升会增加 20% 左右。所以在选择电动机和变频器时，应考虑到这种情况，适当留有余量，以防止温升过高，影响电动机的使用寿命。

（2）变频器若要长电缆运行时，此时应该采取措施抑制长电缆对地耦合电容的影响，避免变频器出力不够。所以变频器应放大一两挡选择或在变频器的输出

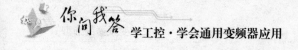

端安装输出电抗器。

（3）对于一些特殊的应用场合，如高环境温度、高开关频率、高海拔高度等，此时会引起变频器的降容，变频器需放大一挡选择。

（4）使用变频器控制高速电动机时，由于高速电动机的电抗小，会产生较多的高次谐波。而这些高次谐波会使变频器的输出电流值增加。因此，选择用于高速电动机的变频器时，应比普通电动机的变频器稍大一些。使用变频器驱动齿轮减速电动机时，使用范围受到齿轮转动部分润滑方式的制约。润滑油润滑时，在低速范围内没有限制；在超过额定转速以上的高速范围内，有可能发生润滑油用光的危险。因此，不要超过最高转速容许值。

（5）变频器驱动绕线转子异步电动机时，大多是利用已有的电动机。与普通的鼠笼式感应电动机相比，绕线转子异步电动机绕组的阻抗小。因此，容易发生由于纹波电流而引起的过电流跳闸现象，所以应选择比通常容量稍大的变频器。一般绕线转子异步电动机多用于飞轮力矩 GD2 较大的场合，在设定加减速时间时应多注意。变频器驱动同步电动机时，与工频电源相比，会降低输出容量 $10\%\sim20\%$，变频器的连续输出电流要大于同步电动机额定电流与同步牵入电流的标幺值的乘积。

（6）对于压缩机、振动机等转矩波动大的负载和油压泵等有峰值负载情况下，如果按照电动机的额定电流或功率值选择变频器的话，有可能发生因峰值电流使过电流保护动作现象。因此，应了解工频运行情况，选择比其最大电流更大的额定输出电流的变频器。

（7）选择变频器时，一定要注意其防护等级是否与现场的情况相匹配，否则现场的灰尘、水汽会影响变频器的长久运行。

问7 不同用途的通用变频器的选择有哪些注意事项？

答： 变频器的正确选择对于控制系统的正常运行是非常关键的。选择变频器时必须要充分了解变频器所驱动的负载特性。人们在实践中常将生产机械分为三种类型：恒转矩负载、恒功率负载和风机、水泵负载。

（1）恒转矩负载。负载转矩 T_L 与转速 n 无关，任何转速下 T_L 总保持恒定或基本恒定。例如，传送带、搅拌机、挤压机等摩擦类负载以及吊车、提升机等位能负载都属于恒转矩负载。变频器拖动恒转矩性质的负载时，低速下的转矩要足够大，并且有足够的过载能力。如果需要在低速下稳速运行，应该考虑标准异步电动机的散热能力，避免电动机的温升过高。

（2）恒功率负载。机床主轴和轧机、造纸机、塑料薄膜生产线中的卷取机、开卷机等要求的转矩，大体与转速成反比，这就是所谓的恒功率负载。负载的恒功率性质应该是就一定的速度变化范围而言的。当速度很低时，受机械强度的限制，T_L 不可能无限增大，在低速下转变为恒转矩性质。负载的恒功率区和恒转矩区对传动方案的选择有很大的影响。电动机在恒磁通调速时，最大允许输出转矩不变，属于恒转矩调速；而在弱磁调速时，最大允许输出转矩与速度成反比，属于恒功率调速。如果电动机的恒转矩和恒功率调速的范围与负载的恒转矩和恒功率范围相一致时，即所谓"匹配"的情况下，电动机的容量和变频器的容量均最小。

（3）风机、泵类负载。在各种风机、水泵、油泵中，随叶轮的转动，空气或液体在一定的速度范围内所产生的阻力大致与速度 n 的 2 次方成正比。随着转速的减小，转矩按转速的 2 次方减小。这种负载所需的功率与速度的 3 次方成正比。当所需风量、流量减小时，利用变频器通过调速的方式来调节风量、流量，可以大幅度地节约电能。由于高速时所需功率随转速增长过快，与速度的三次方成正比，所以通常不应使风机、泵类负载超工频运行。

问 8 **在变频器输出侧元件包括哪些？**

答：（1）Output Reactor（输出电抗器）当变频器输出到电动机的电缆长度大于产品规定值时，应加输出电抗器来补偿电动机长电缆运行时的耦合电容的充放电影响，避免变频器过流。输出电抗器有两种类型，一种输出电抗器是铁心式电抗器，当变频器的载波频率小于 3kHz 时采用；另一种输出电抗器是铁氧体式，当变频器的载波频率小于 6kHz 时采用。变频器输出端增加输出电抗器的作用是为了增加变频器到电动机的导线距离，输出电抗器可以有效抑制变频器的IGBT 开关时产生的瞬间高电压，减少此电压对电缆绝缘和电动机的不良影响。同时为了增加变频器到电动机之间的距离，可以适当加粗电缆，增加电缆的绝缘强度，尽量选用非屏蔽电缆。

（2）Output dv/dt filter（输出 dv/dt 电抗器）。输出 dv/dt 电抗器是为了限制变频器输出电压的上升率来确保电动机的绝缘正常。

（3）Sinusolidal filters（正弦波滤波器），它使变频器的输出电压和电流近似于正弦波，减少电动机谐波畸变系数和电动机绝缘压力。

问 9 **在变频器的输入侧元件包括哪些？**

答：（1）Input Reactor（进线电抗器）。输入电抗器可以抑制谐波电流，提高功率因数以及削弱输入电路中的浪涌电压、电流对变频器的冲击，削弱电源电

压不平衡的影响，一般情况下，都必须加进线电抗器。

（2）EMC 滤波器（无线电干扰滤波器）。EMC 滤波器的作用是为了减少和抑制变频器所产生的电磁干扰。EMC 滤波器有两种，A 级和 B 级滤波器。EMCA 级滤波器用在第二类场合即工业场合，满足 EN50011 A 级标准。EMCB 级滤波器多用于第一类场合即民用、轻工业场合，满足 EN50011B 级标准。

3

变频器使用电子元器件识别及测量工具

问1 **万用表分为哪几种类型？**

答：万用表可分为机械式万用表和数字万用表。

问2 **数字万用表有什么特点？**

答：数字万用表是利用模拟/数字转换原理，将被测量模拟电量参数转换成数字电量参数，并以数字形式显示的一种仪表。与机械式万用表相比，它具有精度高、速度快、输入阻抗高、对电路的影响小、读数方便准确等优点。其外形如图 3-1 所示。

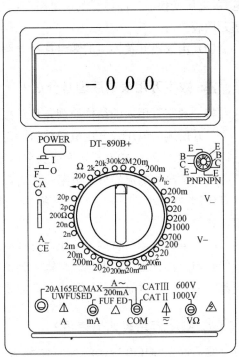

图 3-1 数字万用表外形

15

问3 **数字万用表由哪几部分构成？**

答：DT-890B 型数字万用表原理框图如图 3-2 所示。整个电路由以下 3 大部分组成。

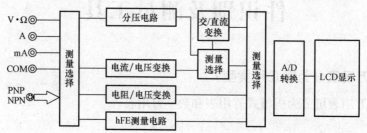

图 3-2　DT-890B 型数字万用表原理方框图

（1）由双积分 A/D 转换器和三位半 LCD 显示屏组成的 200mV 直流数字电压表构成基本测量显示部件（相当于机械式万用表的表头）。

（2）由分压器、电流/电压变换器、交流/直流变换器、电阻/电压变换器、电容/电压变换器、晶体管测量电路等组成的量程扩展电路，以构成多量程的数字万用表。

（3）由波段开关构成的测量选择电路。

问4 **数字万用表的原理是什么？**

答：数字万用表的结构原理是从模拟原理演变过来的。

（1）所测的电压经分压电阻分压后再通过运算模拟放大器转换成仪表用测试电流，再输入 A/D 转换器转换成数字信号，形成实际数值。

（2）所测的电流经分流电阻分流后，再通过运算模拟放大器转换成仪表用的具有比例的电流，再输入 A/D 转换器，将转换的数字信号并通过显示器显示成实际数值。

（3）电阻测量是将测量电压通过被电阻分压后，再通过模拟运算放大器转换成仪表用的具有比例的电流，再输入到 A/D 转换器，然后经过 A/D 转换器转换或数字信号，通过显示器显示成实际数值。

问5 **数字万用表如何使用？**

答：首先打开电源，将黑表笔插入"COM"插孔，红表笔插入"V·Ω"插孔。

（1）电阻测量。将转换开关调节到 Ω 挡，将表笔测量端接于电阻两端，即可显示相应示值，如显示最大值"1"（溢出符号）时必须向高电阻值挡位调整，直到显示为有效值为止。

为了保证测量的准确性，在路测量电阻时，最好断开电阻的一端，以免测量电阻时在电路中形成回路，影响测量结果。

注意：不允许在通电的情况下进行在线测量，测量前必须先切断电源，并将大容量电容放电。

（2）"DCV"—直流电压测量。表笔测试端必须与测试端可靠接触（并联测量）。原则上由高电压挡位逐渐往低电压挡位调节测量，直到该挡位示值的 1/3～2/3 为止，此时的示值才是一个比较准确的值。

注意：严禁以小电压挡位测量大电压。不允许在通电状态下调整转换开关。

（3）"ACV"—交流电压测量。表笔测试端必须与测试端可靠接触（并联测量）。原则上由高电压挡位逐渐往低电压挡位调节测量，直到该挡位示值的 1/3～2/3 为止，此时的示值才是一个比较准确的值。

注意：严禁以小电压挡位测量大电压。不允许在通电状态下调整转换开关。

（4）二极管测量。将转换开关调至二极管挡位，黑表笔接二极管负极，红表笔接二极管正极，即可测量出正向压降值。

（5）晶体管电流放大系数 h_{EF} 的测量。将转换开关调至"h_{FE}"挡，根据被测晶体管选择"PNP"或"NPN"位置，将晶体管正确地插入测试插座，即可测量到晶体管的"h_{FE}"值。

（6）开路检测。将转换开关调至有蜂鸣器符号的挡位，表笔测试端可靠接触测试点，若两者低于 20±10Ω，蜂鸣器就会响起来，表示该线路是通的，不响则该线路不通。

注意：不允许在被测量电路通电的情况下进行检测。

（7）"DCA"—直流电流测量。200mA 时红表笔插入 mA 插孔；200mA 时红表笔插入 A 插孔，表笔测试端必须与测试端可靠接触（串联测量）。原则上由高电流挡位逐渐往低电流挡位调节测量，直到该挡位示值的 1/3～2/3 为止，此时的示值才是一个比较准确的值。

注意：严禁以小电流挡位测量大电流。不允许在通电状态下调整转换开关。

（8）"ACA"—交流电流测量。200mA 时红表笔插入 mA 插孔；200mA 时红表笔插入 A 插孔，表笔测试端必须与测试端可靠接触（串联测量）。原则上由高流挡位逐渐往低电流挡位调节测量，直到该挡位示值的 1/3～2/3 为止，此时的示值才是一个比较准确的值。

注意：严禁以小电流挡位测量大电流。不允许在通电状态下调整转换开关。

问6 数字万用表有哪些常见故障？应如何检测？

答：（1）仪表无显示。首先检查电池电压是否正常（一般采用9V电池，新的也要测量），其次检查熔丝是否正常，若不正常，则予以更换；检查稳压块是否正常，若不正常，则予以更换；检查限流电阻是否开路，若开路，则予以更换。再查线路板上的线路是否有腐蚀或短路、断路现象（特别是主电源电路线），若有，则应进行清洗电路板，并及时做好干燥和焊接工作。如果一切正常，测量显示集成块的电源输入的两脚，测试电压是否正常，若正常，则该集成块损坏，必须更换该集成块；若不正常，则检查其他有没有短路点。若有，则要及时处理好；若没有或处理好后，还不正常，那么该集成已经内部短路，则必须更换。

（2）电阻挡无法测量。首先从外观上检查电路板，在电阻挡回路中有没有连接电阻烧坏。若有，则必须立即更换；若没有，则要每一个连接元件进行测量，有坏的及时更换；若外围都正常，则测量集成块损坏，必须更换。

（3）电压挡在测量高压时示值不准，或测量稍长时间示值不准甚至不稳定，此类故障大多是由于某一个或几个元件工作功率不足引起的。若在停止测量的几秒内，检查时会发现这些元件会发烫，这是由于功率不足而产生了热效应所造成的，同时形成了元件的变值（集成块也是如此），则必须更换该元件（或集成电路）。

（4）电流挡无法测量。多数是由于操作不当引起的，检查限流电阻和分压电阻是否烧坏，若烧坏，则应予以更换；检查到放大器的连线是否损坏，若损坏，则应重新连接好；若不正常，则更换放大器。

（5）示值不稳，有跳字现象。检查整体电路板是否受潮或有漏电现象，若有，则必须清洗电路板并做好干燥处理；检查输入回路中有无接触不良或虚焊现象（包括测试笔），若有，则必须重新焊接；检查有无电阻变质或刚测试后有无元件发生超正常的烫手现象，这种现象是由于其功率降低引起的，若有此现象，则应更换该元件。

（6）示值不准。这种现象主要是测量通路中的电阻值或电容失效引起的，则更换该电容或电阻：①检查该通路中的电阻阻值（包括热反应中的阻值），若阻值变值或热反应变值，则予以更换该电阻；②检查A/D转换器的基准电压回路中的电阻、电容是否损坏，若损坏，则予以更换。

问 7 **绝缘电阻表有什么功能？**

答：绝缘电阻表一般用于测量高阻值电容器，如各种电气设备布线的绝缘电阻、电线的绝缘电阻、电动机绕组的绝缘电阻等。

问 8 **绝缘电阻表分为几种？**

答：绝缘电阻表有指针式绝缘电阻表和数字式绝缘电阻表两种。在此仅介绍常见的指针式绝缘电阻表。指针式绝缘电阻表在使用时必须摇动手把，所以又叫摇表，绝缘电阻表又叫绝缘电阻测定器。表盘上采用对数刻度，读数单位是兆欧（$M\Omega$），是一种测量高电阻的仪表。绝缘电阻表以其测试时所发生的直流电压高低和绝缘电阻测量范围大小来分类。常用的绝缘电阻表有两种：5050（ZC-3）型，直流电压 500V，测量范围 $0\sim500M\Omega$；1010（ZC11-4）型，直流电压 1100V，测量范围 $0\sim1000M\Omega$。选用绝缘电阻表时要依电压的工作电压来选择，如 500V 以下的电器应选用 500V 的绝缘电阻表。

问 9 **绝缘电阻表的结构和工作原理是什么？**

答：指针式绝缘电阻表由磁电式比率计和一个手摇直流发电机组成。磁电式比率计是一种特殊形式的磁电式电表，结构如图 3-3（b）所示。它有两个转动线圈，而没有游丝，电流由柔软的金属线引进线圈。这两个线圈互成一定的角度，装在一个有缺口的圆柱形铁心外面，并且与指针一起固定在同一轴上，组成了可动的部分。固定部分由永久磁铁和有缺口的圆柱铁心组成，磁铁的一个极与铁心之间间隙不均匀。

由于绝缘电阻表内没有游丝，不转动手柄时，指针可以随意停在表盘的任意位置，这时的读数是没有意义的。因此，必须在转动手柄时读取数据。

问 10 **绝缘电阻表应如何使用？**

答：使用绝缘电阻表测量绝缘电阻时，须先切断电源，然后用绝缘良好的单股线把两表线（或端钮）连接起来，做一次开路试验和短路试验。在两个测量表线开路时摇动手柄，表针应指向无穷大；如果把两个测量表线迅速短路一下，表针应摆向零线。如果不是这样，就说明表线连接不良或仪表内部有故障，应排除故障后再测量。

测量绝缘电阻时，要把被测电器上的有关开关接通，使电器上所有电气件都与绝缘电阻表连接。如果有的电器元件或局部电路不和绝缘电阻表相通，则这个

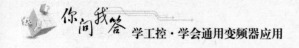

电器元件或局部电路就没被测量到。绝缘电阻表有三个接线柱，即接地柱 E、电路柱 L、保护环柱 G。其接线方法依被测对象而定。测量设备对地绝缘时，被测电路接于 L 柱上，将接地柱 E 接于地线上。测量电动机与电气设备对外壳的绝缘时，将绕组引线接于 L 柱上，外壳接于 E 柱上。测量电动机的相间绝缘时，L 和 E 柱分别接于被测的两相绕组引线上。测量电缆芯线的绝缘电阻时，将芯线接于 L 柱上，电缆外皮接于 E 柱上，绝缘包扎物接于 G 柱上。有关测量接线如图 3-3（d）所示。

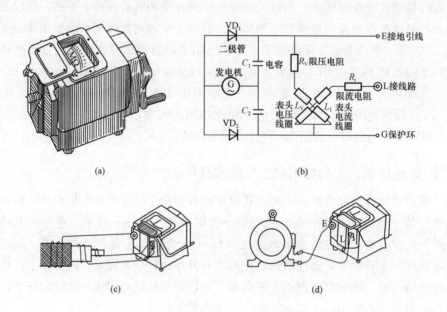

图 3-3　绝缘电阻表的结构与测量绝缘电阻
（a）外形图；（b）结构图；（c）测量绝缘电阻示意图；（d）测量接线

读数时，绝缘电阻表手把的摇动速度为 120r/min 左右。

注意：由于绝缘材料的漏电或击穿，往往在加上较高的工作电压时才能表现出来，所以一般不能用万用表的电阻挡来测量绝缘电阻。

问 11　绝缘电阻表使用时应注意哪些事项？

答：（1）绝缘电阻表接线柱至被测物体间的测量导线，不能使用双股并行导线或胶合导线，应使用绝缘良好的导线。

（2）绝缘电阻表的量限要与被测绝缘电阻值相适应，绝缘电阻表的电压值要接近或略大于被测设备的额定电压。

（3）用绝缘电阻表测量设备绝缘电阻时，必须先切断电源。对于有较大容量的电容器，必须先放电后遥测。

（4）测量绝缘电阻时，应使绝缘电阻表摇动速度在 120r/min 左右，一般以绝缘电阻表摇动 1min 时测出的读数为准，读数时要继续摇动手柄。

（5）由于绝缘电阻表输出端钮上有直流高压，所以使用时应注意安全，不要用手触及端钮。要在摇动手柄，发电机发电状态下断开测量导线，以防电器储存的电能对表放电。

（6）测量中若表针指示到零应立即停摇，如继续摇动手柄，则有可能损坏绝缘电阻表。

问 12　示波器有什么功能？

答：对于维修电工人员来说，掌握示波器的使用，将会大大加快判断故障的速度，提高判断故障的准确率，特别是检测疑难故障，示波器将成为得力工具。使用示波器不仅可以测量电压，还可以快速地把电压变化的幅值描绘成随时间变化的曲线，这就是常说的波形图。

熟悉和了解仪器的面板，是人机对话的第一步。通用示波器品种繁多，但基本功能相似，仪器操作面板千差万别，但操作的基本方法是相同的。

问 13　示波器由哪几个部分组成？

答：本文以常用的 VP-5565A 双踪示波器为例进行介绍，示波器的面板如图3-4 所示，它由三个部分组成：显示部分、X 轴插件和 Y 轴插件。

问 14　示波器的显示部分包括哪几个部分？

答：示波器的显示部分包括示波管屏幕和基本操作旋钮两个部分。

如图 3-4 所示波形显示的地方为示波管屏幕，屏幕上刻有 8×10 的等分坐标刻度，垂直方向的刻度用电压定标，水平方向用时间定标。下面以方波波形为例简单说明这个波形的基本参数。假如 X 轴插件中的 TIME/DIV 开关置于 0.1ms/div，水平方向一个周期刚好；Y 轴插件中的 VOLTS/DIV 开关置于 0.2V/div，垂直方向为 5 格，可以算出，波形的周期为 0.1ms/div×10div（格）＝1ms，电压幅值为 0.2V/div（格）×5div＝1V，这是一个频率为 1000Hz、电压幅值为 1V 的方波信号。

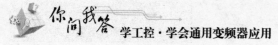

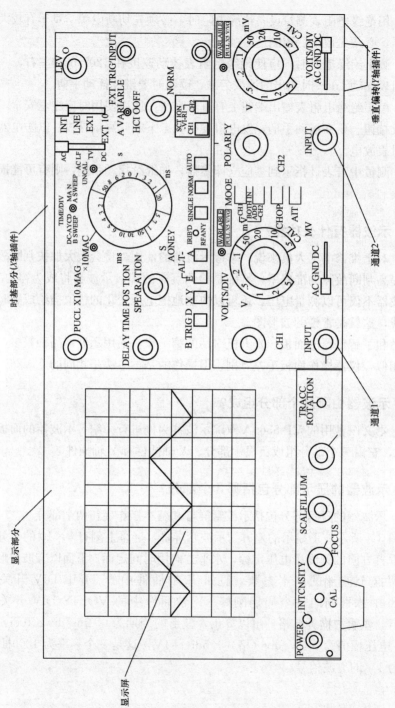

图 3-4 双踪示波器面板

问 15 示波器各旋钮及接插件的功能是什么?

答:（1）示波管屏幕下方的旋钮为仪器的基本操作旋钮，其名称和作用如图 3-5 所示。

（2）X 轴插件。X 轴插件是示波器控制电子束水平扫描的系统，该部分旋钮的作用如图 3-5（b）所示。

这里说明一个"扫描扩展"。"扫描扩展"是加快扫描的装置，可以将水平扫描速度扩展 10 倍，扫描线长度也扩展相应倍数，主要用于观察波形的细节。例如，当仪器测试接近带宽上限的信号时，显示的波形周期太多，单个波形相隔太密不利于观察，如将几十个周期的波形扩展之后显示的只有几个波形了，适当调节 X 轴位移旋钮，使扩展之后的波形刚好落在坐标定度上，即可方便读出时间，扩展之后扫描时间误差将会增大，光迹的亮度也将变暗，测试时应当予以注意。

（3）Y 轴插件。VP=5565A 是双踪单时基示波器，可以同时测量两个相关的信号。电路结构上多了一个电子开关，且有相同的两套 Y 轴前置放大器，后置放大器是共用的，因此，面板上有 CH1 和 CH2 两个输入插座、两个灵敏度调节旋钮、一个用来转换显示方式的开关等。Y 轴插件旋钮的名称和作用如图 3-5（c）所示。

单踪测量时，选择 CH1 通道或者 CH2 通道均可，输入插座、灵敏度微调和 V/div 开关、Y 轴平衡、Y 轴位移等与之对应就行了。

"VOLTS/DIV"旋钮用于垂直灵敏度调节，单踪或者双踪显示时操作方法是相同的。该仪器最高灵敏度为 5mV/div，最大输入电压为 440V。为了不损坏仪器，操作者测试前应对被测信号的最大幅值有明确的了解，正确选择垂直衰减器。示波器测试的是电压幅值，其值与直流电压等效，与交流信号峰-峰值等效。

双踪显示时，根据被测信号或测试需要，有交替、相加、继续三种方式供选择。

所谓的交替工作方式，就是把两个输入信号轮流地显示在屏幕上，当扫描电路第一次扫描时，示波器显示出第一个波形；第二次扫描时，显示出第二个波形；以后的各次扫描，只是轮流重复显这两个被测波形。这种显示电路受技术的限制，在扫描时间长时，不适宜观测频率较低的信号。所谓的继续工作方式，就是在第一次扫描的第一瞬间显示出第一个被测波形的某一段，第二个瞬间显示出第二个被测信号的某一段，以后的各个瞬间，轮流显示出这两个被测波形的其余各段，经过若干次断续转换之后，屏幕上就可以显示出两个完整的波形。由于断

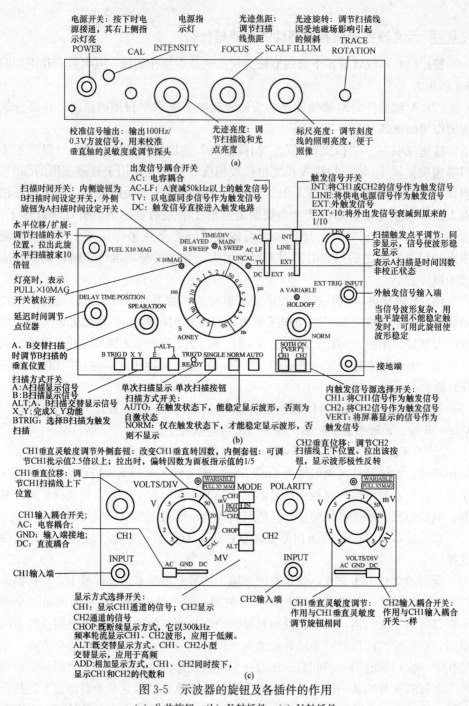

图 3-5 示波器的旋钮及各插件的作用

(a) 公共旋钮；(b) X 轴插件；(c) Y 轴插件

续转换频率较高，显示每小段靠得很近，人眼看起来仍然是连续的波形，与交替显示方式刚好相反，这种方式不适宜观测较高频率的信号。相加工作方式实际上是把两个测试信号代数相加，当 CH1 和 CH2 两个通道信号同相时，总的幅值增加，当两个信号反相时，显示的是两个信号幅值之差。

双踪示波器一般有四根测试电缆，两根直通电缆，两根带有 10 比 1 衰减的探头。直通电缆只能用于测量低频小信号，如音频信号，这是因为电缆本身的输入电容太大。衰减探头可以有效地将电缆的分布电容隔离，还可以大大提高仪器接入电路时的输入阻抗，当然输入信号也受到衰减，在读取电压幅值时要把衰减考虑进去。

问 16 示波器应如何应用？

答：了解仪器面板上操作旋钮的功能，只能说明为实际操作做好了准备，要想用于维修实际，还必须进行一些基本的测试演练。维修中需要测试的信号波形千差万别，不可能全部列出来作为标准进行对比来确定故障，因此，从一些基本波形测试入手，学会识读，掌握测试要领，才能举一反三地用于维修实践。

示波器使用时应放在工作台上，屏幕要避开直射光，检测彩电之类的电器还要用隔离变压器与市电隔离；有些场合，为了避免干扰，仪器面板上专用接地插口要妥善接地。打开仪器之后，不要急于接上测试信号，首先要将光点或光迹亮度、清晰度调节好，并将光迹移至合适位置，根据被测信号的幅值和时间选择好 t/div 与 V/div 旋钮，连接好测试电缆或探头，在与电路中的待测点连接时，应在电路测试点附近找到连接地线的装置，以便固定地线鳄鱼夹。

问 17 示波器测试前应如何校准？

答：测试之前应对仪器进行一些常规校准，如垂直平衡、垂直灵敏度、水平扫描时间。校准垂直平衡时，将扫描方式置于自动扫描状态，在屏幕上形成水平扫描基线，调节 Y 轴微调，正常时，扫描线沿垂直方向应当没有明显变化，如果变化较大，调节平衡旋钮予以校正，一般这种校正需要反复进行几次才能达到最佳平衡；垂直灵敏度和扫描时间的校准，可输入仪器面板上频率为 1000kHz、电压幅值为 1V 的方波信号进行。采用单踪显示方式（见图 3-6）进行调校时，如果显示的波形幅值、时间和形状总不能达到标准，表明该信号不能准确，或示波器存在问题。

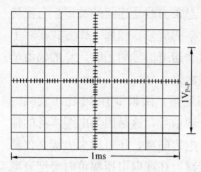

单踪显示方式，两个通道分别进行检查。"c/div"置于0.1ms/div；V/div 置于0.2V/div；同步置于+，自动、AC、DC方式均可，扫描扩展，显示极性等置于常态；调整垂直和水平位移波形与坐标重合，左图为校准好的波形图

图 3-6　垂直灵敏度与扫描时间校准

问 18　示波器波形测试可以通过什么方法进行？

答：（1）电压幅值的测量。测量电压实际上就是测量信号波形的垂直幅度，被测信号在垂直方向占据的格数，与 V/div 所对应标称值的乘积为该信号的电压幅值。假设 V/div 开关置于 0.5V/div，波形垂直方向占据 5 格，则这个信号的幅值为 0.5V/div×5div＝2.5V（定量测试电压时，垂直微调应当放在校准位置，在后面的章节中，凡是定量测试不再说明）。对于直流信号，由于电压值不随时间变化，其最大值和瞬时值是相同的，因此，示波器显示的光迹仅仅是一条在垂直方向产生位移的扫描直线。电压幅值包括直流幅值和交流幅值。

现代示波器垂直放大器都是直流器、宽带放大器，示波器测量电压的频率范围可以从零一直到数千兆伏，这是其他电压测量仪器很难实现的。图 3-7（a）所示为幅值的测试，对于直流信号广泛采用示波器测试。

交流信号与直流电压不同，直流信号的幅值不随时间变化，交流信号则是随着时间在不断变化，对应不同的时间幅值不同（表现在波形的形状上）。大多数情况下，这些信号都是周期性变化的，一个周期的信号波形就能够帮助我们了解这个信号。

比较简单和常见的有正弦波、方波、锯齿波等，这些波形变化单一。而电视机中的彩条视频信号、灰度视频信号等是典型的复合信号，在一个周期内往往由几种不同的分量在幅度和时间上的不同组合，不仅需要测量它们的电压或时间，还要根据图形中的分量来具体区分。例如，一个行扫描周期的视频信号，其中还包含同步信号、色度信号等。下面列举几种信号具体说明。

波形幅值的测试是示波器最基本的，也是经常的操作。有些时候只需要测量幅值，操作过程相对可以简化，测试时先根据待测信号的可能幅度初步确定垂直

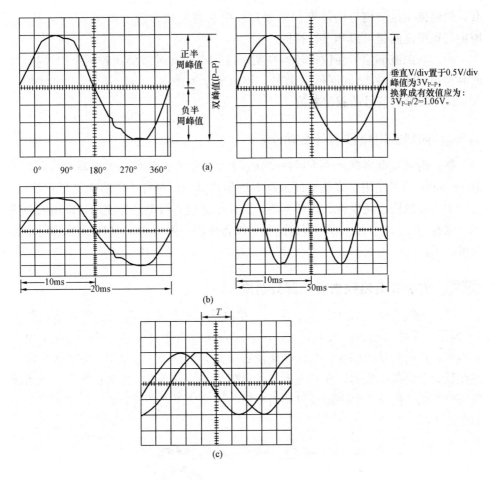

图 3-7　波形测试方法

(a) 幅值测试；(b) 时间故障测试；(c) 两信号相位测量

衰减，并将后期直微调置于校准，实际显示的波形以占据坐标的百分之七十左右为宜（过小则分辨率降低，过大则由于示波管屏幕的非线性也会增大误差）。垂直输入方式根据待测信号选择，如果是交流信号，采用 AC；如果需要测量信号，采用 DC。在不同需要准确读出时间时，扫描时间等的设置可以随意一些，只要能够显示一个周期以上的波形，即使没有稳定同步，都是可以读出幅值的。

（2）信号周期、时间间隔和频率的测试。大多数交流信号都是周期性变化的，如我国的市电，变化（一个周期）的时间为 20ms，电视机的场扫描信号一个周期也是 20ms，行扫描信号的周期为 64μs。当把这些信号用示波器显示出来之后，依据扫描速度开关（t/div）对应的标称值和波形在屏幕上占据的水平格数，就能读出这个信号的周期。周期和频率互为倒数关系，即 $f=1/T$，因此，周期与频率之间是可以相互转换的。

（3）双踪波形信号相位比较。在实际应用中，有时需要比较两个信号相位，此时需用 CH1、CH2 同时输入信号，相位显示如图 3-7（c）所示，通过图 3-7（c）即可知道两信号的相位差值。

问 19 内热式电烙铁有什么功能？

答： 内热式电烙铁的铁头插在烙铁心上，所以有发热快、效率高的特点，通电 2～5min 即可使用。烙铁头的最高温度可达 350℃ 左右。它的优点是重量轻、体积小、发热快、耗电省、热效率高，因此很适宜无线电修理使用。常用的内热式烙铁有 20、25、30、50W 多种。电子设备修理一般用 20～30W 内热式电烙铁就可以了。

问 20 内热式电烙铁由哪几部分组成？

答： 内热式电烙铁由外壳、手柄、烙铁头、烙铁心、电源线等组成，如图 3-8 所示。手柄由耐热的胶木制成，不会因烙铁的热度而损坏手柄。烙铁头由紫铜制成，它的质量的好坏，与焊接质量有很大关系。烙铁心是用很细的镍铬电阻丝在瓷管上绕制而成的，在常态下它的电阻值为 2～3kΩ。烙铁心外壳一般由无缝钢管制成，因此不会因温度过热而变形。接线柱用铜螺丝制成，用来固定烙铁心和电源线。

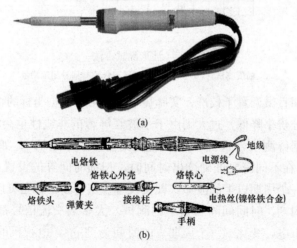

图 3-8 内热式电烙铁的外形及结构

（a）外形；（b）结构

问 21 内热式电烙铁应如何使用？

答： 新烙铁在使用前应该用万用表测电源线两端的阻值，如果阻值为零，说明内部碰线，必须把连线处断开再插上电源；如果无阻值，多数是烙铁心或引线断；如果阻值在 3kΩ 左右，再插上电源，通电几分钟后，拿起烙铁在松香上沾一下，正常时应该冒烟并有"吱吱"声，这时再沾锡，让锡在烙铁上沾满才好焊接。

问 22 内热式电烙铁焊接要注意哪些要领？

答： （1）拿起烙铁不能马上焊接，应该先在松香或焊锡膏（焊油）上沾一下，其目的有二：一是去掉烙铁头上的污物，二是试验温度。而后去沾锡，初学者应养成这一良好的习惯。

（2）待焊的线或件应该先着一点焊油，过分脏的部分应用小刀清理干净，沾上焊油再去焊接。焊油不能用得太多，不然会腐蚀线路板，造成很难修复的故障。

（3）烙铁通电后，烙铁的放置头应高于手柄，否则手柄容易烧坏。

（4）如果烙铁过热，应该把烙铁头从芯外壳上向外拔出一些；如果温度过低，可以把头向里多插一些，插到底后，温度还是很低，那是市电电压过低造成的，应该使用调压器。

（5）焊接管子和集成电路等元器件，速度要快，否则容易烫坏元器件。但是，必须待焊锡完全熔在电路板和零件脚后才能拿开烙铁，否则会造成假焊，给维修带来后遗症。

总之，焊接技术看起来是件容易事，但真正把各种机件焊接好还需要一个锻炼的过程。例如，焊什么件需多大的焊点，需要多高的温度，需要焊多长时间，都需要在实践中不断的摸索。

问 23 内热式电烙铁应如何维修？

答： （1）换烙铁心。取下烙铁头，用钳子夹住胶木连接杆，松开手柄，把接线柱螺丝松开，取下电源线和坏的烙铁心。将新烙铁心从接线柱的管口处细心放入烙铁心外壳内，插入的位置应该与烙铁心外壳另一端齐为合适。如果烙铁心凸出外壳较多，烙铁头的温度就高，太向里，烙铁头的温度就低，可以根据当地电压的高低来调节。放好烙铁心后，将烙铁心的两引线和电源引线一同绕在接线柱上紧固好，上好手柄和烙铁头即可。

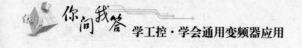

（2）换烙铁头。使用一定时间后，烙铁头会烧得很小，不能占锡，这就需要换新的。把旧的烙铁头拔下，换上合适的；如果太紧可以把弹簧取下，如果太松可以在未上之前用钳子镊紧。

问 24　外热式电烙铁由哪几部分构成？

答：外热式电烙铁是由烙铁头、传热筒、烙铁心、外壳、手柄等组成。烙铁心是用电阻丝绕在薄云母片绝缘的筒子上。烙铁心套在烙铁头的外面，故称外热式电烙铁，如图 3-9 所示。

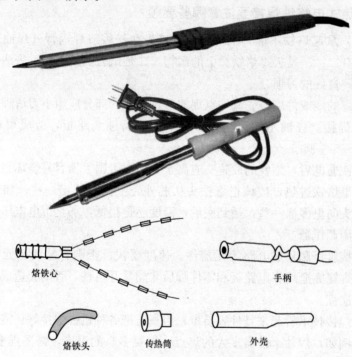

图 3-9　外热式电烙铁内部结构

外热式电烙铁一般通电 10 分钟左右才能使烙铁头发热，功率越大，热的越慢。它的功率有 30、45、50、75、100、150、200、300W 等。由于它的体积比较大，也比较重，所以在修理中用得较少，使用及修理方法与内热式相同。

问 25　电子恒温式电烙铁有什么功能？

答：电子恒温式电烙铁是在前述烙铁基础上加有温度控制电路，使电烙铁恒温，适合焊接对温度要求较高的元件，使用时只要调整温度控制钮，达到合适温度即可，其他同前，如图 3-10 所示。

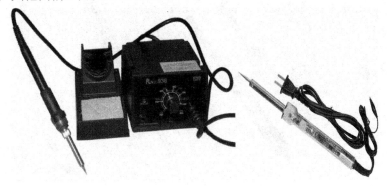

图 3-10 电子恒温式电烙铁

问 26 吸锡电烙铁与吸锡器的结构与工作原理是什么？

答： 吸锡器是利用打气筒的原理制成的，气筒是向外吹气，而吸锡电烙铁则是吸气，是拆卸多脚原件的理想工具。

吸锡电烙铁的结构及工作原理如图 3-11 所示。

吸锡电烙铁由吸锡头、烙铁心外壳、烙铁心、吸气管、手柄、气筒、开关、电源线等组成。吸锡头是由纯铜制成的，一端螺纹，安装在吸气管上，另一端是一个孔，以便熔化的锡从此孔吸入。烙铁心属于专用件，外形和外热式烙铁心相似，它套在吸气管上。吸气管是用纯铜制成的，热量通过它传给吸锡头，使吸锡头发热把固体锡变成液体锡吸入管内。烙铁心外壳是带孔的，以便更好地散热。

气筒是专用件，工作原理和自行车打气筒相同。当气管按下以后，开关即把其锁住，待吸锡头把锡熔化后，用手按一下开关，气筒会迅速回位，利用气筒的吸力，把熔化的锡吸入筒内，达到电路板上元器件的脚与线路板分开的目的。

问 27 吸锡器的使用与维修应注意哪些事项？

答： 使用和维修吸锡器和其他烙铁基本相似，但要掌握好温度，吸锡头应该干净。具体的注意事项有以下几点。

（1）吸锡头孔的直径有大小，如需拆细管脚的零件（如集成电路等），应选用直径小的吸锡头；如需拆粗脚零件（如行输出变压器等），就应该用直径大的吸锡头。吸锡头很容易烧坏，所以，使用完毕应断开电源，尽量不用它来焊接。

（2）吸完一次后应该反复按动气筒，使里面的液体锡清除干净。

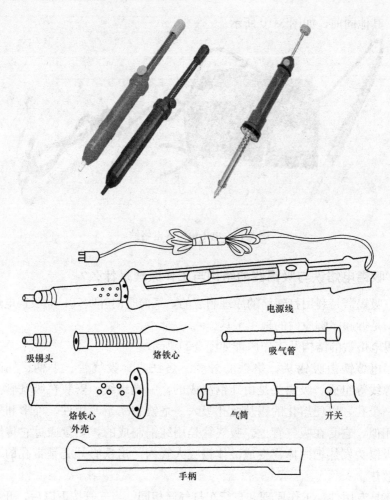

电源线

吸锡头　　　烙铁心　　　　　　吸气管

烙铁心
外壳

气筒　　　　开关

手柄

图 3-11　吸锡烙铁的结构及工作原理

（3）检查吸锡器好坏也应该用万用表电阻挡测电源线两端，观察其阻值，如烧坏可以换一支同型号的继续使用。

（4）如果气筒吸力太小，可以加一点机油，增加吸力。

（5）吸锡器一般有 30、35W 两种，其性能相近，在实际应用中自行选择。

问 28　焊锡丝有什么作用？

答：焊锡丝是在检修电子设备中必不可少的，如图 3-12 所示。目前常用的主要为夹心式焊丝，即在焊锡中夹填充焊剂（松香），使其在焊接中更方便。焊锡丝有各种直径的，焊接时，根据不同需要，可选用不同直径的焊丝，以达到最

图 3-12 焊锡丝

佳效果。

问 29 **焊锡丝分为哪几种？**

答：焊锡丝主要分为有铅焊丝和无铅焊丝，规格型号见表 3-1。

表 3-1   焊锡丝规格型号

有铅焊锡丝规格	熔点 （℃）	可供应产品形式		无铅焊锡丝规格	熔点 （℃）	可供应产品形式	
		实芯锡线	药芯锡线			实芯锡线	药芯锡线
锡 63/铅 37	183	▲	▲	99.3 锡-0.7 铜	183	▲	▲
锡 60/铅 40	183～190	▲	▲	锡-0.3 银-铜	183～190	▲	▲
锡 55/铅 45	183～203	▲	▲	96.5 锡-3.0 银-0.3 铜	183～203	▲	▲
锡 50/铅 50	183～215	▲	▲				
锡 45/铅 55	183～227	▲	▲	锡-3.0 银	183～215	▲	▲
锡 40/铅 60	183～238	▲	▲	阳极棒 99.9 锡	183～227		
锡 35/铅 65	183～248	▲	▲				
锡 30/铅 70	183～258	▲	▲				
锡 25/铅 75	183～266	▲	▲				
锡 20/铅 80	183～279	▲	▲				
锡 15/铅 85	183～295	▲	▲				

问 30 **无铅焊锡丝有哪些特点？**

答：（1）良好的润湿性、导电率、热导率，易上锡。

（2）按客户所需订制松香含量，焊接不飞溅。

（3）助焊剂分布均匀，锡芯里无断助焊剂现象。

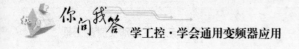

（4）绕线均匀不打结，上锡速度快，残渣极少。

（5）锡丝线径大小 0.5～3.0mm 均可定做生产。

问 31 银焊丝有什么特点？

答：银焊丝适合于焊接焊点小，但强度要求高的电子设备。市场上有专用银焊丝。如一时购不到，可用普通焊丝与银自制。方法为：将银用钳子剪成小段（越小越好），用烙铁将锡熔化，将银加入，用烙铁来回搅动，直到均匀为止，再拉成条状即可。如找不到合适的银，可用废暖瓶中的银代替。在制作过程中，银不要加入太多，否则小功率烙铁不能熔化焊丝，影响焊接质量。

问 32 常用的辅助工具有哪些？

答：实际维修中，常用的辅助工具有尖嘴钳、斜口钳、钢钉钳、螺钉旋具、测电笔、镊子、小刀、小刷子、剥线钳等工具，如图 3-13 所示。

图 3-13 辅助工具

问 33 二极管由几部分构成？

答：半导体二极管由一个 PN 结，再加上电极、引线封装而成。其外形如图

34

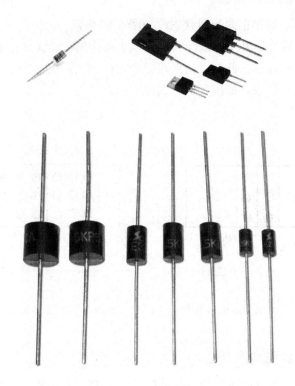

图 3-14　二极管外形

3-14 所示。

问 34　什么是 PN 结？什么是单向导电性？

答：不含杂质且具有完整晶体结构的半导体称为本征半导体。本征半导体的载流子数量太少，不能直接用来制造半导体器件。为了提高半导体的导电能力，需在本征半导体中掺入适量的杂质元素，如磷、硼、砷、铟等，成为杂质半导体。若在本征半导体中掺入五价（磷）元素，称为 N 型半导体；若在本征半导体中掺入三价（硼）元素，称为 P 型半导体。

利用掺杂质的方法，可以使一块半导体的一部分成为 P 型半导体，而另一部分成为 N 型半导体，它们的交界面就形成一个具有特殊性质的区域，称为 PN 结，如图 3-15 所示。

若 PN 结两端外加电压，极性为 P 区接正极性端、N 区接负极性端，称为外加正向电压或正向偏置。此时正向电流较大，PN 结

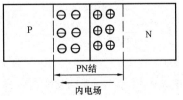

图 3-15　PN 结的形成

35

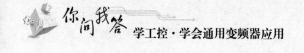

呈现很低的电阻，处于正向导通状态，如图 3-16 所示。

若 PN 结两端外加电压，极性为 P 区接负极性端、N 区接正极性端，称为外加反向电压或反向偏置。此时反向电流很小，PN 结呈现高电阻特性，基本不导电，处于反向截止状态，如图 3-17 所示。

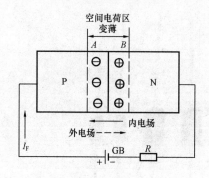

图 3-16　PN 结外加正向电压　　　　图 3-17　PN 结外加反向电压

问 35　二极管的结构是什么？

答：半导体二极管的主要构成部分就是一个 PN 结。在一个 PN 结两端接上相应的电极引线，外面用金属（或玻璃、塑料）管壳封装起来，就成为半导体二极管。从 P 端引出的电极称为正极，从 N 端引出的电极称为负极。

问 36　二极管可以分为几种？

答：（1）按照内部结构的不同，二极管可分为点接触型和面接触型等类型。点接触型二极管的 PN 结截面积很小，因而极间电容很小，适用于高频工作，但不能通过较大电流。因此，它主要用于高频检波、脉冲数字电路，也可用于小电流整流电路。面接触型二极管的 PN 结截面积大，因而极间电容也大，一般用于整流电路，而不宜用于高频电路中。

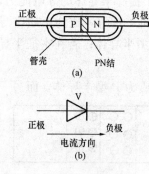

图 3-18　二极管的结构及符号

（2）按材料不同，二极管分为硅管和锗管，其中硅管使用最多。

二极管的结构及符号如图 3-18 所示。

问 37 二极管有哪些主要参数？

答：二极管的参数是表征二极管的性能及其适用范围的数据，是选择和使用二极管的重要参考依据。二极管的参数主要如以下所示。

（1）最大整流电流 I_{om}。这是指二极管长期工作时允许通过的最大正向电流平均值。实际应用时，通过二极管的正向平均电流不允许超过此值，以免二极管过热烧坏。

（2）最高反向工作电压 U_m。这是保证二极管不被击穿所允许的最高反向工作电压。使用时，二极管上的实际反向电压峰值不能超过此值，以免二极管击穿损坏。

（3）最大反向电流 I_m。它是二极管加最高反向工作电压时的反向电流。此值越小，二极管的单向导电性能越好。

（4）最高工作频率 F_m。由于 PN 结存在结电容，高频电流很容易从结电容通过，从而失去单向导电性。因此，规定二极管有一个最高工作频率。

问 38 二极管的型号由几部分组成？

答：二极管的型号由五部分组成，其符号命名方法见表 3-2。

表 3-2　　　　　　　　　二极管的型号

第一部分		第二部分		第三部分				第四部分	第五部分
用数字表示器件的电极数目		用拼音字母表示器件的材料和极性		用汉语拼音字母表示器件的类型				用数字表示器件的序号	用汉语拼音字母表示规格号
符号	意义	符号	意义	符号	意义	符号	意义		
2	二极管	A B C D E	N型锗材料 P型锗材料 N型硅材料 P型硅材料 化合物	P Z W K L	普通管 整流管 稳压管 开关管 整流管	C U N BT	参量管 光电器件 阻尼管 半导体特殊器件		

二极管命名示例如下：

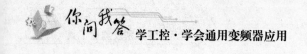

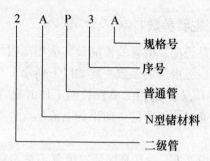

问 39　二极管的好坏如何判断？

答：（1）直观判断。有的将电路符号印在二极管上标示出极性；有的在二极管负极一端印上一道色环作为负极标记；有的二极管两端形状不同，平头为正极、圆头为负极。使用中应注意识别，带有符号的按符号识别。二极管可用万用表进行管脚识别和检测。万用表置于"$R \times 1k\Omega$"挡，两表笔分别接到二极管的两端，如果测得的电阻值较小，则为二极管的正向电阻，这时与黑表笔（即表内电池正极）相连是二极管正极，与红表笔（即表内电池负极）相连接的是二极管负极。

（2）好坏判断。如果测得的电阻值很大，则为二极管的反向电阻，这时与黑表笔相接的是二极管负极，与红表笔相接的是二极管正极。二极管的正、反向电阻应相差很大，且反向电阻接近于无穷大。如果某二极管正、反向电阻均为无穷大，说明该二极管内部断路损坏；如果正、反向电阻均为 0，说明该二极管已被击穿短路；如果正、反向电阻相差不大，说明该二极管质量太差，不宜使用。

问 40　三极管如何构成？符号是什么？

答：三极管的种类很多，外形不同，但是它们的基本结构相同，都是通过一定的工艺在一块半导体基片上制成两个 PN 结，再引出三个电极，然后用管壳封装而成。因此，它是一种具有两个 PN 结、三个电极的半导体器件。

常用三极管外形如图 3-19 所示。

问 41　三极管可以分为几种类型？

答：根据结构不同，三极管可分为两种类型：NPN 型和 PNP 型。三极管的结构如图 3-20（a）所示。NPN 型或者 PNP 型管的三层半导体形成三个不同的导电区。三极管的文字符号为 V，图形符号如图 3-20（b）和图 3-20（c）所示。

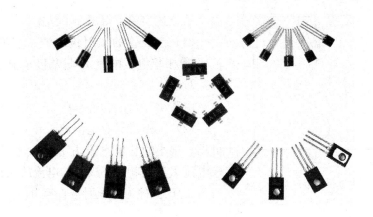

图 3-19　三极管外形

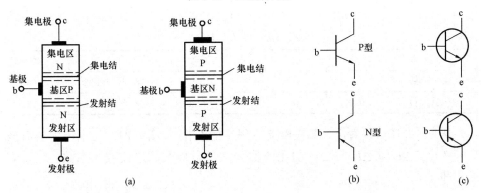

图 3-20　三极管的结构及符号

两种类型符号的区别在于发射极的箭头方向不同，箭头的方向就是发射极正向偏置时电流的方向。

　　三极管按用途分为低频小功率管、低频大功率管、高频小功率管、高频大功率管、开关管等。

问 42　三极管的电流放大作用如何形成？

　　答：三极管的主要特点是具有电流放大作用。为了实现电流放大，必须外接直流电源，使发射结正偏，集电结反偏。在图 3-21 所示的放大电路中，基极电源 U_m 使发射结正偏，电源 U_{CC}：使集电结反偏。R_b 为基极电阻，R_c 为集电极电阻。I_b 为基极电流，I_c 为集电极电流，I_e 为发射极电流。由于发射极为公共端，所以称为共发射极放大电路。

　　每次调节 R_b，可得到相对应的 I_b、I_c、I_e 的测量值。

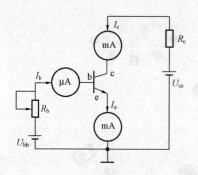

图 3-21　三极管的电流放大电路

从上述实验可得出如下结论。

（1）三极管的发射极电流 I_e。发射极电流 I_e 等于集电极电流 I_c 与基极电流 I_b 之和，即：$I_e = I_b + I_c$。

由于 $I_c \gg I_b$，故 $I_c \approx I_e$。

（2）三极管具有电流放大作用。由表 3-3 可见，很小的基极电流 I_b 能产生较大的集电极电流 I_c，这就是三极管的电流放大作用。I_c 与 I_b 的比值称为共发射极直流电流放大系数，用 $\bar{\beta}$ 表示，即

$$\bar{\beta} = \frac{I_c}{I_b}$$

表 3-3　　　　　　　　　　　　三极管中的 I_b、I_c、I_e

I_b（μA）	0	10	20	30	40	50	60
I_c（mA）	0.001	0.43	0.88	1.33	1.78	2.22	2.66
I_e（mA）	0.001	0.44	0.90	1.36	1.82	2.27	2.72

从表 3-3 还可以看出，基极电流有很小的变化（ΔI_b）时，集电极电流有较大的变化（ΔI_c），ΔI_c 与 ΔI_b 的比值称为共发射极交流电流放大系数，用 β 表示，即

$$\beta = \frac{\Delta I_c}{\Delta I_b}$$

（3）三极管各极电流、电压之间的关系。各电极电流关系为 $I_e = I_c + I_b$，又由于 I_b 很小，可忽略不计，则 $I_e \approx I_c$，各极电压关系为 b 极电压与 e 极电压变化相同，即 $U_b \uparrow$、$U_e \uparrow$，而 b 极电压与 c 极电压关系相反，即 $U_b \uparrow$、$U_c \downarrow$。

问 43　三极管特性曲线如何构成？

答：表示三极管各极电流与极间电压关系的曲线，称为三极管的特性曲线，可分为输入特性曲线和输出特性曲线两种。

（1）输入特性曲线。输入特性曲线是指 U_{be} 一定时，输入回路中基极电流 I_b 与基极、发射极间电压 U_{be} 的关系曲线。由于发射结正偏，所以输入特性曲线与二极管正向特性相似，如图 3-22 所示。U_{be} 大于死区电压后，三极管才导通，形成基极电流 I_b，这时三极管的 U_{be} 变化不大，一般硅管约为 0.7V，锗管约为 0.3V。

（2）输出特性曲线。输出特性曲线是指 I_b 一定时，输出回路中集电极电流 I_c 与集、射极间电压 U_{ce} 的关系曲线，如图 3-23 所示。

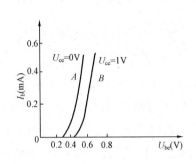 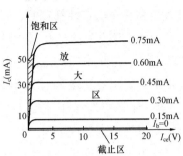

图 3-22　3DG130C 型输入特性曲线　　图 3-23　三极管的输出特性曲线

三极管有三种工作状态，在输出特性曲线上分为三个区域：

1）放大区。工作放大区条件为：发射结正偏，集电结反偏。放大区的特点是 I_c 受 I_b 的控制，即 $I_c = \beta I_b$，有电流放大作用。I_c 与 U_{ce} 几乎无关。

2）截止区。工作截止区条件为：发射结反偏或零偏，集电结反偏。截止区时通过集电极的电流极小，即 $I_c = 0$。这时的晶体管相当于一个断开的开关。

3）饱和区。工作饱和区条件为：发射结和集电结都正偏。饱和区内 I_c 不受 I_b 的控制。饱和电压（用 U_{ceo} 表示）很小，小功率硅管约为 0.3V，锗管约为 0.1V，这时三极管相当于一个闭合的开关。

三极管放大使用时，工作在放大区；三极管作开关使用时，工作在截止区或饱和区。

问 44 **三极管的主要参数包括哪些？**

答：（1）集电极最大耗散功率 P_{cm}。晶体管在工作时，集电结要承受较大的反向电压和通过较大的电流，因消耗功率而发热。当集电结所消耗的功率（集电极电流与集电极电压的乘积）无穷大时，就会产生高温而烧坏。一般锗管的 PN 结最高结温为 75～100℃，硅管的最高结温为 100～150℃。因此，规定晶体管集电极温度升高到不致于将集电结烧毁所消耗的功率为集电极最大耗散功率 P_{cm}。放大电路不同，对 P_{cm} 的要求也不同。使用晶体管时，不能超过这个极限值。

（2）共发射极电流放大系数 β。指晶体管的基极电流 I_b 微小的变化能引起集电极电流 I_c 较大的变化，这就是晶体管的放大作用。由于 I_b 和 I_c 都以发射极作为共用电极，所以把这两个变化量的比值，叫做共发射极电流放大系数，用 β 或 h_{FE} 表示。即：$\beta = \Delta I_c / \Delta I_b$。式中，"$\Delta$" 表示微小变化时，变化前的量与变化后的量的差值，即增加或减少的数量。常用的中小功率晶体管，β 值为 $20\sim250$。β 值的大小应根据电路上的要求来选择，不要过分追求放大量，β 值过大的管子，往往其线性和工作稳定性都较差。

(3) 穿透电流（I_{ceo}）。I_{ceo} 是指基极开路，集电极与发射极之间加上规定的反向电压时，流过集电极的电流。穿透电流也是衡量管子质量的一个重要标准。它对温度更为敏感，直接影响电路的温度稳定性，在室温下，小功率硅管的 I_{ceo} 为几十 μA，锗管约为几百 μA。I_{ceo} 大的管子，热稳定性能较差，且寿命短。

(4) 集电极最大允许电流（I_{cm}）。集电极电流大到晶体管所能允许的极限值时，叫做集电极的最大允许电流，用 I_{cm} 表示。使用晶体管时，集电极电流不能超过 I_{cm} 值，否则，会引起晶体管性能变差甚至损坏。

(5) 集电极和基极击穿电压（BVCBO）。指发射极开路时，集电极的反向击穿电压。在使用中，加在集电极和基极间的反向电压不应超过 BVCBO。

(6) 发射极和基极反向击穿电压（BVEBO）。指集电极开路时，发射结的反向击穿电压。虽然通常发射结加有正向电压，但当有大信号输入时，在负半周峰值时，发射结可能承受反向电压，该电压应远小于 BVEBO，否则易使晶体管损坏。

问 45 三极管的型号由几部分构成？

答：我国国家标准规定的三极管的型号见表 3-4。

表 3-4　　　　　　　　　　三极管的型号

第一部分		第二部分		第三部分		第四部分	第五部分
用数字表示器件的电极数目		用拼音字母表示器件的材料和极性		用汉语拼音字母表示器件的类型		用数字表示器件的序号	用汉语拼音字母表示规格号
符号	意义	符号	意义	符号	意义		
3	三极管	A B C D	PNP 型锗材料 NPN 型锗材料 PNP 型硅材料 NPN 型硅材料	X G D A U K CS	低频小功率管 高频小功率管 低频大功率管 高频大功率管 光电器件 开关管 场效应管		

三极管命名示例如下：

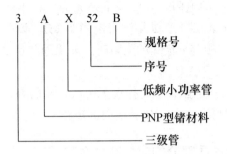

问 46 三极管的好坏如何判断？

答：（1）电极判定。

1）判定基极，并区分 NPN、PNP 管。先假设一个极为基极，用万用表 $R \times 1\Omega \sim R \times 100\Omega$ 挡，黑笔接假设基极，红笔分别测量另两个电极。如果表针均摆动，说明假设正确（如一次动一次不动，则不正确，应再次假定一个基极）。此时黑笔所接为 NPN 管基极。如表针均不动，假定也正确，说明黑笔所接为 PNP 基极。用此法也即可区分 PNP、NPN 管子。

2）判别集电极和发射极引脚的方法。设为 NPN 管，在找出 B 极之后，要分清另两个引脚。方法是：红、黑表笔分别接除 B 引脚之外的两根引脚，然后用手捏住基极和黑表笔所接引脚，此时若表针向右偏转一个角度（阻值变小），则说明黑表笔所接引脚为集电极，红表笔所接引脚为发射极。如不摆动，对换表笔再次测量即可。测 PNP 时相反，即黑表笔为 e 极，红表笔为 c 极，手捏的为 bc 极。

快速识别窍门：由于现在的晶体管多数为硅管，可采用 $R \times 10k\Omega$ 挡（万用表内电池为 15V），红、黑表笔直接测 ce 极，正反两次，其中有一次表针摆动（几百 $k\Omega$ 左右）。如两次均摆动，以摆动大的一次为准。NPN 管为红表笔所接 c 极，黑表笔所接为 e 极。PNP 管红表笔接 e 极，黑表笔接 c 极（注意：此法只适用于硅管，与上述方法相反，另外此法也是区分光电耦合器中 c、e 极最好的方法）。

（2）好坏判断。用万用表 $R \times 100k\Omega$ 挡测各极间的正、反向电阻来判别管子好坏。

1）与 c、e 间的正向电阻（即 NPN 管黑表笔接 b 极，红表笔分别接 c、e 两极；PNP 型管应对调表笔），对于硅管来讲约几千欧，锗管则为几百欧，电阻过大说明管子性能不好；无穷大管子内部断路；0Ω 管子内部短路。

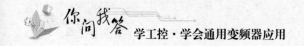

2）e极与c极之间的电阻，硅管几乎是无穷大；小功率锗管在几十千欧以上；大功率锗管在几百欧以上。如果测得电阻为0Ω，说明管子内部短路。在测量管子的反向电阻或e极与c极间的电阻时，如果随测量的时间延长，电阻慢慢减小，说明管子的性能不稳定。

3）b、c极间的反向电阻，硅管接近无穷大，锗管在几百千欧以上。如果测量阻值太小，表明管性能不好；0Ω管子内部短路。

问 47 三端稳压器由几部分构成？有什么作用？

答：三端稳压器由输入、输出和地三个外接端口组成，是具有一定负载能力并能稳定输出的直流电压调节器，如图 3-24 所示。

图 3-24 三端稳压器外形

78XX 系列稳压器的外形及典型应用电路如图 3-25 所示。

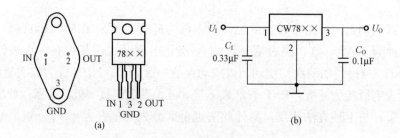

图 3-25 78XX 系列稳压器的外形及典型应用电路
（a）外形；（b）典型应用电路

其中管脚 1 为电压输入端，接在整流滤波环节后；管脚 3 为输出端，接负载。当输入端远离整流滤波电路时需外接电容 C_I，用以减小波纹电压；C_O 用以改善负载的瞬态响应。

问 48 **电阻有什么作用？**

答：电阻器是电路中最常用的元件，通常简称为电阻（以下简称为电阻）。电阻几乎是任何一个电子线路中都不可缺少的一种元件。顾名思义，电阻的作用是阻碍电子。在电路中主要的作用是缓冲、负载、分压分流、保护等。常用电阻外形如图 3-26 所示。

图 3-26　电阻外形

问 49 **电阻器的特性是什么？**

答：电阻为线性原件，即电阻两端电压与流过电阻的电流成正比，通过这段导体的电流强度与这段导体的电阻成反比。即欧姆定律：$I=U/R$。

电阻的作用为分流、限流、分压、偏置、滤波（与电容器组合使用）和阻抗匹配等。

电阻器在电路中用"R"加数字表示，如：R15 表示编号为 15 的电阻器。

问 50 **电阻器的参数标注方法有几种？**

答：电阻器的在电路中的参数标注方法有 3 种，即直标法、数码标示法和色环标注法。

（1）直标法是将电阻器的标称值用数字和文字符号直接标在电阻体上，其允许偏差则用百分数表示，未标偏差值的即为±20％。

（2）数码标示法主要用于贴片等小体积的电路，在三位数码中，从左至右第一、二位数表示有效数字，第三位表示 10 的倍幂或者用 R 表示（R 表示 0），如：472 表示 $47×10^2Ω$（即 $4.7kΩ$）；104 则表示 100kΩ，R22 表示 0.22Ω，122=1200Ω=1.2kΩ，1402=14000Ω=14kΩ，R22=0.22Ω，50C=324×100=32.4kΩ，17R8=17.8Ω，000=0Ω，0=0Ω。

（3）色环标注法使用最多，普通的色环电阻器用 4 环表示，精密电阻器用 5 环表示，紧靠电阻体一端头的色环为第一环，露着电阻体本色较多的另一端头为末环。现举例如下：如果色环电阻器用四环表示，前面两位数字是有效数字，第

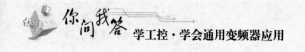

三位是 10 的倍幂，第四环是色环电阻器的误差范围，如图 3-27 所示。

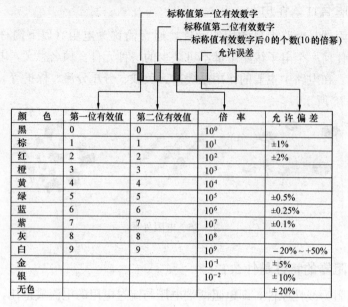

颜　色	第一位有效值	第二位有效值	倍　率	允许偏差
黑	0	0	10^0	
棕	1	1	10^1	±1%
红	2	2	10^2	±2%
橙	3	3	10^3	
黄	4	4	10^4	
绿	5	5	10^5	±0.5%
蓝	6	6	10^6	±0.25%
紫	7	7	10^7	±0.1%
灰	8	8	10^8	
白	9	9	10^9	-20%～+50%
金			10^{-1}	±5%
银			10^{-2}	±10%
无色				±20%

图 3-27　两位有效数字阻值的色环表示法

问 51　电阻器的好坏如何检测？

答：（1）用指针万用表判定电阻的好坏。首先选择测量挡位，再将倍率挡旋钮置于适当的挡位，一般 100Ω 以下电阻器可选 $R×1$ 挡；100Ω～1kΩ 的电阻器可选 $R×10$ 挡；1～10kΩ 电阻器可选 $R×100$ 挡；10～100kΩ 的电阻器可选 $R×1k$ 挡；100kΩ 以上的电阻器可选 $R×10k$ 挡。

（2）测量挡位选择确定后，对万用表电阻挡位进行校零，校零的方法是：将万用表两表笔金属棒短接，观察指针有无到 0 的位置，如果不在 0 位置，调整调零旋钮表针指向电阻刻度的 0 位置。

（3）接着将万用表的两表笔分别和电阻器的两端相接，表针应指在相应的阻值刻度上，如果表针不动、指示不稳定或指示值与电阻器上的标示值相差很大，则说明该电阻器已损坏。

（4）用数字万用表判定电阻的好坏。首先将万用表的挡位旋钮调到欧姆挡的适当挡位，一般 200Ω 以下电阻器可选 200 挡；200～2000Ω 电阻器可选 2k 挡；2～20MΩ 可选 20k 挡；20～200kΩ 的电阻器可选 200k 挡；200kΩ～200MΩ 的电阻器选择 2M 挡；2～20MΩ 的电阻器选择 20M 挡；20MΩ 以上的电阻器选择

200M 挡。

问 52 **电容有什么作用?**

答：电容也是常用的基本电子元件，在电路中用于调谐、滤波、耦合、旁路、能量转换和延时等，其外形如图 3-28 所示。

图 3-28　电容外形

问 53 **电容的参数如何识别? 如何选用?**

答：电容的主要参数是容量和耐压值。常用的容量单位有 μF（10^{-6}F）、nF（10^{-9}F），nF（10^{-10}F）和 PF（10^{-12}F），标注方法与电阻相同，当标注中省略单位时，默认单位应为 PF。电容的选用应考虑使用频率、耐压。电解电容还应注意极性，使正极接到直流高电位，此外应考虑使用温度。

问 54 **电解电容有什么特点?**

答：电解电容容量大、体积小，耐压高（但耐压越高，体积也就越大），一般在 500V 以下，常用于交流旁路和滤波。缺点是容量误差大，且随频率而变动，绝缘电阻低。电解电容有正、负极之分（外壳为负端，另一接头为正端）。一般，电容器外壳上都标有"＋"、"－"记号，如无标记则引线长的为正端，引线短的为负端，使用时必须注意不要接反，若接反，电解作用会反向进行，氧化膜很快变薄，漏电流急剧增加，如果所加的直流电压过大，则电容器会很快发热，甚至会引起爆炸。

问 55 **普通电容如何检测?**

答:（1）检测 10pF 以下的小电容,因 10pF 以下的固定电容器容量太小,用万用表进行测量,只能定性的检查其是否有漏电、内部短路或被击穿。测量时,可选用万用表 $R \times 10k$ 挡,用两表笔分别任意接电容的两个引脚,阻值应为无穷大。若测出阻值（指针向右摆动）为零,则说明电容漏电损坏或内部击穿。

（2）检测 10pF～0.01μF 固定电容器是否有充电现象,进而判断其好坏。万用表选用 $R \times 1k$ 挡。两只三极管的 β 值均为 100 以上,且穿透电流要高些,可选用 3DG6 等型号硅三极管组成复合管。万用表的红和黑表笔分别与复合管的发射极 e 和集电极 c 相接。由于复合三极管的放大作用,把被测电容的充放电过程予以放大,使万用表指针摆幅加大,从而便于观察。应注意的是:在测试操作时,特别是在测较小容量的电容时,要反复调换被测电容引脚接触 A、B 两点,才能明显地看到万用表指针的摆动。

（3）对于 0.01μF 以上的固定电容,可用万用表的 $R \times 10k$ 挡直接测试电容器有无充电过程以及有无内部短路或漏电,并可根据指针向右摆动的幅度大小估计出电容器的容量。

问 56 **电解电容器如何检测?**

答:（1）因为电解电容的容量较一般固定电容大得多,所以测量时应针对不同容量选用合适的量程。根据经验,一般情况下 1～47μF 的电容,可用 $R \times 1k$ 挡测量,大于 47μF 的电容可用 $R \times 100$ 挡测量。

（2）将万用表红表笔接负极,黑表笔接正极,在刚接触的瞬间,万用表指针即向右偏转较大偏度（对于同一电阻挡,容量越大,摆幅越大）,接着逐渐向左回转,直到停在某一位置。此时的阻值便是电解电容的正向漏电阻,此值略大于反向漏电阻。实际使用经验表明,电解电容的漏电阻一般应在几百 kΩ 以上,否则,将不能正常工作。在测试中,若正向、反向均无充电的现象,即表针不动,则说明容量消失或内部断路;如果所测阻值很小或为零,说明电容漏电大或已击穿损坏,不能再使用。

（3）对于正、负极标志不明的电解电容器,可利用上述测量漏电阻的方法加以判别。即先任意测一下漏电阻,记住其大小,然后交换表笔再测出一个阻值。两次测量中阻值大的那一次便是正向接法,即黑表笔接的是正极,红表笔接的是负极。

（4）使用万用表电阻挡,采用给电解电容进行正、反向充电的方法,根据指针向右摆动幅度的大小，可估测出电解电容的容量。

问 57 可变电容器如何检测？

答：（1）用手轻轻旋动转轴，应感觉十分平滑，不应感觉有时松时紧甚至卡滞的现象。将载轴向前、后、上、下、左、右等各个方向推动时，转轴不应有松动的现象。

（2）用一只手旋动转轴，另一只手轻摸动片组的外缘，不应感觉有任何松脱现象。转轴与动片之间接触不良的可变电容器，是不能再继续使用的。

（3）将万用表置于 $R\times10k$ 挡，一只手将两个表笔分别接可变电容器的动片和定片的引出端，另一只手将转轴缓缓旋动几个来回，万用表指针都应在无穷大位置不动。在旋动转轴的过程中，如果指针有时指向零，说明动片和定片之间存在短路点；如果转到某一角度，万用表读数不为无穷大而是出现一定阻值，说明可变电容器动片与定片之间存在漏电现象。

问 58 液晶的概念是什么？

答：液晶是一种几乎完全透明的物质，同时呈现固体与液体的某些特征。它从形状和外观看都是一种液体，但它的水晶式分子结构又表现出固体的形态。光线穿透液晶的路径由构成它的分子排列决定，这是固体的一种特征。到 20 世纪 60 年代，人们利用液晶处理后改变光线传输方向的特性实现信息显示，从而得到了广泛的应用。而在现代变频器中作为人机对话的显示器件，其外形如图 3-29 所示。

液晶、热电偶传感器、继电器外形如图 3-29 所示。

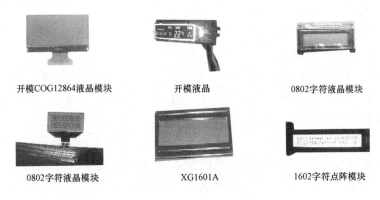

开模COG12864液晶模块　　　开模液晶　　　0802字符液晶模块

0802字符液晶模块　　　XG1601A　　　1602字符点阵模块

图 3-29 液晶显示器件

问 59 液晶有什么特点？

答：（1）低电压低工耗。极低的工作电压，只要 2～3V，工作电流只有几微安，即功耗只有 1～10μW/cm。

（2）平板结构。液晶显示器的基本结构是两片导电玻璃，中间灌有液晶的薄型盒。这种结构的优点是：开口率高，最有利于作显示窗口；显示面积做大做小都比较容易；便于自动化大量生产，生产成本低；器件很薄，只有几毫米厚。

（3）被动显示型。液晶本身不发光，靠调节器制外界光达到显示目的，即依靠对外界光的不同反射和透射形成不同对比度来达到显示目的。

（4）显示信息量大。液晶显示中，各像素之间不用采取隔离措施，所以在相同的显示窗口面积中可容纳更多的像素。

（5）易于彩色化。一般液晶为无色，所以可采用滤色膜很容易实现彩色图像。

（6）长寿命。液晶本身由于电压低，工作电流小，因此几乎不会劣化，寿命很长。

（7）无辐射，无污染。CRT 显示中有 X 射线辐射，而液晶不会出现这类问题。

液晶显示的缺点是：显示视角小，由于大部分液晶是利用液晶分子的向异性形成图像，对不同方向的入射光，其反射率不一样，且视角较小，只有 30°～40°，随着视角的变大，对比度迅速变坏；响应速度慢，液晶显示大多依靠外电场作用下液晶分子的排列发生变化，所以响应速度受材料的黏滞度影响较大，一般为 100～200ms，所以液晶在显示快速移动的画面时质量一般不是太好。

问 60 液晶应如何检测？

答：（1）万用表测量法。

1）机械万用表测量法。用 $R×10k$ 挡的任一只笔接触电子表或液晶显示器的公共电极（又称背电极，一般为显示器最后一个电极，而且较宽），另一只表笔轮流接触各字划电极。若看到清晰、无毛边、不粗大地依次显示各字划，则液晶完好；若显示不好或不显示，则质量不佳或已坏；若测量时虽显示，但表针在颤动，则说明该字划有短路现象，有时测某段时出现邻近段显示的情况，这是感应显示，不是故障，这时，可不断开表笔，用手指或导线联结该邻近段字划电极与公共电极，感应显示即会消失。

2）数字万用表测量法。万用表置二极管测量挡，用两表笔两两相量，当出现笔段显示时，表明两表笔中有一引脚为 BP（或 COM）端，由此就可确定各笔段，若屏发生故障，亦可用此查出坏笔段。对于动态液晶屏，用同一方法找 COM，但屏上不止一个 COM，不同的是，能在一个引出端上引起多笔段显示。

（2）加电显示法。用一电池组（3~6V），将两只表笔分别与电池组的"＋"和"－"相连，将一只表笔上串联一个电阻（约几百 Ω，阻值太大会不显示）。一只表笔的另一端搭在液晶显示屏上，与屏的接触面越大越好。用另一只表笔依次接触引脚。这时与各被接触引脚有关系的段、位便在屏幕上显示出来。测量中如有不显示的引脚，应为公共脚（COM），一般液晶显示屏的公共脚有 1 或多个。

由于液晶在直流工作时寿命（约 500h）比交流时（约 5000h）短得多，所以规定液晶工作时直流电压成分不得超过 0.1V（指常用的 TN 型即扭曲型反射式液晶显示器），故不宜长时间测量。对阀值电压低的电子表液晶（如扭曲型液晶，阀值低于 2V），则更要尽可能减短测量时间。

用万用表~V 挡检测液晶，将表置于 250~V 或 500~V 挡，任一表笔置于交流电网相线插孔，另一表笔依次接触液晶屏各电极。若液晶正常可看到各字的清晰显示，但某个字段不显，说明该处有故障。

问 61 电感器的作用是什么？

答： 电感在电路中常用"L"加数字表示，如：L6 表示编号为 6 的电感。电感线圈是将绝缘的导线在绝缘的骨架上绕一定的圈数制成的。直流可通过线圈，直流电阻就是导线本身的电阻，压降很小；当交流信号通过线圈时，线圈两端将会产生自感电动势，自感电动势的方向与外加电压的方向相反，阻碍交流的通过，所以电感的特性是通直流阻交流，频率越高，线圈阻抗越大。电感在电路中可与电容组成振荡电路。电感一般有直标法和色标法，色标法与电阻类似，如棕、黑、金、金表示 1μH（误差 5%）的电感。

变压器、压敏电阻、接插件外形如图 3-30 所示。

问 62 变压器的作用是什么？

答： 变压器是利用电磁感应的原理来改变交流电压的装置，主要构件是一次绕组、二次绕组和铁心，主要功能是电压变换，其外形如图 3-30（a）所示。

问 63 压敏电阻的作用是什么？

答： 压敏电阻是一种以氧化锌为主体、添加多种金属氧化物、以经典型的电

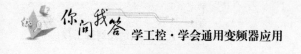

图 3-30　变压器、压敏电阻、接插件外形
(a) 变压器；(b) 压敏电阻；(c) 接插件

子陶瓷工艺制成的多晶半导体陶瓷元件。因为其特有的非线性电导性及通流容量大、限制电压低、响应速度快、无极性、电压温度系数低等特点，在变频器中起到免受瞬间电涌电压损害的作用。其外形如图 3-30 (b) 所示，压敏电阻与被保护的电器或元器件并联。当电路中未出现电涌电压时，压敏电阻工作在预击穿区，压敏电阻为高阻，不影响被保护设备正常运行；当电路中出现电涌电压时，由于压敏电阻器响应速度很快，它以纳秒（ns）级时间迅速导通。

问 64　接插件的作用是什么？

答：接插件用于与插入式元器件的插脚进行电器连接，其外形如图 3-30 (c) 所示。

问 65　色码电感器如何检测？

答：色码电感器的检测：将万用表置于 $R \times 1$ 挡，红、黑表笔各接色码电感器的任一引出端，此时指针应向右摆动。根据测出的电阻值大小，可具体分下述两种情况进行鉴别：

（1）被测色码电感器电阻值为零，其内部有短路性故障。

（2）被测色码电感器直流电阻值的大小与绕制电感器线圈所用的漆包线径、绕制圈数有直接关系，只要能测出电阻值，则可认为被测色码电感器是正常的。

问 66　中周变压器如何检测？

答：（1）将万用表拨至 $R \times 1$ 挡，按照中周变压器的各绕组引脚排列规律，逐一检查各绕组的通断情况，进而判断其是否正常。

（2）检测绝缘性能。将万用表置于 $R \times 10k$ 挡，做如下几种状态测试：

1）一次绕组与二次绕组之间的电阻值；

2）一次绕组与外壳之间的电阻值；

3）次级绕组与外壳之间的电阻值。

上述测试结果分别出现三种情况：

1）阻值为无穷大：正常。

2）阻值为零：有短路性故障。

3）阻值小于无穷大，但大于零：有漏电性故障。

_{问 67} **电源变压器如何检测？**

答：（1）通过观察变压器的外观来检查其是否有明显异常现象，如线圈引线是否断裂、脱焊，绝缘材料是否有烧焦痕迹，铁心紧固螺杆是否有松动，硅钢片有无锈蚀，绕组线圈是否有外露等。

（2）绝缘性测试。用万用表 $R\times10k$ 挡分别测量铁心与一次侧，一次侧与各二次侧，铁心与各二次侧，静电屏蔽层与一、二次侧，二次侧各绕组间的电阻值，万用表指针均应指在无穷大位置不动；否则，说明变压器绝缘性能不良。

（3）线圈通断的检测。将万用表置于 $R\times1$ 挡，测试中，若某个绕组的电阻值为无穷大，则说明此绕组有断路性故障。

（4）判别一次、二次绕组。电源变压器一次侧引脚和二次侧引脚一般都是分别从两侧引出的，并且一次绕组多标有 220V 字样，二次绕组则标出额定电压值，如 15V、24V、35V 等，再根据这些标记进行识别。

（5）空载电流的检测。

1）直接测量法。将二次侧所有绕组全部开路，把万用表置于交流电流挡500mA，串入一次绕组。当一次绕组的插头插入 220V 交流市电时，万用表所指示的便是空载电流值。此值不应大于变压器满载电流的 10%。一般常见电子设备电源变压器的正常空载电流应在 100mA 左右。如果超出太多，则说明变压器有短路性故障。

2）间接测量法。在变压器的一次绕组中串联一个 10/5W 的电阻，二次侧仍全部空载。把万用表拨至交流电压挡。加电后，用两表笔测出电阻 R 两端的电压降 U，然后用欧姆定律算出空载电流 I 空，即 $I_{空}=U/R$。将电源变压器的一次侧接 220V 交流市电，用万用表交流电压接依次测出各绕组的空载电压值（U_{21}、U_{22}、U_{23}、U_{24}）应符合要求值，允许误差范围一般为：高压绕组≤±10%，低压绕组≤±5%，带中心抽头的两组对称绕组的电压差应≤±2%。

（6）检测判别各绕组的同名端。在使用电源变压器时，有时为了得到所需的次级电压，可将两个或多个次级绕组串联起来使用。采用串联法使用电源变压器时，参加串联的各绕组的同名端必须正确连接，不能搞错，否则变压器不能正常

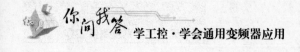
工作。

（7）电源变压器短路性故障的综合检测判别：电源变压器发生短路性故障后的主要症状是发热严重和次级绕组输出电压失常。通常，线圈内部匝间短路点越多，短路电流就越大，而变压器发热就越严重。检测判断电源变压器是否有短路性故障的简单方法是测量空载电流（测试方法前面已经介绍）。存在短路故障的变压器，其空载电流值将远大于满载电流的10%。当短路严重时，变压器在空载加电后几十秒之内便会迅速发热，用手触摸铁心会有烫手的感觉。此时不用测量空载电流便可断定变压器有短路点存在。

问 68 **绝缘栅双极型晶体管的功能是什么？**

答：绝缘栅双极型晶体管（简称 IGBT）是由单极型绝缘栅型场效应管（MOS）和双极型电力晶体管（GTR）复合而成的新型功率器件。它既具有单极型 MOS 管的输入阻抗高、开关速度快的优点，又具有双极型 GTR 的电流密度高、导通压降低的优点。常用的 GTR、电力 MOSFET（金属氧化层半导体场效应管）和 IGBT 等器件的外形如图 3-31 所示。IGBT 的结构及图形符号如图 3-32（a）和图 3-32（b）所示。

图 3-31　常用的 GTR、电力 MOSFET 和 IGBT 等器件的外形

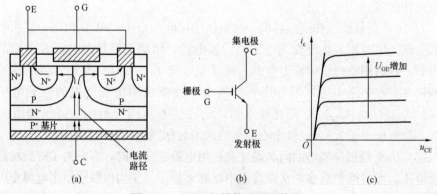

图 3-32　IGBT 的结构及图形符号

由图 3-32 可见，IGBT 是在 N 沟道电力 MOSFET 结构的基础上再增加一个 P＋层构成的。IGBT 器件共有三个电极，分别为栅极 G、发射极 E、集电极 C。IGBT 应用时，C 接电源的高电位，E 接电源的低电位。IGBT 的导通原理与电力 MOSFET 基本相同，因此 IGBT 也属于电压控制型功率器件。

问 69 绝缘栅双极型晶体管的特性与参数是什么？

答：IGBT 的输出特性如图 3-32（c）所示。IGBT 的主要参数如下。

（1）集电极—发射极额定电压 U_{CES}：栅极—发射极短路时，IGBT 的耐压值。

（2）栅极—发射极额定电压 U_{GES}：IGBT 是由栅极—发射极间电压信号 U_{GE} 控制其导通和关断的，而 U_{GES} 为该控制信号电压的额定值。IGBT 工作时，其控制信号电压不能超过 U_{GESO}，IGBT 的 U_{GES} 大多为±20V 左右。

（3）额定集电极电流 I_C：IGBT 导通时，允许流过管子的最大持续电流。

（4）集电极—发射极饱和电压 U_{CE}（sat）：IGBT 正常饱和导通时，集电极—发射极之间的电压降。$U_{CE(sat)}$ 越小，管子的功率损耗越小。

（5）开关频率：IGBT 的开关频率是由其导通时间 t_{on}、下降时间 t_f 和关断时间 t_{off} 来决定的。IGBT 的开关频率还与集电极电流 I_c、运行温度和栅极电阻 R_G 有关。当 R_G 增大、运行温度升高时，开关时间增大，管子允许的开关频率有所降低。IGBT 的实际工作频率比 GTR 高，一般可达 30～40kHz。

问 70 IGBT 管的主要参数有哪些？

答：IGBT 管的主要参数见表 3-5。

表 3-5　　　　　　　部分 IGBT 管主要参数

型　号	最高反压 U_{ces}(V)	最大电流 I_{cm}(A)	最大耗散功率 P_{cm}(W)	型　号	最高反压 U_{ces}(V)	最大电流 I_{cm}(A)	最大耗散功率 P_{cm}(W)
APT50GF100BN	1000	50	245	GN12030E	1200	30	200
CT15SM-24C	1200	15	250	GN12050E	1200	50	250
T60AM-18B	1000	60	200	GT8N101	1000	8	100
T60AM-20	1000	60	250	GT8Q101/102	1200	8	100
CT60AM-20D	1000	60	250	GT15Q101	1200	15	150
GN12015C	1200	15	150	GT15N101	1000	15	150

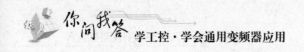

续表

型 号	最高反压 U_{ces}(V)	最大电流 I_{cm}(A)	最大耗散功率 P_{cm}(W)	型 号	最高反压 U_{ces}(V)	最大电流 I_{cm}(A)	最大耗散功率 P_{cm}(W)
GT25Q101	1200	25	200	IRG4ZH70UD	1200	78	350
GT40T101	1500	40	300	IRGI50F	1200	45	200
GT40T301	1500	40	300	IRGKIK025M12	1200	50	365
GT40N150D	1500	40	300	IRGKIK050M12	1200	100	455
GT40Q321	1500	40	300	IRGNIN025M12	1200	35	355
GT60M302	1000	75	300	IRGNIN050M12	1200	50	455
HF7749	1200	15	150	IRGPH20M	1200	7.9	60
HF7751	1200	30	200	IRGPH30K	1200	11	100
HF7753	1200	50	250	IRGPH30M	1200	15	100
HF7757	1700	20	150	IRGPH40K	1200	19	160
IRG4PH30K	1200	20	100	IRGPH40M	1200	28	160
IRG4PH30KD	1200	20	100	IRGPH50K	1200	36	200
IRG4PH40K/KU	1200	30	160	IRGPH50KD	1200	36	200
IRG4PH40KD/DD	1200	30	160	IRGPH50M	1200	42	200
IRG4PH50K/U	1200	45	200	IRGVH50F	1200	45	200
IRG4PH50KD/UD	1200	45	200	IXGH10N100AUI	1000	10	100
IRG4PH50S	1200	57	200	IXGH10N100UI	1000	20	100
IRG4ZH50KD	1200	54	210	IXGH17N100A/AUI	1000	17	150

　　说明：表 3-5 中均为 NPN 型 IGBT 管，型号前面带※号者为 C、E 极间附有阻尼二极管。表中的最高反压指 U_{CES}（即集电极与发射极之间反向击穿电压），对于同一管子而言，它低于 U_{CBS}（集电极与基极之间反向击穿电压）、最大电流指 I_{cm}（集电极最大输出电流）、最大耗散功率指 P_{cm}（集电极最大耗散功率）。

问 71　绝缘栅双极型晶体管（IGBT）如何检测好坏？

　　答：(1) 判断极性。首先将万用表拨在 $R \times 1k$ 挡，用万用表测量时，若某一极与其他两极阻值为无穷大，调换表笔后该极与其他两极的阻值仍为无穷大，则判断此极为栅极（G）。其余两极再用万用表测量，若测得阻值为无穷大，调换表笔后测量阻值较小，在测量阻值较小的一次中，则判断红表笔接的为集电极（C）；黑表笔接的为发射极（E）。

（2）判断好坏。将万用表拨在 $R\times10k$ 挡，用黑表笔接 IGBT 的集电极（C），红表笔接 IGBT 的发射极（E），此时万用表的指针在零位。用手指同时触及一下栅极（G）和集电极（C），这时 IGBT 被触发导通，万用表的指针摆向阻值较小的方向，并能悬停指示在某一位置，然后再用手指同时触及一下栅极（G）和发射极（E），这时 IGBT 被阻断，万用表的指针回零。

问 72 绝缘栅双极型晶体管在测量中应注意哪些事项？

答：任何指针万用表皆可用于检测 IGBT，注意判断 IGBT 好坏时，一定要将万用表拨在 $R\times10k\Omega$ 挡，因 $R\times10k\Omega$ 挡以下各挡万用表内部电池电压太低，检测好坏时不能使 IGBT 导通，而无法判断 IGBT 的好坏。此方法同样也可以用于检测功率场效应晶体管（P-MOSFET）的好坏。

问 73 IGBT 的驱动有哪些？

答：随着 IGBT 的广泛应用，针对 IGBT 的优点而开发出的各种专用驱动模块也应运而生，各种高性能的专用驱动模块，为 IGBT 的广泛应用提供了极大的方便。IGBT 是发展最快且已进入实用化阶段的一种复合型功率器件。目前 ICBT 的容量已经达到 GTR 的水平，系列化产品的电流容量为 10～600A，电压等级为 500～1400V，工作频率为 10～50kHz。由于 IGBT 集 MOSFET 和 GTR 的优点于一身，因此它广泛应用于各种电力电子装置，已经取代电力 MOSFET 和 GTR。

问 74 集成电路 IC 常见的封装形式有哪几种？

答：集成电路 IC 的外形如图 3-33 所示。

1）QFP（quad flat package）四面有鸥翼型脚（封装），如图 3-33（a）所示。

2）BGA（ball grid array）球栅阵列（封装），如图 3-33（b）所示。

3）PLCC（plastic leaded chip carrier）四边有内勾型脚（封装），如图 3-33（c）所示。

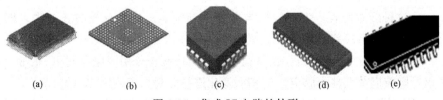

(a)　　　　(b)　　　　(c)　　　　(d)　　　　(e)

图 3-33　集成 IC 电路的外形

4) SOJ（small outline junction）两边有内勾型脚（封装），如图 3-33（d）所示。

5) SOIC（small outline integrated circuit）两面有鸥翼型脚（封装），如图 3-33（e）所示。

问 75 集成电路 IC 的脚位如何判别？

答：（1）对于 BGA 封装（用坐标表示）：在打点或有颜色标示处逆时针开始数用英文字母表示——A、B、C、D、E…（其中 I、O 基本不用），顺时针用数字表示——1，2，3，4，5，6…其中字母位横坐标，数字为纵坐标，如 A1、A2。

（2）对于其他的封装：在打点、有凹槽或有颜色标示处逆时针开始数为第一脚，第二脚，第三脚，……。

问 76 集成电路 IC 的好坏如何测试？

答：（1）不在路检测。这种方法是在 IC 未焊入电路时进行的，一般情况下可用万用表测量各引脚对应于接地引脚之间的正、反向电阻值，并和完好的 IC 进行比较。

（2）在路检测。这是一种通过万用表检测 IC 各引脚在路（IC 在电路中）直流电阻、对地交直流电压以及总工作电流的检测方法。这种方法克服了代换试验法需要有可代换 IC 的局限性和拆卸 IC 的麻烦，是检测 IC 最常用和实用的方法。

（3）直流工作电压测量，这是在通电情况下，用万用表直流电压挡对直流供电电压、外围元器件的工作电压进行测量；检测 IC 各引脚对地直流电压值，并与正常值相较，进而压缩故障范围，查出损坏的元器件。

电压测量时要注意以下几点。

1) 万用表要有足够大的内阻，至少要大于被测电路电阻的 10 倍以上，以免造成较大的测量误差。

2) 通常把各电位器旋到中间位置。

3) 表笔要采取防滑措施。因为任何瞬间短路都容易损坏 IC。可采取如下方法防止表笔滑动：取一段自行车用气门芯套在表笔尖上，并长出表笔尖约 0.5mm，这种既能使表笔尖良好地与被测试点接触，又能有效防止打滑，即使碰上邻近点也不会短路。

4) 当测得某一引脚电压与正常值不符时，应根据该引脚电压对 IC 正常工作有无重要影响以及其他引脚电压的相应变化进行分析，来判断 IC 的好坏。

5) IC 引脚电压会受外围元器件影响。当外围元器件发生漏电、短路、开路或变值时，或外围电路连接的是一个阻值可变的电位器，则电位器滑动臂所处的位置不同，都会使引脚电压发生变化。

6）若 IC 各引脚电压正常，则一般认为 IC 正常；若 IC 部分引脚电压异常，则应从偏离正常值最大处入手，检查外围元件有无故障，若无故障，则 IC 很可能损坏。

7）对于 IC 动态接收集成电路部分，在有无信号时，IC 各引脚电压是不同的。如发现引脚电压不该变化的反而变化，该随信号大小和可调元件不同位置而变化的反而不变化，就可确定 IC 损坏。

（4）交流工作电压测量法。为了掌握 IC 交流信号的变化情况，可以用带有 dB 插孔的万用表对 IC 的交流工作电压进行近似测量。检测时万用表置于交流电压挡，正表笔插入 dB 插孔；对于无 dB 插孔的万用表，需要在正表笔串接一只 $0.1 \sim 0.5 \mu F$ 隔直电容。该法适用于工作频率较低的 IC。

问 77　热电偶有什么作用？

答： 在许多测温方法中，热电偶测温应用最广。因为它的测量范围广，一般为 $-180 \sim +2800 ℃$，准确度和灵敏度较高，且便于远距离测量，尤其是在高温范围内有较高的精度，所以国际实用温标规定在 $630.74 \sim 1064.43 ℃$ 用热电偶作为复现热力学温标的基准仪器。

问 78　热电偶的工作原理是什么？

答： 两种不同的导体 A 与 B 在一端熔焊在一起（称为热端或测温端），另一端接一个灵敏的电压表，接电压表的这一端称冷端（或称参考端）。当热端与冷端的温度不同时，回路中将产生电势，如图 3-34 所示。该电势的方向和大小取

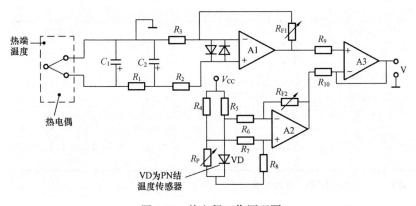

图 3-34　热电偶工作原理图

决于两导体的材料种类及热端与冷端的温度差（T 与 T_0 的差值），而与两导体的粗细、长短无关。这种现象称为物体的热电效应。为了正确地测量热端的温度，必须确定冷端的温度。目前统一规定冷端的温度 $T_0=0℃$。但实际测试时要求冷端保持在 0℃ 的条件是不方便的，希望在室温的条件下测量，这就需要加冷端补偿。热电偶测温时产生的热电势很小，一般需要用放大器放大。

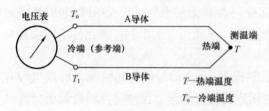

图 3-35 冷端补偿

在实际测量中，冷端温度不是 0℃，会产生误差，可采用冷端补偿的方法自动补偿。冷端补偿的方法很多，这里仅介绍一种采用 PN 结温度传感器作冷端补偿，如图 3-35 所示。

热电偶产生的电势经放大器 A1 放大后有一定的灵敏度（mV/℃），采用 PN 结温度传感器与测量电桥检测冷端的温度，电桥的输出经放大器 A2 放大后，有与热电偶放大后相同的灵敏度。将这两个放大后的信号电压再输入增益为 1 的差动放大器电路，则可以自动补偿冷端温度变化所引起的误差。在 0℃ 时，调 R_P，使 A2 输出为 0V，调 R_{F2}，使 A2 输出的灵敏度与 A1 相同即可，一般为 0～50℃，其补偿精度优于 0.5℃。

问 79 热电偶分为哪几种？

答：常用的热电偶有 7 种，其热电偶的材料及测温范围见表 3-6。

表 3-6　　　　　　　　　　常用热电偶的材料及测温范围

热电偶名称	分度号		测温范围（℃）
	新	旧	
镍铬—康铜		E	0～800
铜—康铜	CK	T	−270～+400
铁—康铜		J	0～600
镍铬—镍硅	EU-2	K	0～1300
铂铑—铂	LB-3	S	0～1600
铂铑 30-铂 10	LL-2	B	0～1800
镍铬-考铜	EA-2		0～600

注　镍铬—考铜为过渡产品，现已不用。

在这些热电偶中，CK 型热电偶应用最广泛。这是因为热电势率较高，特性近似线性，性能稳定，价格低廉（无贵金属铂及铑），测温范围适合大部分工业温度范围。

问80 热电偶的结构有哪几部分？

答：（1）热电极。即构成热电偶的两种金属丝。根据所用金属种类和作用条件的不同，热电极直径一般为 0.3～3.2mm，长度为 350mm～2m。应该指出，热电极也有用非金属材料制成的。

（2）绝缘管。用于防止两根热电极短路。绝缘管可以做成单孔、双孔和四孔的形式，其材料见表 3-6，也可以做成填充的形式（如缆式热电偶）。

（3）保护管。为使热电偶有较长的寿命，保证测量准确度，通常热电极（连同绝缘管）装入保护管内，可以减少各种有害气体和有害物质的直接侵蚀，还可以避免火焰和气流的直接冲击。一般根据测温范围、加热区长度、环境气氛等来选择保护。常用保护管材料分金属和非金属两大类，见表 3-7 和表 3-8。

表 3-7 常用金属保护管材料

材料名称	长期使用温度（℃）	短期使用温度（℃）	使用备注
铜或铜合金	400		防止氧化表面
无缝钢管	600		镀铬或镍
不锈钢管	900～1000	1250	同上
28Cr 铁（高铬铸铁）	1100		
石英管	1300	1600	
瓷管	1400	1600	
再结晶氧化铝管	1500	1700	
高纯氧化铝管	1600	1800	
硼化锆	1800	2100	

表 3-8 常用非金属保护管材料

材料名称	使用温度范围（℃）
橡皮、塑料	60～80
丝、干漆	0～130
氟塑料	0～250
玻璃丝、玻璃管	500～600
石英管	0～1300
瓷管	1400
再结晶氧化铝管	1500
纯氧化铝管	1600～1700

（4）接线盒：供连接热电偶和补偿导线用，接线盒多采用铝金制成。为防止

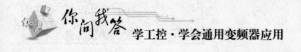

有害气体进入热电偶，接线盒出孔和盖应尽可能密封（一般用橡皮、石棉垫圈、垫片以及耐火泥等材料来封装），接线盒内热电极与补偿导线用螺钉紧固在接线板上，保证接触良好。接线处有正负标记，以便检查和接线。

问 81　热电偶如何测量？

答：检测热电偶时，可直接用万用表电阻挡测量，如不通则热电偶有断路性故障。

问 82　热电偶使用中应注意哪些事项？

答：（1）热电偶和仪表分度号必须一致。

（2）热电偶和电子电位差计不允许用铜质导线连接，而应选用与热电偶配套的补偿导线。安装时热电偶和补偿导线正负极必须相对应，补偿导线接入仪表中的输入端正负极也必须相对应，不可接错。

（3）热电偶的补偿导线安装位置尽量避开大功率的电源线，并应远离强磁场、强电场，否则易给仪表引入干扰。

（4）热电偶的安装注意事项如下。

1）热电偶不应装在太靠近炉门和加热源处。

2）热电偶插入炉内深度可以按实际情况而定。其工作端应尽量靠近被测物体，以保证测量准确。另一方面，为了装卸工作方便并不至于损坏热电偶，又要求工作端与被测物体有适当距离，一般不少于 100mm。热电偶的接线盒不应靠到炉壁上。

3）热电偶应尽可能垂直安装，以免保护管在高温下变形，若需要水平安装时，应用耐火泥和耐热合金制成的支架支撑。

4）热电偶保护管和炉壁之间的空隙，用绝热物质（耐火泥或石棉绳）堵塞，以免冷热空气对流而影响测温准确性。

5）用热电偶测量管道中的介质温度时，应注意热电偶工作端有足够的插入深度，如管道直径较小，可采取倾斜方式或在管道弯曲处安装。

6）在安装瓷和铝这一类保护管的热电偶时，其所选择的位置应适当，不致因加热工件的移动而损坏保护管。在插入或取出热电偶时，应避免急冷急热，以免保护管破裂。

7）为保护测试准确度，热电偶应定期进行校验。

问 83 热电偶故障如何检测与排除？

答：热电偶在使用中可能发生的故障及排除方法见表 3-9。

表 3-9 热电偶的故障检测及排除方法

序号	故障现象	可能的原因	修复方法
1	热电势比实际应有的小（仪表指示值偏低）	1）热电偶内部电极漏电； 2）热电偶内部潮湿； 3）热电偶接线盒内接线柱短路； 4）补偿线短路； 5）热电偶电极变质或工作端霉坏； 6）补偿导线和热电偶不一致； 7）补偿导线与热电极的极性接反； 8）热电偶安装位置不当； 9）热电偶与仪表分度不一致	1）将热电极取出，检查漏电原因。若是因潮湿引起的，应将电极烘干；若是绝缘不良引起的，则应予更换。 2）将热电极取出，把热电极和保护管分别烘干，并检查保护管是否有渗漏现象，质量不合格则应予更换。 3）打开接线盒，清洁接线板，消除造成短路的原因。 4）将短路处重新绝缘或更换补偿线。 5）把变质部分剪去，重新焊接工作端或更换新电极。 6）换成与热电偶配套的补偿导线。 7）重新改接。 8）选取适当的安装位置。 9）换成与仪表分度一致的热电偶
2	热电势比实际应有的大（仪表指示值偏高）	1）热电偶与仪表分度不一致； 2）补偿导线和热电偶不一致； 3）热电偶安装位置不当	1）更换热电偶，使其与仪表一致； 2）换成与热电偶配套的补偿导线； 3）选取正确的安装位置
3	仪表指示值不准	1）接线盒内热电极和补偿导线接触不良； 2）热电极有断续短路和断续接地现象； 3）热电极有似断非断现象； 4）热电偶安装不牢而发生摆动； 5）补偿导线有接地、断续短路或断路现象	1）打开接线盒重新接好并紧固； 2）取出热电极，找出断续短路和接地的部位，并加以排除； 3）取出热电极，重新焊好电极，经检定合格后使用，否则应更换新的； 4）将热电偶牢固安装； 5）找出接地和断续的部位，加以修复或更换补偿导线

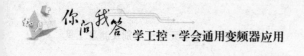

问 84 电磁继电器的概念是什么？

答：电磁继电器是利用输入电路内电流在电磁铁铁心与衔铁间产生的吸力作用而工作的一种电气继电器，其结构和符号如图3-36所示。

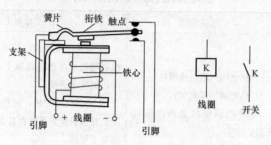

图 3-36　电磁继电器结构、符号

问 85 电磁继电器由几部分构成？

答：电磁继电器是一种电子机械开关，主要由铁心、线圈、衔铁、触点、簧片等组成。线圈是用漆包线在铁心上绕几百圈至几千圈。只要在线圈两端加上一定的电压，线圈中就有一定的电流流过，铁心就会产生磁场，该磁场产生强大的电磁力，吸动衔铁带动簧片，使簧片上的触点接（常开触点）。当线圈断电时，铁心失去磁性，电磁的吸力也随之消失，衔铁就会离开铁心，由于簧片的弹性作用，由于衔铁压迫而接通的簧片触点就会断开。因此，可以用很小的电流去控制其他电路的开关，常用继电器电路中触点的符号画法是以静态时为标准的，见表3-10。

表 3-10　　　　　　　　　　　　　　触点符号的画法

线圈符号	触点符号	
K R	○──kr-1──○	动合触点（常开），称 H 型
	○──kr-2──○	动断触点（常闭），称 D 型
	○──kr-3──○	切换触点（转换），称 Z 型
KR1	kr1-1　　　　kr1-2　　　　kr1-3	
KR2	kr2-1　　　　kr2-2	

继电器通常由塑料或有机玻璃防尘罩保护着，有的还是全密封的，以防触点氧化。常见的继电器外形如图 3-37 所示。

图 3-37　继电器外形

国内继电器的型号一般由主称代号、外形符号、短划线、序号和特征符号等五部分组成，如图 3-38 所示。继电器的"常开"、"常闭"触点，可以这样来区分：继电器线圈未通电时处于断开状态的静触点，称为"常开触点"；线圈未通

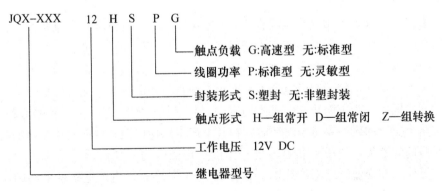

图 3-38　继电器的型号

电时处于接通状态的静触点称为"常闭触点"。

按照有关规定，在电路中，触点组的画法，应按线圈不通电时的原始状态画出。

问 86　电磁继电器的主要参数有哪些?

答:(1)额定工作电压(或额定工作电流):指继电器可靠工作时加在线圈两端的电压(或流过线圈的电流)。应用时加在线圈两端电压或电流不应超过此值。

(2)直流电阻:指继电器线圈的直流电阻。额定电压U、额定电流I、直流电阻R之间的关系为:$R=U/I$使用中,若已知工作电压和电流,可按欧姆定律求出额定工作电流。

(3)吸合电压(或电流):指继电器能够产生吸合动作的最小电压(或电流)。如果只给继电器线圈加上吸合电压,吸合动作是不可靠的,因为电压稍有波动继电器就有可能恢复到原始状态。只有缎带线圈加上额定工作电压,吸合动作才是可靠的。在实际使用中,要使继电器可靠地吸合,所加电压可略高于额定工作电压,但一般不要大于额定工作电压的1.5倍,否则易使线圈烧毁。

(4)释放电压(或电流):当继电器从吸合状态恢复原位时,所允许残存于线圈两端的最大电压(或电流)。使用中,控制电路在释放继电器时,其残存电压(或电流)必须小于释放电压(或电流),否则继电器将不能可靠释放。

(5)触点负荷:指继电器触点允许施加的电压和通过的电流。它决定了继电器能控制的电压和电流的大小。使用时不能用触点负荷小的继电器去控制高电压或大电流。

问 87　继电器如何检测?

答:(1)判别类型(交流或直流)。电磁继电器分为交流与直流两种,在使用时必须加以区分。凡是交流继电器,因为交流电不断呈正旋变化,当电流经过零值时,电磁铁的吸力为零,这时衔铁将被释放;电流过了零值,吸力恢复又将衔铁吸入,这样,伴着交流电的不断变化,衔铁将不断地被吸入和释放,势必产生剧烈的振动。为了防止这一现象的发生,在其铁心端装有一个铜制的短路环,作用是当交变的磁通穿过短路环时,在其中产生感应电流,从而阻止交流电过零时原磁场的消失,使衔铁和磁轭之间维持一定的吸力,从而消除了工作中的振动。另外,在交流继电器的线圈上常标有"AC"字样,直流电磁继电器则没有铜环。在直流继电器上标有"DC"字样。有些继电器标有"AC/DC",则要按标称电压正确使用。

（2）测量线圈电阻。根据继电器标称直流电阻值，将万用表置于适当的电阻挡，可直接测出继电器线圈的电阻值。即将两表笔接到继电器线圈的两引脚，万用表指示应基本符合继电器标称直流电阻值。如果线圈有开路现象，可查一下线圈的引出端，看看是否线头脱落。如果断头在线圈的内部或看上去线包已烧焦，那么只有查阅数据，重新绕制，或换一个相同的线圈。

（3）判别触点的数量和类别。在继电器外壳上标有触点及引脚功能图，可直接判别；如无标注，可拆开继电器外壳，仔细观察一下继电器的触点结构，即可知道该继电器有几对触点，每对触点的类别以及哪个簧片构成一组触点，对应的是哪几个引出端。

（4）检查衔铁工作情况。用手拨动衔铁，看衔铁活动是否灵活，有无卡的现象。如果衔铁活动受阻，应找出原因加以排除。另外，也可用手将衔铁按下，然后再放开，看衔铁是否能在弹簧（或簧片）的作用下返回原位。注意，返回弹簧比较容易被锈蚀，应作为重点检查部位。

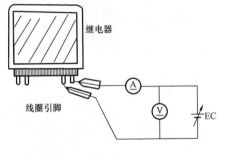

图 3-39　继电器测试电路

（5）检测继电器工作状态。测试电路如图 3-39 所示。按图连接好电路，将稳压电源的电压从低逐渐向高缓慢调节，当听到衔铁"嗒"一声吸合时，记下吸合电压和电流值。

当继电器产生吸合动作以后，再逐渐降低线圈两端的电压，这时表上的电流读数将慢慢减小，当减到某一数值时，原来吸合的衔铁就会释放掉，此时的数据便是释放电压和释放电流。一般继电器的释放电压大约是吸合电压的 $10\%\sim50\%$。如果被测继电器的释放电压小于 1/10 吸合电压，此继电器就不应再继续使用了。

（6）测量触点接触电阻。用万用表 $R\times1$ 挡，先测量常闭触点的电阻，阻值应为零。然后测量一下常开触点的电阻，阻值应为无穷大。接着，按下衔铁，这时常开触点闭合，电阻变为零，而常闭触点打开，电阻变为无穷大。如果动静触点转换不正常，可轻轻拨动相应的簧片，使其充分闭合或打开。如果触点闭合后接触电阻极大或触点已经熔化，继电器则不能继续使用。若触点闭合后接触电阻时大时小不稳定，但触点完整无损，只是表面颜色发黑，应用细砂纸轻擦触点表面，使其接触良好。然后再测一下接触电阻恢复正常。

（7）估计触点负荷。要确切了解继电器的触点负荷值，应查阅有关手册或资料。但有时也可凭经验进行估计。一般触点大，衔铁吸合有力、干脆，体积大的继电器，触点负荷也比较大。

注意：在上述几项测量中，直流继电器应采用直流电源。若所测为交流继电器，则应采用交流电源，相应地万用表也应使用 AC 50mA 挡接入电路。

问 88 固态继电器（SSR）的结构和性能特点是什么？

答： 目前市场上常见的几种固态继电器的外形如图 3-40 所示。

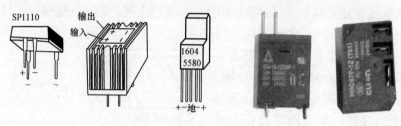

图 3-40 固态继电器外形图

固态继电器的种类很多，按其所控制的负载电源区分，主要有交流固态继电器（AC SSR）和直流固态继电器（DC SSR）两类。图 3-41 和图 3-42 所示为这两类固态继电器内部原理图及电路符号。其中，AC SSR 为四端器件，以双向晶闸管（TRIAC）作为开关器件，用以控制交流负载电源的通断，触点形式多为常开式；DC SSR 有的为五端器件，有的则为四端器件，以功率晶体管作为开关

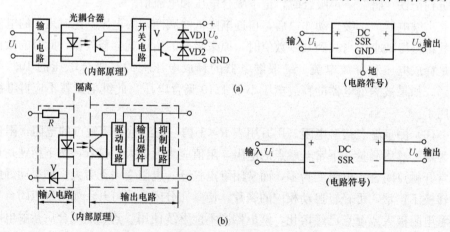

图 3-41 直流固态继电器的原理及电路符号
（a）五端 DC SSR 内部原理和电路符号；（b）四端 DC SSR 内部原理和电路符号

器件，用来控制直流负载的通断。

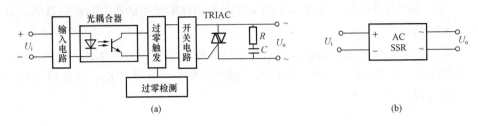

图 3-42 交流固态继电器的原理及电路符号

(a) 内部原理；(b) 电路符号

问 89 固态继电器的工作原理是什么？

答： 固态继电器的输入端仅需要很小的控制电流，且能与 TTL、CMOS 等集成电路实现良好兼容。固态继电器应用功率晶体管或双向晶闸管及场效应管作开关器件来接通或断开负载电源，其工作原理如图 3-43 所示。

图 3-43 所示为由 P 管作功率开关的直流固态继电器，图 3-44 所示为用 N 管作功率开关的电路。它们主要由光耦合器及功率 MOSFET 组成。

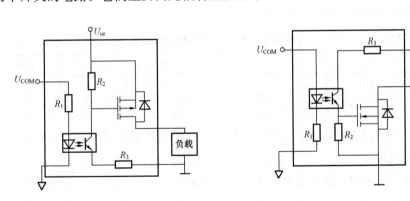

图 3-43 P 管作功率开关的直流固态继电器   图 3-44 N 管作功率开关的电路

图 3-44 的工作原理是：U_{COM} 控制端高电平，控制信号电压经限流电阻 R_1 及红外发光二极管到地形成红外发光二极管正向电流 I_F。红外发光二极管发出的红外线使光电三极管导通，产生集电极电流 I_C。R_2 的两端与 P 管的源极 S 及栅极 G 相连接，I_C 流过 R_2 产生的压降（$I_C \times R_2$）给 P 管提供了 $-U_{GS}$。若 $-U_{GS} \geqslant 5V$，P 管可提供足够大的漏极电流 $-ID$，以满足负载的需要。

图 3-44 与图 3-43 的区别仅仅是采用 N 管作功率开关，其工作原理与图 3-43

完全相同。

（1）输出负载电压：指在给定的条件下，器件能承受的稳态阻性负载的允许电压有效值。

（2）输出负载电流：指在给定条件下（如环境温度、额定电压、功率、有无散热器等），器件所能承受的电流最大有效值。应按规定值使用，防止因过载而损坏固态继电器。

问 90 固态继电器如何检测？

答：（1）识别输入、输出引脚兼测好坏。在交流固态继电器的本体上，输入端一般标有"＋"、"－"字样，而输出端则不分正、负。而直流固态继电器，一般在输入和输出端均标有"＋"、"－"，并注有"DC 输入"、"DC 输出"的字样，以示区别。用万用表判别时，可使用 $R \times 10\mathrm{k}$ 挡，分别测量四个引脚间的正、反向电阻值。其中必定能测出一对管脚间的电阻值符合正向导通、反向截止的规律：即正向电阻比较小，反向电阻为无穷大。据此便可判定这两个管脚为输入端，而在正向测量时（阻值较小的一次测量），黑表笔所接的是正极，红表笔所接的则为负极，对于其他各管脚间的电阻值，应为无穷大。常用固态继电器的管脚间的电阻见表 3-11。

表 3-11　　　　　　　　常用固态继电器的管脚间的电阻值

红表笔	输入＋	输入－	输入	输出	输出＋	输出－
黑表笔	输入－	输入＋	输出	输入	输出－	输出＋
阻值	反向∞	正向较小	∞	∞	正向∞	反向∞

对于直流固态继电器，找到输入端后，一般与其横向两两相对的便是输出端的正极和负极。

注意：有些固态继电器的输出端带有保护二极管，测试时，可先找出输入端的两个引脚，然后，采用测量其余三个引脚间正、反向电阻值的方法，区别公共地、输出⊕、输出⊖。

（2）检测输入电流和带载能力。测试电路如图 3-45 所示。测试时，输入电

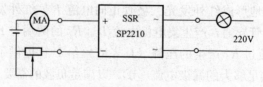

图 3-45　测试电路

压选用直流 3～6V。将万用表置于直流 50mA 挡接入电路。RP 为 1K 电位器调整输入电流的大小。输出端串入 220V 交流市电，EL 为一只 200V/100W 的白炽灯泡，作为交流负载。电路接通以后，调整 R_P，当万用表指示在规定范围内变化时，灯泡能正常熄灭、正常发光，说明性能良好。

按照上述方法，也可检测 DC SSR 的性能好坏。但要将 DC SSR 的输出端接直流电源和相应的负载。

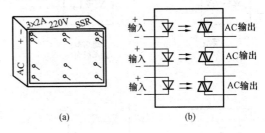

（3）固态继电器组件的检测方法。用 $R×10k$ 挡先判别出所有输入端，即输入端正向电阻小，反向电阻大，并区分出正、负极，再按图 3-46 所示连接方法，依次

图 3-46　固态继电器组件的外形和内部电路图
（a）外形；（b）内部结构

判别出对应的输出端，并按单组检测输入电流和带载能力的方法判别带载能力。

组件损坏后，某组损坏，可外接单组固态继电器试验代用。

问 91　光耦合器有什么作用？

答：光耦合器内部的发光二极管和光敏晶体管只是把电路前后级的电压或电流变化转换为光的变化，二者之间没有电气连接，因此能有效隔断电路间的电位联系，实现电路之间的可靠隔离。发光源的此脚为输入端，受光器的引脚为输出端。

问 92　光耦合器分为几种？

答：光耦合器的种类较多，其外形如图 3-47 所示，内部结构如图 3-48 所示，常见的发光源为发光二极管，受光器为光敏二极管、光敏晶体管等。

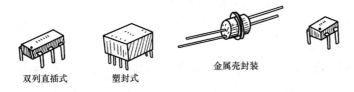

双列直插式　　塑封式　　　　　金属壳封装

图 3-47　光耦合器的外形

问 93　光耦合器的工作原理是怎样的？

答：在光耦合器输入端加电信号使发光源发光，光的强度取于激励电流的大

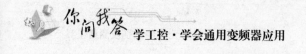

小，此光照射到封装在一起的受光器上后，因光电效应而产生了光电流，由受光器输出端引出，这样就实现了电—光—电的转换。

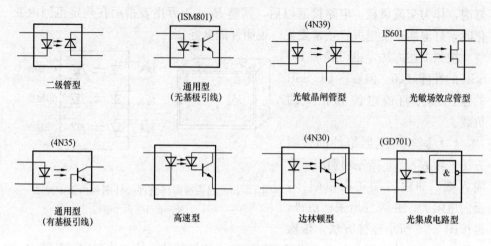

图 3-48　光耦合器内部结构

问 94　**光耦合器的基本工作特性是什么？**

答：以光敏晶体管为例：

（1）共模抑制比很高：在光耦合器内部，由于发光管和受光器之间的耦合电容很小（2pF 以内）所以共模输入电压通过极间耦合电容对输出电流的影响很小，因而共模抑制比很高。

（2）输出特性：光耦合器的输出特性是指在一定的发光电流 I_F 下，光敏管所加偏置电压主 V_{CE} 与输出电流 I_C 之间的关系，当 $I_F=0$ 时，发光二管不发光，此时的光敏晶体管集电极输出电流称为暗电流，一般很小。当 $I_F>0$ 时，在一定的 I_F 作用下，所对应的 I_C 基本上与 V_{CE} 无关。I_C 与 I_F 之间的变化成线性关系，用半导体管特性图示仪测出的光耦合器的输出特性与普通三极管输出特性相似。

（3）光耦合器可作为线性耦合器使用。在发光二极管上提供一个偏置电流，再把信号电压通过电阻耦合到发光二极管上，这样光电晶体管接收到的是在偏置电流上增、减变化的光信号，其输出电流将随输入的信号电压作线性变化。光耦合器也可工作于开关状态，传输脉冲信号。在传输脉冲信号时，输入信号和输出信号之间存在一定的延迟时间，不同结构的光耦合器输入、输出延迟时间相差很大。

问 95 **光耦合器如何测试?**

答: 因光耦合器的方式不尽相同,所以测试时应针对不同结构进行测量判断。例如,对于三极管结构的光耦合器,检测接收管时,应按测试三极管的方法检查。

(1) 输入/输出判断。由于输入发光二极管,而输出端为其他元器件。所以用 $R×1k$ 挡,测某两脚正向电阻为数百欧,而反向电阻在几十千欧以上,则说明被测脚为输入端,另外引脚则为输出端。

(2) 好坏判断。

1) 用万用表判断好坏:用 $R×1k$ 挡测输入脚电阻,正向电阻为几百欧,反向电阻几十千欧,输出脚间电阻应为无限大。再用万用表 $R×10k$,依次测量输入端(发射管)的两引脚与输出端(接收管),各引脚间的电阻值都应为无穷大,发射管与接收管之间不应有漏电阻存在。按图 3-49 接好电路,接通电源后,输出脚的电阻很小。调节 R_P,3、4 间脚电阻发生变化,说明该器件是好的。

2) 通用测试电路:如图 3-50 所示,此电路可测多种光电耦合器的好坏。当接通电源后,LED 不发光,按下 SB,LED 会发光,调节 R_P、LED 的发光强度会发生变化,说明被测光耦合器是好的。

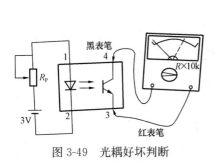

图 3-49 光耦好坏判断

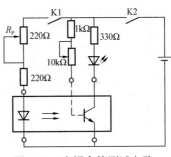

图 3-50 光耦合管测试电路

变 频 器 的 安 装

问 1 高性能通用矢量变频器的用途是什么？

答： 高性能矢量通用变频器主要用于风扇类机械、鼓风机类机械及各种水泵类机械、传送带、挤出机及金属加工类机械等。下面主要针对国内流行且具有代表性的欧姆龙 3G3RV-ZV1、安邦信 AMB-G9/P9、艾默生 TD1000、中源矢量型变频器 ZY-A900 四种变频器进行介绍。

问 2 欧姆龙 3G3RV 变频器铭牌包含哪些内容？

答： 在欧姆龙 3G3RV 变频器铭牌上，用数字和字母表示了变频器的型号、规格、电压等级及适用电动机的最大容量，如图 4-1 所示。

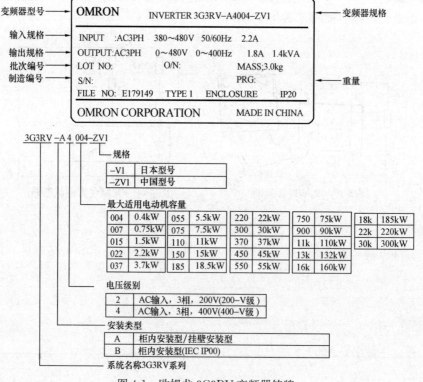

图 4-1　欧姆龙 3G3RV 变频器铭牌

问3 安邦信 **AMB-G9** 变频器铭牌包含哪些内容？

答： 安邦信 AMB-G9 变频器铭牌如图 4-2 所示。

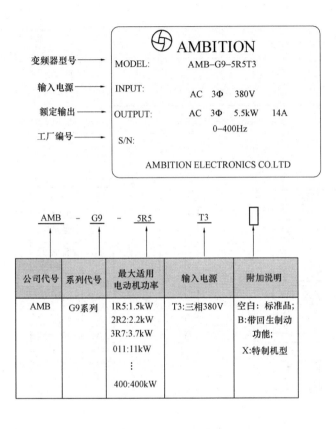

图 4-2 安邦信 AMB-G9 变频器铭牌

问4 艾默生 **TD**1000 变频器的铭牌包含哪些内容？

答： 艾默生 TD1000 变频器的铭牌如图 4-3 所示。

问5 中源 **ZY-A900** 矢量型变频器铭牌包含哪些内容？

答： 中源 ZY-A900 矢量型变频器铭牌如图 4-4 所示。

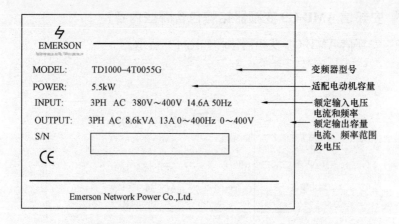

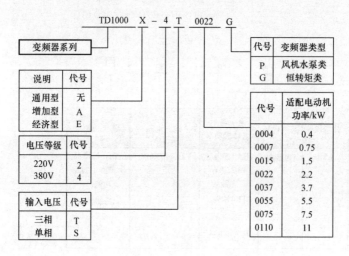

图 4-3 艾默生 TD1000 变频器的铭牌

问 6 欧姆龙 **3G3RV** 变频器的外形由哪几部分构成?

答: 欧姆龙 3G3RV 变频器的外形如图 4-5 所示。

问 7 安邦信 **AMB-G9** 变频器的外形由哪几部分构成?

答: 安邦信 AMB-G9 变频器的外形如图 4-6 所示。

商标	中源动力电气技术有限公司		
型号	A900–0150T3	功能代号	F1KBR
输入	AC 3PH 380V 50/60Hz		
输出	3PH 15kW 32A 0~380V		
	0.50~650.0Hz		

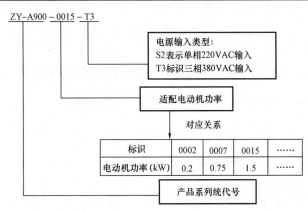

图 4-4 中源 ZY-A900 矢量型变频器铭牌

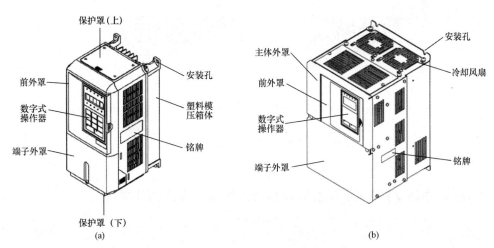

图 4-5 欧姆龙 3G3RV 变频器的外形

（a）18.5kW 以下；（b）22kW 以上

77

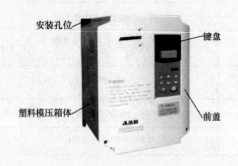

图 4-6　安邦信 AMB-G9 变频器的外形

问 8　**艾默生 TD1000 变频器的外形由哪几部分构成？**

答：艾默生 TD1000 变频器的外形如图 4-7 所示。

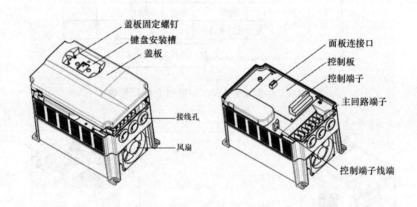

图 4-7　艾默生 TD1000 变频器的外形

问 9　**中源 ZY-A900 矢量型变频器的外形由哪几部分构成？**

答：中源 ZY-A900 矢量型变频器的外形如图 4-8 所示。

问 10　**通用变频器的安装环境要求包括哪些内容？**

答：（1）环境温度：要求在 -10～+40℃ 的范围内，如周围温度为 40～

50℃，要取下盖板或打开安装柜前门，以利于通风散热。

（2）安装在柜内且相对湿度低于90%，无结露。

（3）不要安装在多尘埃、金属粉末、腐蚀性气体的场所。

（4）不要安装在有爆炸性气体的场所。

（5）不要安装在振动大于 5.9m/s² （0.6g）的场所。

（6）不要安装在阳光直射的场所。

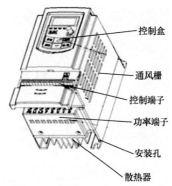

图 4-8　中源 ZY-A900 矢量型
变频器的外形

问11　通用变频器安装结束时必须注意哪些事项？

答：进行安装作业时，应给变频器上面盖上防尘罩，以防止钻孔时的金属屑等落入变频器内部。安装作业结束后，请务必拿掉变频器上面的外罩。如果不拿掉外罩，则会使通气性变差，导致变频器异常发热。

问12　变频器安装时应注意哪些事项？

答：（1）为了不使变频器的制冷效果降低，必须垂直安装，如图 4-9 所示。

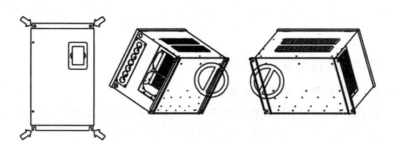

图 4-9　变频器垂直安装示意图

（2）变频器安装在控制柜内必须确定好通风扇的位置，如图 4-10 所示。

（3）变频器安装在柜内时，柜体与变频器的距离如图 4-11 所示。

（4）当控制柜内安装多台变频器时，为保证变频器的散热空间，最好将变频器并排安装，如图 4-12 所示。

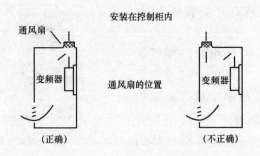

图 4-10 变频器安装控制柜风扇位置

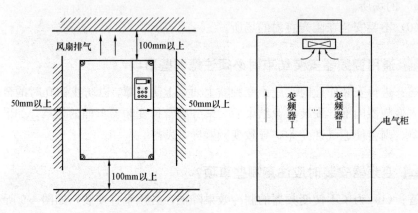

图 4-11 柜体与变频器安装间隔距离　　　图 4-12 多台变频器的安装

问 13 通用变频器的安装步骤是什么？

答： 1. 端子外罩的拆卸和安装

在变频器安装时为了给控制回路和主回路端子间连接电缆，需要卸下端子外罩。下面以欧姆龙 3G3RV 变频器为例简要介绍操作步骤。

（1）卸下端子外罩。当为 18.5kW 以下的变频器时松开端子外罩下部的螺钉，按图 4-13 所示按 1 方向用力压端子外罩左右两侧面部的同时，按 2 方向抬起端子外罩的下部。

当为 22kW 以上的变频器时，松开端子外罩上部左右的螺钉，按 1 方向拉下后，向 2 方向抬起。

（2）端子外罩的安装。向端子排的接线完成后，按与拆卸时相反的顺序，安装端子外罩。对于 18.5kW 以下容量的变频器，先将端子外罩上部的卡爪卡入变

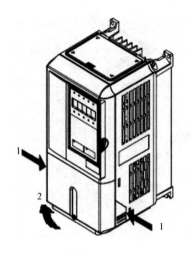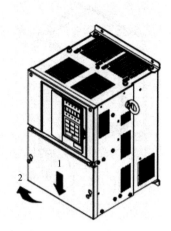

图 4-13　端子外罩的拆卸

频器主体的沟槽内，再按下端子外罩下部，直到听到"咔嚓"一声为止。

2. 数字式操作器和前外罩的拆卸和安装

（1）当为 18.5kW 以下的变频器时，在安装选购电路板及切换端子电路板上的跳线时，除了要拆下上述的端子外罩，还要卸下数字式操作器和前外罩。在卸下前外罩以前，应先将数字式操作器从前外罩上拆下。

以下对拆卸和安装方法进行说明。

1）数字式操作器的拆卸。将数字式操作器侧面的把手沿着 1 的方向按下，使其与前外罩脱开，并沿 2 的方向抬起。如图 4-14 所示。

2）前外罩的拆卸。将前外罩左右的侧面部分沿着 1 的方向按下的同时，将外罩沿 2 的方向抬起，如图 4-15 所示。

3）前外罩的安装。端子排的接线作业完成后，请按照与拆卸时相反的顺序来安装前外罩。

a）请确认数字式操作器没有装在前外罩上。如果在带着数字式操作器的状态下安装前外罩，将会引起接触不良。

b）将前外罩上部的卡爪卡入变频器主体的沟槽内，再向主体侧按下前外罩的下部，直到听到"咔嚓"一声为止。

4）数字式操作器的安装。在完成前外罩的安装后，按照以下步骤安装数字式操作器，如图 4-16 所示。

a）从 1 的方向将数字式操作器挂在卡爪 A（两处）上。

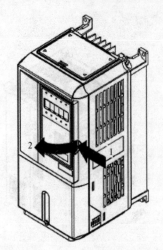
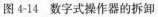
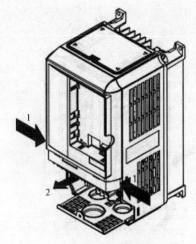

图 4-14　数字式操作器的拆卸　　　　图 4-15　前外罩的拆卸

b）接着向 2 个方向按下，直到听到"咔嚓"一声，将其挂在卡爪 B（两处）上。

（2）当为 22kW 以上的变频器时，请在卸下端子外罩后，按下述要领卸下数字式操作器和前外罩。

1）数字式操作器的拆卸。请按照与 18.5kW 以下的变频器相同的方法进行拆卸。

2）前外罩的拆卸。将控制回路端子电路板上部 1 的部分向 2 的方向抬起，如图 4-17 所示。

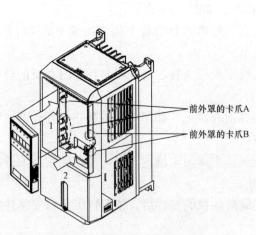

前外罩的卡爪A

前外罩的卡爪B

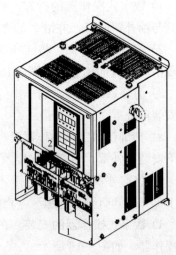

图 4-16　数字式操作器的安装　　　　图 4-17　22kW 变频器前外罩的拆卸

3）前外罩的安装。安装了选购卡，完成了控制回路端子电路板的设定等作业后，请按与拆下前外罩相反的顺序安装前外罩。

a）请确认数字式操作器没有装在前外罩上。如果在带着数字式操作器的状态下安装前外罩，将会引起接触不良。

b）请将前外罩上部的卡爪卡入变频器主体的沟槽内，再向主体侧按下前外罩下部的卡爪，直到听到"咔嚓"一声为止。

4）数字式操作器的安装。22kW变频器数字式操作器的安装请按照与18.5kW以下的变频器相同的方法。

3. 保护罩的拆卸和安装

18.5 kW以下的变频器的上下都带有保护罩。将18.5kW以下的变频器安装在柜内使用时，应卸下保护罩。以下对保护罩的拆卸与安装方法进行说明。

（1）保护罩的拆卸。

1）保护罩（上部）的拆卸。拆卸时请将一字螺钉旋具插入螺钉插孔，按箭头方向向上拆下保护罩，如图4-18所示。

2）保护罩（下部）的拆卸。

a）首先按图4-19所示的步骤卸下端子外罩。

b）拆下2处安装螺钉，再卸下保护罩（下部）。

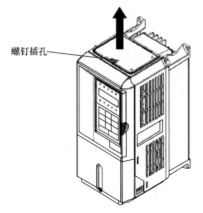

图4-18 保护罩（上部）的拆卸

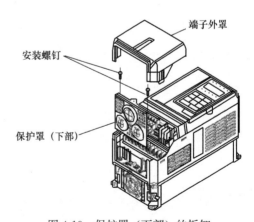

图4-19 保护罩（下部）的拆卸

（2）保护罩的安装。

1）保护罩（上部）的安装。将保护罩（上部）后侧的钩键插入后部钩孔后，使中间部分拱起，再插入左右的钩键，如图4-20所示。

2）保护罩（下部）的安装。请按与拆卸时相反的顺序安装保护罩（下部）。

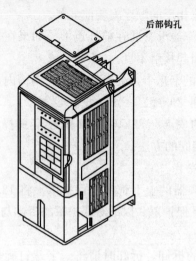

后部钩孔

图 4-20　保护罩（上部）的安装

5

高性能通用矢量变频器的
接线实例实战详解

问 1 变频器与外围机器的标准连接是怎样的?

答: 变频器与外围机器的标准连接示意图如图 5-1 所示。

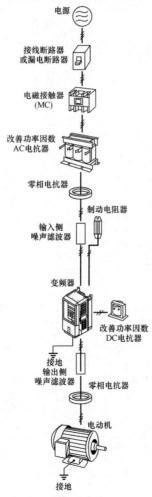

电源

接线断路器
或漏电断路器

电磁接触器
(MC)

改善功率因数
AC电抗器

零相电抗器

制动电阻器

输入侧
噪声滤波器

变频器

改善功率因数
DC电抗器

接地
输出侧
噪声滤波器   零相电抗器

电动机

接地

图 5-1 变频器与外围机器的连接

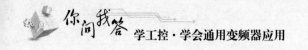

问 2　欧姆龙 3G3RV-ZV1 变频器与外围设备如何接线？

答：欧姆龙 3G3RV-ZV1 变频器与外围设备相互接线如图 5-2 所示。

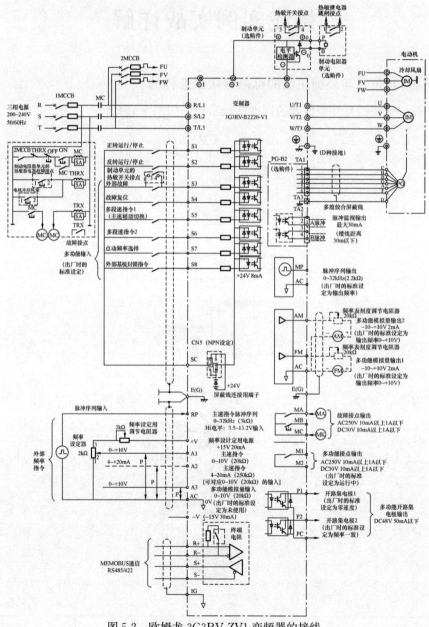

图 5-2　欧姆龙 3G3RV-ZV1 变频器的接线

当变频器只用数字式操作器运行时，只要接上主回路线，电动机即可运行。

问3 **欧姆龙 3G3RV-ZV1 控制回路端子如何排列？**

答：欧姆龙 3G3RV-ZV1 控制回路端子的排列如图 5-3 所示。

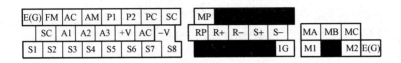

图 5-3 控制回路端子的排列

问4 **欧姆龙 3G3RV-ZV1 控制回路端子排如何构成？**

答：（1）0.4kW 端子的配置如图 5-4 所示。

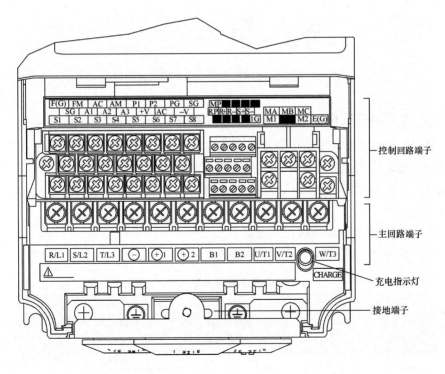

图 5-4 欧姆龙 0.4kW 变频器端子的配置示例

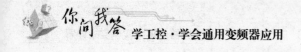

（2）22kW 端子的配置如图 5-5 所示。

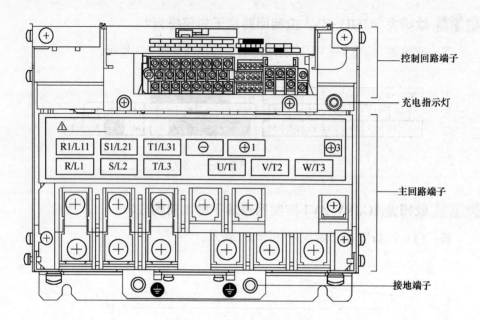

控制回路端子

充电指示灯

主回路端子

接地端子

图 5-5 欧姆龙 22kW 变频器端子的配置示例

问5 变频器在实际安装中导线尺寸有哪些?

答：变频器在实际安装中导线尺寸的正确选择非常重要，所以在安装变频器过程中必须按照规定选取导线的截面积，同时按照规定的紧固力矩固定好接线端子。下面以欧姆龙 3G3RV-ZV1 变频器为例对主回路导线的尺寸选择进行介绍。

（1）200V 级变频器电线尺寸见表 5-1。

（2）400V 级变频器电线尺寸见表 5-2。

表 5-1 200V 级变频器电线尺寸

变频器的型号 3G3RV-□	端子符号	端子螺钉	紧固力矩（N·m）	可选择的电线尺寸/mm²（AWG）	推荐电线尺寸/mm²（AWG）	电线的种类
A2004-Ⅵ	R/L1、5L/2、⊖、⊕1、⊕2、B1、B2、U/T1、V/T2、W/T3	M4	12～15	2～55（14～10）	2(14)	供电用电缆

变频器的型号 3G3RV-□	端子符号	端子螺钉	紧固力矩 (N·m)	可选择的电线尺寸/mm² (AWG)	推荐电线尺寸/mm² (AWG)	电线的种类
A2007-Ⅵ	R/L1、5L/2、⊖、⊕1、⊕2、B1、B2、U/T1、V/T2、W/T3	M4	12~15	2~55 (14~10)	2(14)	
A2015-Ⅵ	R/L1、5L/2、⊖、⊕1、⊕2、B1、B2、U/T1、V/T2、W/T3	M4	12~15	2~55 (14~10)	2(14)	
A2022-Ⅵ	R/L1、5L/2、⊖、⊕1、⊕2、B1、B2、U/T1、V/T2、W/T3	M4	12~15	2~55 (14~10)	2(14)	
A2037-Ⅵ	R/L1、5L/2、⊖、⊕1、⊕2、B1、B2、U/T1、V/T2、W/T3	M4	12~15	3.5~55 (14~10)	3.5(12)	
A2055-Ⅵ	R/L1、5L/2、⊖、⊕1、⊕2、B1、B2、U/T1、V/T2、W/T3	M4	12~15	5.5(10)	3.5(10)	
A2075-Ⅵ	R/L1、5L/2、⊖、⊕1、⊕2、B1、B2、U/T1、V/T2、W/T3	M5	2.5	8~14 (8~6)	8(8)	供电用电缆
A2110-Ⅵ	R/L1、5L/2、⊖、⊕1、⊕2、B1、B2、U/T1、V/T2、W/T3	M5	2.5	14~22 (6~4)	14(6)	
A2150-Ⅵ	R/L1、5L/2、⊖、⊕1、⊕2、U/T1、V/T2、W/T3	M6	4.0~5.0	30~38 (4~2)	30(4)	
	B1、B2	M5	2.5	8~14 (8~6)	—	
		M6	4.0~5.0	22(4)	22(4)	
A2185-Ⅵ	R/L1、5L/2、⊖、⊕1、⊕2、U/T1、V/T2、W/T3	M8	9.0~10.0	30~38 (3~2)	30(3)	
	B1、B2	M5	2.5	8~14 (8~6)	—	
		M6	4.0~5.0	22(4)	22(4)	

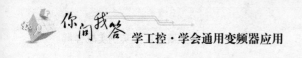

续表

变频器的型号 3G3RV-□	端子符号	端子螺钉	紧固力矩 (N·m)	可选择的电线尺寸/mm² (AWG)	推荐电线尺寸/mm² (AWG)	电线的种类
A2370-Ⅵ	R/L1、5L/2、T/L3、⊖、⊕1、U/T1、V/T2、W/T3、R1/L11、5I/L21、TI/L31	M10	17.6~22.5	60~100 (2.0~4.0)	60(2.0)	
	⊕3	M8	8.8~10.8	5.5~55 (10~4)	—	
	⊕	M10	17.6~22.5	30~60 (2~20)	30(2)	
	R/T1、R/T2	M4	1.3~1.4	0.5~5.5 (20~10)	1.25(16)	
B2450-Ⅵ	R/L1、5L/2、T/L3、⊖、⊕1、U/T1、V/T2、W/T3、R1/L11、5I/L21、TI/L31	M10	17.6~22.5	80~100 (3.0~4.0)	80(3.0)	
	⊕3	M8	8.8~10.8	5.5~55 (10~4)	—	
	⊕	M10	17.6~22.5	38~60 (1~2.0)	38(1)	
	R/T1、R/T2	M4	1.3~1.4	0.5~5.5 (20~10)	1.25(16)	
B2550-Ⅵ	R/L1、5L/2、T/L3、⊖、⊕1	M10	17.6~22.5	50~100 (1.0~4.0)	50×2P (1.0×2P)	供电用电缆
	U/T1、V/T2、W/T3、R1/L11、5I/L21、TI/L31	M10	17.6~22.5	100(4.0)	100(4.0)	
	⊕3	M8	8.8~10.8	5.5~60 (10~2.0)	—	
	⊕	M10	17.6~22.5	30~40 (3~40)	50(1.0)	
	R/T1、R/T2	M4	1.3~1.4	0.5~5.5 (20~10)	1.25(16)	
B2750-Ⅵ	⊖、⊕1	M12	31.4~39.2	80~125 (30~250)	80×2P (3.0×2P)	
	R/L1、5L/2、T/L3、U/T1、V/T2、W/T3、R1/L11、5I/L21、TI/L31	M10	17.6~22.5	80~100 (3.0~4.0)	80×2P (3.0×2P)	
	⊕3	M8	8.8~10.8	5.5~60 (10~20)	—	
	⊕	M12	31.4~39.2	100~200 (3.0~400)	100(3.0)	
	R/T1、R/T2	M4	1.3~1.4	0.5~5.5 (20~10)	1.25(16)	

表 5-2   **400V 级变频器电线尺寸**

变频器的型号 3G3RV-□	端子符号	端子螺钉	紧固力矩 (N·m)	可选择的电线尺寸/ mm²(AWG)	推荐电线尺寸/ mm² (AWG)	电线的种类
A4004-ZV	R/L1、5/L2、T/L3、⊖、⊕1、⊕2、B1、B2、U/T1、V/T2、W/T3	M4	1.2～1.5	2～55 (14～10)	2(14)	
A4007-ZV	R/L1、5/L2、T/L3、⊖、⊕1、⊕2、B1、B2、U/T1、V/T2、W/T3	M4	1.2～1.5	2～55 (14～10)	2(14)	
A4015-ZV	R/L1、5/L2、T/L3、⊖、⊕1、⊕2、B1、B2、U/T1、V/T2、W/T3	M4	1.2～1.5	2～55 (14～10)	2(14)	
A4022-ZV	R/L1、5/L2、T/L3、⊖、⊕1、⊕2、B1、B2、U/T1、V/T2、W/T3	M4	1.2～1.5	2～55 (14～10)	2(14)	
A4037-ZV	R/L1、5/L2、T/L3、⊖、⊕1、⊕2、B1、B2、U/T1、V/T2、W/T3	M4	1.2～1.5	2～55 (14～10)	2(14)	
A4055-ZV	R/L1、5/L2、T/L3、⊖、⊕1、⊕2、B1、B2、U/T1、V/T2、W/T3	M4	1.2～1.5	3.5～5.5 (12～10) 2～5.5 (14～10)	3.5(12) 2(14)	供电用电缆600V乙烯电线等
A4075-ZV	R/L1、5/L2、T/L3、⊖、⊕1、⊕2、B1、B2、U/T1、V/T2、W/T3	M4	1.8	5.5(10) 3.5～5.5 (12～10)	5.5(10) 3.5(12)	
A4110-ZV	R/L1、5/L2、T/L3、⊖、⊕1、⊕2、B1、B2、U/T1、V/T2、W/T3	M5	2.5	5.5 (10～6)	8(8) 5.5(10)	
A4150-ZV	R/L1、5/L2、T/L3、⊖、⊕1、⊕2、B1、B2、U/T1、V/T2、W/T3	M5	2.5	8～14 (8～6)	8(8)	
		M5 (M6)	2.5 (4.0～5.0)	5.5～14 (10～6)	5.5(10)	
A4185-ZV	R/L1、5/L2、T/L3、⊖、⊕1、⊕2、U/T1、V/T2、W/T3	M6	1.2～1.5	2～55 (14～10)	2(14)	
	B1、B2、	M5	2.5	8(8)	8(8)	
		M6	4.0～5.0	8～22 (8～4)	8(8)	

变频器的型号 3G3RV-□	端子符号	端子螺钉	紧固力矩 (N·m)	可选择的电线尺寸/ mm²(AWG)	推荐电线尺寸/ mm² (AWG)	电线的种类
B4220-ZⅥ	R/L1、5/L2、T/L3、⊖、⊕1、⊕3、B1、B2、U/T11、V/T21、W/T31	M6	4.0～5.0	14～22 (6～4)	14(6)	供电用电缆 600V 乙烯电线等
		M8	9.0～10.0	14～38 (6～2)	14(6)	
B4300-ZⅥ	R/L1、5/L2、T/L3、⊖、⊕1、⊕3、B1、B2、U/T11、V/T21、W/T31	M6	4.0～5.0	22(4)	22(4)	
		M8	9.0～10.0	22～38 (4～2)	22(4)	
B4370-ZⅥ	R/L1、5/L2、T/L3、⊖、⊕1、B1、B2、U/T11、V/T21、W/T31	M8	9.0～10.0	22～60 (4～1/0)	38(2)	
	⊕3	M6	4.0～5.0	8～22 (8～4)	—	
		M8	9.0～10.0	22～38 (4～2)	22(4)	
B4450-ZⅥ	R/L1、5/L2、T/L3、⊖、⊕1、B1、B2、U/T11、V/T21、W/T31	M8	9.0～10.0	22～60 (4～1/0)	38(2)	
	⊕3	M6	4.0～5.0	8～22 (8～4)	—	
		M8	9.0～10.0	22～38 (4～2)	22(4)	

问6 欧姆龙 3G3RV 变频器主回路端子的功能是什么?

答: 欧姆龙 3G3RV 变频器主回路端子按符号区分的功能见表 5-3。

表 5-3　　　　　　　　　　　　主回路端子的功能(200V/400V)

用途	使用端子	型号 3G3RV-□	
		200V 级	400V 级
主回路电源输入用	R/L1、S/L2、T/L3	A2004-Ⅵ-B211K-Ⅵ	A4004-ZⅥ-B430K-ZⅥ
	R1/L11、S1/L21、T1/L31	A2220-Ⅵ-B211K-Ⅵ	A4220-ZⅥ-B430K-ZⅥ
变频器输出用	U/T1、V/T2、W/T3	A2004-Ⅵ-B211K-Ⅵ	A4004-ZⅥ-B430K-ZⅥ
直流电源输入用	⊕1、⊖	A2004-Ⅵ-B211K-Ⅵ	A4004-ZⅥ-B430K-ZⅥ
制动电阻器单元连接用	B1、B2	A2004-Ⅵ-B2185-Ⅵ	A4004-ZⅥ-B4185-ZⅥ
DC 电抗器连接用	⊕1、⊕2	A2004-Ⅵ-B2185-Ⅵ	A4004-ZⅥ-B4185-ZⅥ
制动单元连接用	⊕3、⊖	B2220-Ⅵ-B211K-Ⅵ	B4220-ZⅥ-B430K-ZⅥ
接地用	⊕	A2004Ⅵ-B211K-Ⅵ	A4004-ZⅥ-B430K-ZⅥ

问7 欧姆龙 3G3RV 变频器主回路如何构成？

答：欧姆龙 3G3RV 变频器主回路的构成如图 5-6 所示。

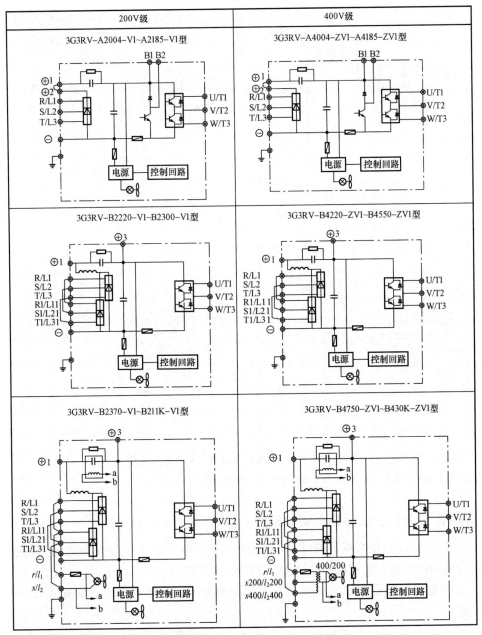

图 5-6 欧姆龙 3G3RV 变频器主回路构成

问8 欧姆龙 **3G3RV** 变频器主回路标准连接是怎样的?

答: 欧姆龙 3G3RV 变频器主回路标准连接如图 5-7 所示。

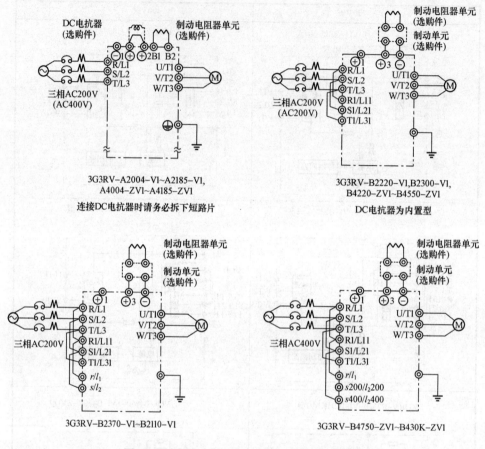

图 5-7 欧姆龙 3G3RV 变频器主回路标准连接

注: 所有的机型都是从主回路直流电源向内部供给控制电源。

问9 **变频器主回路输入侧如何接线?**

答: (1)接线用断路器的设置。电源输入端子(R、S、T)与电源之间必须通过与变频器相适合的接线用断路器(MCCB)来连接。

1) 选择断路器 MCCB 时,其容量大致要等于变频器额定输出电流的 1.5～2 倍。

2) 断路器 MCCB 的时间特性要充分考虑变频器过载保护(为额定输出电流

的 150%时 1min)的时间特性来选择。

3）断路器 MCCB 由多台变频器或与其他机器共同使用时，请按图 5-8 所示，接入故障输出时电源关闭的顺控。

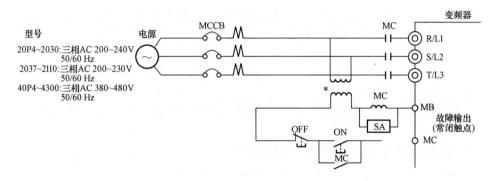

图 5-8　变频器用断路器设置

（2）电磁接触器的设置。在顺控器上断开主回路电源时，也可以使用电磁接触器（MC）。但是，通过输入侧的电磁接触器使变频器强制停止时，再生制动将不动作，最后自由运行至停止。

1）通过输入侧电磁接触器的开关可以使变频器运行或停止，但频繁地开关则会导致变频器发生故障。所以运行、停止的最高频率不要超过 30min 一次。

2）用数字式操作器运行时，在恢复供电后不会进行自动运行。

3）使用制动电阻器单元时，请接入通过单元的热敏继电器触点关闭电磁接触器的顺控器。

（3）端子排的接线。输入电源的相序与端子排的相序 R、S、T 无关，可与任一个端子连接。

（4）AC 电抗器或 DC 电抗器的设置。如果将变频器连接到一个大容量电源变压器（600kV·A 以上）上，或进相电容器有切换时，可能会有过大的峰值电流流入变频器的输入侧，损坏整流部元件。此时，请在变频器的输入侧接入 AC 电抗器（选购件），或者在 DC 电抗器端子上安装 DC 电抗器。这样也可改善电源侧的功率因数。

（5）浪涌抑制器的设置。在变频器周围连接的感应负载（电磁接触器、电磁继电器、电磁阀、电磁线圈、电磁制动器等）上应使用浪涌抑制器。

（6）电源侧噪声滤波器的设置。电源侧噪声滤波器能除去从电源线进入变频器的噪声，也能减低从变频器流向电源线的噪声。电源侧噪声滤波器的正确设置如图 5-9 所示。

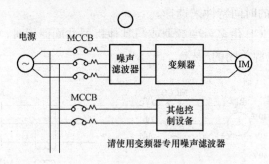

图 5-9　电源侧噪声滤波器的正确设置

问 10　变频器主回路输出侧如何接线？

答: (1)在主回路输出侧接线时，需要注意以下事项。

1) 变频器与电动机的连接。将变频器输出端子 U、V、W 与电动机接出线 U、V、W 进行连接。运行时，首先确认在正转指令下电动机是否正转。电动机反转时，请任意交换输出端子 U、V、W 中的两个端子。

2) 严禁将变频器输出端子与电源连接。请勿将电源接到输出端子 U、V、W 上。如果将电压施加在输出端子上，会导致内部的变频部分损坏。

3) 严禁输出端子接地和短路。请勿直接用手接触输出端子，或让输出线接触变频器的外壳，否则会有触电和短路的危险。另外，请勿使输出线短路。

4) 严禁使用进相电解电容和噪声滤波器。切勿将进相电解电容及 LC/RC 噪声滤波器接入输出回路，否则会因变频器输出的高谐波引起进相电容器及 LC/RC 噪声滤波器过热或损坏。同时，如果连接了此类部件，还可能会造成变频器损坏或导致部件烧毁。

5) 电磁开关(MC)的使用注意事项。当在变频器与电动机之间设置了电磁开关(MC) 时，原则上在运行中不能进行 ON/OFF 操作。如果在变频器运行过程中将 MC 设置为 ON，则会有很大的冲击电流流过，使变频器的过电流保护启动。

如为了切换至商用电源等而设定 MC 时，请先使变频器和电动机停止后再进行切换。运行过程中进行切换时，请选择速度搜索功能。另外，有必要采取瞬时停电措施时，请使用延迟释放型 MC。

(2)热敏继电器的安装。为了防止电动机过热，变频器有通过电子热敏器进行的保护功能。由一台变频器运行多台电动机或使用多极电动机时，应在变频器与电动机间设置热动型热敏继电器(THR)，并将电动机保护功能选择设定为电动机保护无效。此时应接入通过热敏继电器的触点来关闭主回路输入侧电磁接触器的顺控器。

　　(3)输出侧噪声滤波器的安装。通过在变频器的输入侧连接噪声滤波器，能减轻无线电干扰和感应干扰，如图5-10所示。

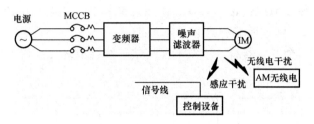

图5-10　输出侧噪声滤波器的安装

　　(4)感应干扰防止措施。为了抑制从输出侧产生的感应干扰，除了设置上述的噪声滤波器以外，还有在接地的金属管内集中配线的方法。如信号线离开30cm以上，感应干扰的影响将会变小，如图5-11所示。

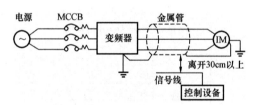

图5-11　感应干扰防止措施

　　(5)无线电干扰防止措施。不单是输入输出线，从变频器主体也会放射无线电干扰。在输入侧和输出侧两边都设置噪声滤波器，变频器主体也设置在铁箱内进行屏蔽，这样能减轻无线电干扰。所以尽量缩短变频器和电动机间的接线距离，如图5-12所示。

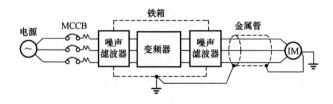

图5-12　无线电干扰防止措施

　　(6)变频器与电动机之间的接线距离。变频器与电动机之间的接线距离较长时，电缆上的高频漏电流就会增加，从而引起变频器输出电流的增加，影响外围

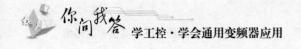

机器的正常运行。

（7）接地线的接线。进行接地线的接线时，应注意以下事项。

1）请务必使接地端子接地。

2）接地线切勿与焊接机及动力设备共用。

3）请尽量使接地线连接得较短。由于变频器会产生漏电电流，所以如果与接地点距离太远，则接地端子的电位会不稳定。

4）当使用多台变频器时，注意不要使接地线绕成环形。接地线的接线如图5-13所示。

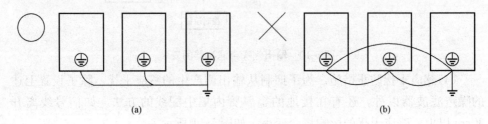

图 5-13　接地线的正确接线

（a）正确接线；（b）错误接线

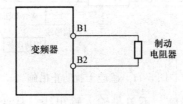

图 5-14　制动电阻器的连接

（8）制动电阻器的连接（如主体安装 3G3IV-PERF 型）如图 5-14 所示。

（9）制动电阻器单元（如 3G3IV-PLKEB 型）/ 制动单元（3G3IV-PCDBR 型）的连接如图 5-15 所示。

问 11　欧姆龙变频器控制回路使用电线尺寸要求有哪些？

答：当使用模拟量信号进行远程操作时，需要将模拟量操作器或操作信号与变频器之间的控制线设为 50m 以下，并且为了不受来自外围机器的感应干扰，要求与强电回路（主回路及继电器顺控回路）分开接线。

如果频率是由外部频率设定器而非数字式操作器设定，接线如图 5-16 所示，使用多股绞合屏蔽线，屏蔽线不应接地而应接在端子 E（G）上。

控制电路端子编号和电线尺寸的关系见表 5-4。

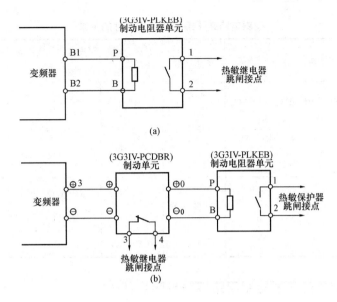

图 5-15　制动电阻器单元连接

(a)0.4～18.5kW 的变频器时(200V 级/400V 级)；

(b)22kW 以上的变频器时(200V 级/400V 级)

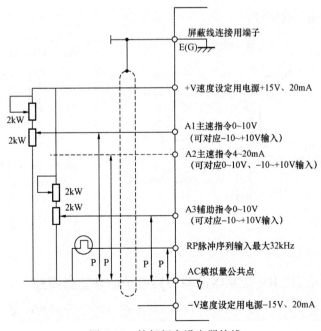

图 5-16　外部频率设定器接线

表 5-4　　　　　　　控制电路端子编号和电线尺寸的关系

端子编号	端子螺钉	紧固力矩/ (N·m)	可连接的电线尺寸/ mm²(AWG)	推荐电线尺寸/ mm²(AWG)
FM、AC、AM、P1、P2、PC、SC、A1、A2、A3、＋V、－V、S1、S2、S3、S4、S5、S6、S7、S8、MA、MB、MC、M1、M2	M3.5	0.8～1.0	0.5～2	0.75(18)
MP1、RP1R＋, R－, R＋, S－,IG	Phoenix 型	0.5～0.6	单线 0.14～2.5 绞合线 0.14～1.5	0.75(18)
E(G)	M3.5	0.8～1.0	0.5～2	1.25(12)

问 12 欧姆龙变频器控制回路接线步骤是什么?

答： 欧姆龙变频器控制回路接线步骤如图 5-17 所示。

(1) 用细一字旋具松开端子的螺钉。

(2) 将电线从端子排下方插入。

(3) 拧紧端子的螺钉。

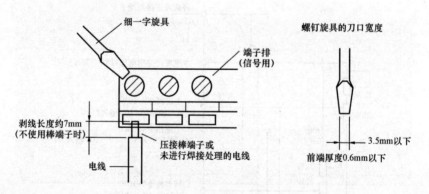

图 5-17　控制回路接线

问 13 欧姆龙 3G3RV 变频器控制回路端子的功能有哪些?

答： 欧姆龙 3G3RV 变频器控制回路端子按符号区分的功能见表 5-5。应根据用途选择适当的端子。

表 5-5   控制回路端子一览表

种类	端子符号	信号名称	端子功能说明	信号电平
顺控输入信号	S1	正转运行-停止指令	ON 正转运行，OFF 停止	DC+24V，8mA 光耦合器绝缘
	S2	反转运行-停止指令	ON 反转运行，OFF 停止	
	S3	多功能输入选择 1 * 1	出厂设定 ON，外部故障	
	S4	多功能输入选择 2 * 1	出厂设定 ON，故障复位	
	S5	多功能输入选择 3 * 1	出厂设定 ON，多段速指令 1 有效	
	S6	多功能输入选择 4 * 1	出厂设定 ON，多段速指令 1 有效	
	S7	多功能输入选择 5 * 1	出厂设定 ON，多段速指定 2 有效	
	S8	多功能输入选择 6 * 1	出厂设定 ON，点动频率选择	
	SC	顺序控制输入公共点	出厂设定 ON，外部基极封锁	
模拟量输入信号	+V	+15V 电源	模拟量指令用+15V 电源	+15V（允许量大电流 20mA）
	-V	-15V 电源	模拟量指令用-15V 电源	-15V（允许量大电流 20mA）
	A1	主速频率指令	$-10\sim+10V/-100\sim+100\%$ $0-+10V/100\%$	$-10\sim+10V$ $0\sim+10V$（输入阻抗 20kΩ）
	A2	多功能模拟量输入	$4\sim20mA/100\%$，$-10\sim+10V/-100\sim+100\%$，$0\sim+10/100\%$ 出厂设定，与端子 A1 和相加（H3-09-0）	4～20Ma（输入阻抗 250Ω）$-10\sim+10V$ $0\sim+10V$（输入阻抗 20kΩ）
	A3	多功能模拟量输入	$-10\sim+10V/-100\sim+100\%$，$0\sim+10/100\%$ 出厂设定，未使用（H3-05＝1F）	$-10\sim+10V$ $0\sim+10V$（输入阻抗 20kΩ）
	AC	模拟量公共点	0V	—
	E(O)	屏蔽线选购地线连接用	—	

学工控·学会通用变频器应用

续表

种类	端子符号	信号名称	端子功能说明	信号电平
光电耦合器输出	P1	多功能 PHC 输出 1	出厂设定，零速 零速值（b2-01）以下，ON	DC ＋48V 50mA 以下×2
	P2	多功能 PHC 输出 2	出厂设定，频率一致检出 设定频率的±2Hz 以内为 ON	
	PC	光电耦合器输出公共点 输出 P1、P2 用	—	
继电器输出	MA	故障输出（常开触点）	故障时，MA-MC 端子间 ON 故障时，MA-MC 端子间 OFF	干式触点 触点容量 AC 250V，10mA 以上，1A 以下 DC 30V，10m 以上，1A 以下 最小负载；DC 5V，10mA×4
	MB	故障输出（常闭触点）		
	MC	继电器触点输出公共点	—	
	M1	多功能触点输出（常开接点）	出厂设定：运行 运行时，M1-M2 端子间 ON	
	M2			
模拟量监视输出	FM	多功能模拟量监视 1	出厂设定：输出频率 0～＋10V/100％频率	−10～＋10V，±5％，2mA 以下
	AM	多功能模拟量监视 2	出厂设定：电流监视 5V/变频器额定输出电流	
	AC	模拟量公共点	—	
脉冲序列输入输出	RP	多功能脉冲序列输入 3	出厂设定：频率指令输入 （H6-01＝0）	0～32kHz（3kΩ）
	MP	多功能脉冲序列监视	出厂设定：输出频率 （H6-06＝2）	0～32kHz（2.2kΩ）
RS-485/422 通信	R＋	MEMOBUS 通信输入	如果是 RS-485（2 线）制，请将 R＋与 S＋、R−和 S−短路	差动输入 PHC 绝缘
	R−			
	S＋	MEMOBUS 通信输出		差动输出 PHC 绝缘
	S−			
	IG	通信用屏蔽线	—	

问 14 分路跳线 CN5 与拨动开关 S1 的功能是什么?

答: 以下对分路跳线（CN5）及拨动开关（S1）的详细内容进行说明，如图 5-18 所示。

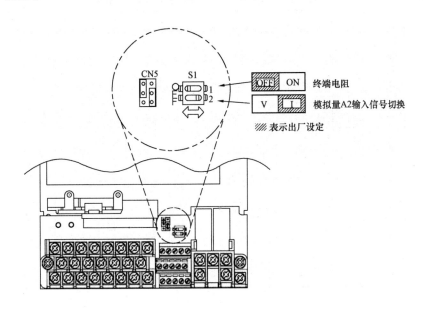

图 5-18 分路跳线 CN5 与拨动开关 S1

（1）拨动开关 S1 的功能见表 5-6。

表 5-6　　　　　　　　　　拨动开关 S1 的功能

名　称	功　能	设　定
S1-1	RS-485 及 RS-422 终端电阻	OFF：无终端电阻 ON：终端电阻 110Ω
S1-2	模拟量输入（A2）的输入方式	OFF：0～10V，−10～10V 电压模式 （内部电阻为 20kΩ） ON：4～20mA 电流模式（内部电阻为 250Ω）

（2）CN5 适用于共发射极模式与共集电极模式，见表 5-7。

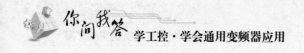

使用 CN5（分路跳线）时，输入端子的逻辑可在共发射极模式（0V 公共点）和共集电极模式（＋24V 公共点）间切换。另外，还适用于外部＋24V 电源，提高了信号输入方法的自由度。

表 5-7   CN5 共发射极模式与共集电极模式与信号输入

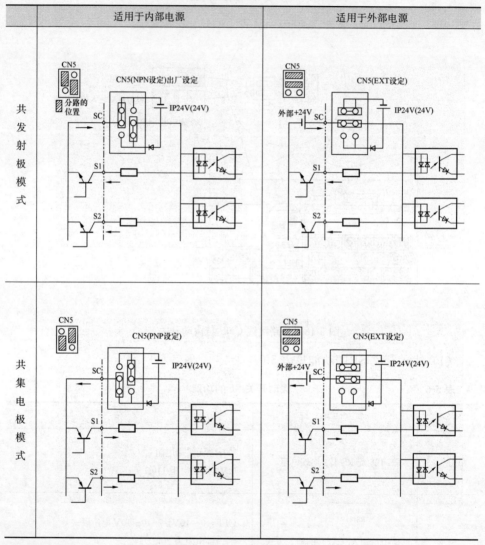

问 15   **欧姆龙 3G3RV 变频器控制回路端子如何连接？**

答： 欧姆龙 3G3RV 变频器控制回路端子的连接如图 5-19 所示。

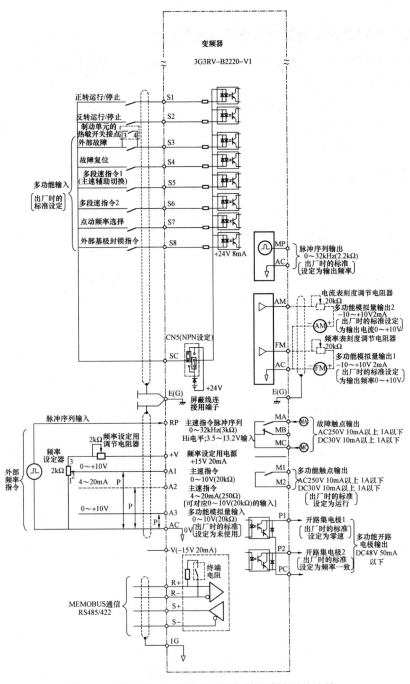

图 5-19　欧姆龙 3G3RV 变频器控制回路端子的连接

问 16   欧姆龙变频器接线检查应注意什么？

答：接线完毕后，请务必检查相互间的接线。接线时的检查项目如下所示。

(1) 接线是否正确。

(2) 是否残留有线屑、螺钉等物。

(3) 螺钉是否松动。

(4) 端子部的剥头裸线是否与其他端子接触。

问 17   欧姆龙 3G3RV-ZV1 变频器选购卡有几种规格？

答：在变频器的使用中给所使用的电动机装置设速度检出器（PG 卡），将实际转速反馈给控制装置进行控制的，称为"闭环"，不用 PG 卡运转的就叫作"开环"。通用变频器多为开环方式，而高性能变频器基本都采用闭环控制。

欧姆龙 3G3RV 变频器上最多可安装 3 张选购卡。如图 5-20 所示，在控制电路板上的 3 处（A、C、D）各安装 1 块，同时最多能安装 3 块选购卡。

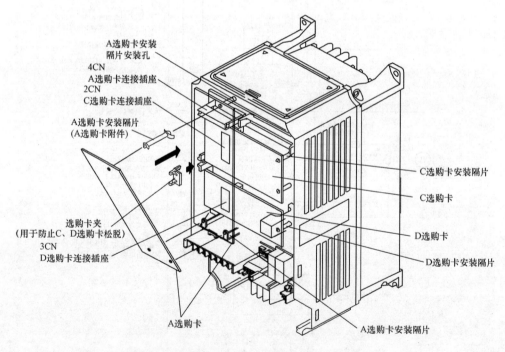

图 5-20   欧姆龙 3G3RV 变频器选购卡安装结构图

选购卡的种类和规格见表 5-8。

表 5-8   欧姆龙 3G3RV 变频器选购卡的规格

卡的种类	型 号	规 格	安装场所
PG 速度控制卡	3G3FV-PPGA2	对应开路集电极/补码、单相输入	A
	3G3FV-PPGB2	对应补码，A/B 相输入	A
	3G3FV-PPGD2	对应线驱动，单位相输入	A
	3G3FV-PPGX2	对应线驱动，A/B 相输入	A
DeviceNet 通信卡	3G3RV-PDRT2	对应 DeviceNet 通信	C

问 18 **欧姆龙 3G3RV-ZV1 变频器选购卡如何安装？**

答：安装选购卡时，请先卸下端子外罩，并确认变频器内的充电指示灯已经熄灭，然后卸下数字式操作器及前外罩，安装选购卡。

问 19 **PG 速度控制卡的端子与规格有哪些内容？**

答：各种控制模式专用的 PG 速度控制卡的端子规格如下。

（1）3G3FV-PPGA2。3G3FV-PPGA2 的端子规格见表 5-9。

表 5-9   **3G3FV-PPGA2** 的端子与规格

端子	NO	内 容	规 格
TA1	1	脉冲发生器用电源	DC+12V（±5%），最大为 200mA
	2		DC 0V（电源用 GND）
	3	+12V 电压/开路集电极切换端子	在+12V 电压输入和开路集电极之间进行切换的端子，当为开路集电极输入时，请将 3-4 间短路
	4		
	5	脉冲输入端	H：+4～12V L：+1V 以下 （最高尖频率 30kHz）
	6		脉冲输入公共点
	7	脉冲监视输出端子	+12V（±10%），最大为 20mA
	8		脉冲监视输出公共点
TA2	(E)	屏蔽线连接端子	—

（2）3G3FV-PPGB2。3G3FV-PPGB2 的端子规格见表 5-10。

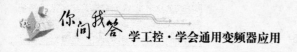

表 5-10   **3G3FV-PPGB2 的端子与规格**

端子	NO	内　容	规　格
TA1	1	脉冲发生器用电源	DC+12V（±5％），最大为 200mA
	2		DC 0V（电源用 GND）
	3	A 相脉冲输入端子	H：+8～12V L：+1V 以下 （最高尖频率 30kHz）
	4		脉冲输入公共点
	5	B 相脉冲输入端	H：+4～12V L：+1V 以下 （最高尖频率 30kHz）
	6		脉冲输入公共点
TA2	1	A 相脉冲监视输出端子	开路集电极开路 DC 24V，最大为 30mA
	2	A 相脉冲监视输出公共点	
	3	B 相脉冲监视输出端子	开路集电极开路 DC 24V，最大为 30mA
	4	B 相脉冲监视输出公共点	
TA3	(E)	屏蔽线连接端子	—

（3）3G3FV-PPGD2。3G3FV-PPGD2 的端子规格见表 5-11。

表 5-11   **3G3FV-PPGD2 的端子与规格**

端子	NO	内　容	规　格
TA1	1	脉冲发生器用电源	DC+12V（±5％），最大为 200mA
	2		DC 0V（电源用 GND）
	3		DC+5V（±5％），最大为 200mA
	4	脉冲输入＋端子	线驱动输入（RS-422 值输入）
	5	脉冲输入－端子	最高响应频率 300kHz
	6	公共点端子	
	7	脉冲监视输出＋端子	线驱动输出（RS-422 值输出）
	8	脉冲监视输出－端子	
TA2	(E)	屏蔽线连接端子	—

注 DC+5V 与 DC+12V 不能同时使用。

（4）3G3FV-PPGX2。3G3FV-PPGX2 的端子与规格见表 5-12。

表 5-12　　　　　　　　　　**3G3FV-PPGX2 的端子与规格**

端子	NO	内　　容	规　　格
TA1	1	脉冲发生器用电源	DC+12V（±5%），最大为 200mA
	2		DC 0V（电源用 GND）
	3		DC+5V（±5%），最大为 200mA
	4	A 相+输入端子	线驱动输入（RS-422 值输入） 最高响应频率 300kHz
	5	A 相-输入端子	
	6	B 相+输入端子	
	7	B 相-输入端子	
	8	Z 相+输入端子	
	9	Z 相-输入端子	
	10	公共点端子	DC 0V（电源用 GND）
TA2	1	A 相+输入端子	线驱动输出（RS-422 值输出）
	2	A 相-输入端子	
	3	B 相+输入端子	
	4	B 相-输入端子	
	5	Z 相+输入端子	
	6	Z 相-输入端子	
	7	控制回路公共点	控制回路 GND
TA3	(E)	屏蔽线连接端子	—

注　DC+5V 与 DC+12V 不能同时使用。

问 20　选购卡如何接线？

答：下面介绍适用于各控制卡的接线示例。

（1）3G3FV-PPGA2 的接线。3G3FV-PPGA2 的接线如图 5-21 所示。

（2）3G3FV-PPGB2 的接线。3G3FV-PPGB2 的接线如图 5-22 所示。

（3）3G3FV-PPGD2 的接线。3G3FV-PPGD2 的接线如图 5-23 所示。

（4）3G3FV-PPGX2 的接线。3G3FV-PPGX2 的接线如图 5-24 所示。

问 21　PG（编码器）脉冲数如何选择？

答：PG 脉冲数的选择方法根据选购卡的种类而异，应根据种类进行选择。

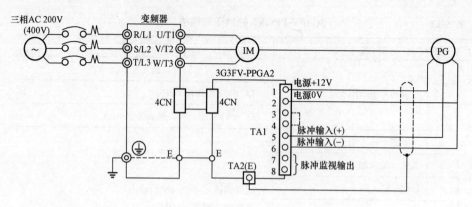

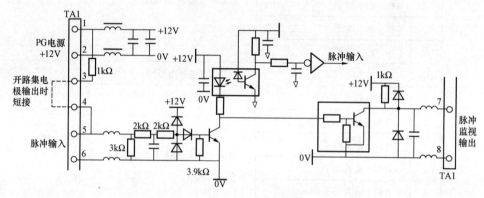

图 5-21　3G3FV-PPGA2 的接线

（1）当为 3G3FV-PPGA2/3G3FV-PPGB2 时，PG 输出脉冲检测的最大值为 32.767Hz。选择在最高频率输出时的电动机转速下，输出值在 20kHz 左右的 PG。

$$\frac{最高频率输出时的电动机转速（r/min）}{60} \times PG 参数（p/rev）= 20\,000Hz$$

最高频率输出时的电动机转速与 PG 输出频率（脉冲数）的选择示例见表 5-13。

表 5-13　最高频率输出时的电动机转速与 PG 输出频率（脉冲数）的选择示例

最高频率输出时的电机转速/（r/min）	PG 参数/（p/rev）	最高输出频率时的 PG 输出频率/Hz
1800	600	18,000
1500	600	15,000
1200	900	18,000
900	1200	18,000

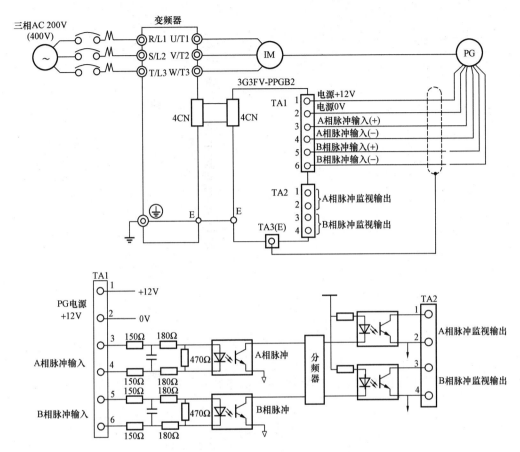

图 5-22 3G3FV-PPGB2 的接线

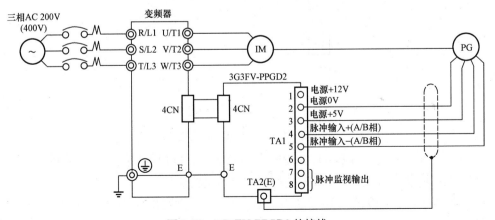

图 5-23 3G3FV-PPGD2 的接线

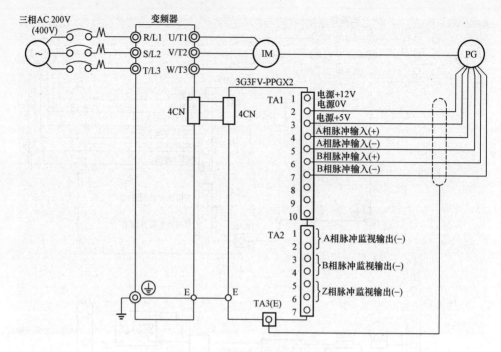

图 5-24   3G3FV-PPGX2 的接线

当为 3G3FV-PPGA2/3G3FV-PPGB2 时接线示例如图 5-25 所示。

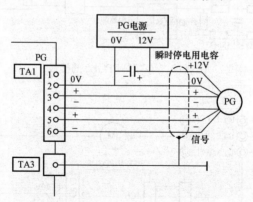

图 5-25   3G3FV-PPGB2 的接线示例

（2）当为 3G3FV-PPGD2/3G3FV-PPGX2 时，PG 用的电源有 12V 和 5V 两种。在使用前应事先确认 PG 的电源规格后再进行连接。

PG 输出脉冲检测的最大值为 300kHz。PG 的输出频率（f_{PG}）可由下式求出

$$f_{PG}\ (Hz) = \frac{\text{最高频率输出时的电动机转速（r/min）}}{60} \times PG\text{ 参数（p/rev）}$$

PG 电源容量在 200mA 以上时，应准备其他电源。需要进行瞬时停电处理时，要准备备用的电容，3G3FV-PPGX2 的连接示例如图 5-26 所示。

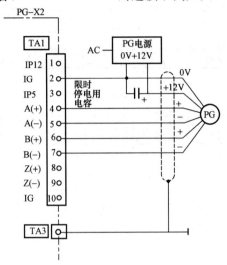

图 5-26　3G3FV-PPGX2 的连接示例

（以 12V 电源的 PG 为例）

问 22　安邦信 AMB-G9 控制回路端子排如何排列？

答： 安邦信 AMB-G9 控制回路端子排的排列方式如下所示。

COM	S1	S2	S3	S4	S5	S6	COM	+12	VS	GND	IS	AM	GND	M1	M2	MA	MB	MC

模拟信号输入：IS、VS。

开关信号输入：S1、S2、S3、S4、S5、S6、COM。

开关信号输出：M1、M2、MA、MB、MC。

模拟信号输出：AM、GND。

电源。

问 23　安邦信 AMB-G9 主回路端子如何排列？

答： 安邦信主回路端子位于变频器的前下方。中、小容量机种直接放置在主回路印制电路板上，大容量机种则安装固定在机箱上，其端子数量及排列位置因

功能与容量的不同而有所变化，如图 5-27 所示。

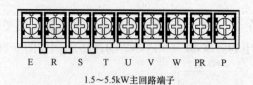

1.5～5.5kW主回路端子

7.5～11kW主回路端子

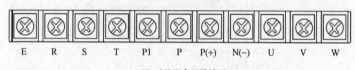

15～30kW主回路端子

图 5-27　安邦信 AMB-G9 主回路端子的排列

主回路端子说明如下。

输入电源：R、S、T。

接地线：⏚。

直流母线：⊕⊖。

回升制动电阻连线：PB。

电机接线：U、V、W。

问 24　安邦信 AMB-G9 主回路端子的功能是什么？

答：安邦信 AMB-G9 主回路端子的功能见表 5-14，在使用中依据对应功能需要我们正确接线。

表 5-14　　　　　　　　　　安邦信 AMB-G9 主回路端子功能

端子标号	功 能 说 明
R、S、T	交流电源输入端子，接三相交流电源或单相交流电源
U、V、W	变频器输出端子，接三相交流电动机
⊕、⊖	外接制动单元连接端子，⊕、⊖分别为直流母线的正负极
⊕、PB	制动电阻连接端子，制动电阻一端接⊕，另一端接 PB
P1、P	外接直流电抗器端子，电抗器一端接 P，另一端接 P1
⏚	接地端子，接大地

问 25 安邦信 AMB-G9 控制回路端子的功能有哪些？

答：安邦信 AMB-G9 控制回路端子的功能见表 5-15。

表 5-15 安邦信 AMB-G9 控制回路端子的功能

分类	端子	信号功能	说　　明		信号电平	
开关输入信号	S1	正向运转/停止	闭合时正向运转打开时停止		光耦合器隔离输入：24V，8mA	
	S2	反向运转/停止	闭合时反向运转打开时停止	多功能接点输入（F041-F045）		
	S3	外部故障输入	闭合时故障打开时正常			
	S4	故障复位	闭合时复位			
	S5	多段速度指令 1	闭合时有效			
	S6	多段速度指令 1	闭合有效			
	COM	开关公共端子	—			
模拟输入信号	+12V	+12V 电源输出	模拟指令+12V 电源		+12V	
	VS	频率指令输入电压	0～10V/100%	F042＝0；VS 有效	0～10V	
	IS	频率指令输入电流	4～20mA/100%	F042＝1；IS 有效	4～20mA	
	GND	信号线屏蔽外皮的连接端子	—		—	
开关输出信号	M1	运转中信号（常开接点）	运行时闭合	多功能接点输出（F041）	接点容量：250VAC、1A 30VDC、1A	
	M2					
	MA	故障接点输出（常开/常闭接点）	端子 MA 和 MC 之间闭合时故障；端子 MB 和 MC 之间打开时故障	多功能接点输出（F040）		
	MB					
	MC					
模拟输出信号	AM	频率表输出	0～10V/100%频率	多功能模拟量监视(F048)	0～10V 2mA	
	GND	公共端				

问 26 **安邦信 AMB-G9 变频器标准接线是怎样的？**

答： 安邦信 AMB-G9 变频器标准接线如图 5-28 和图 5-29 所示。

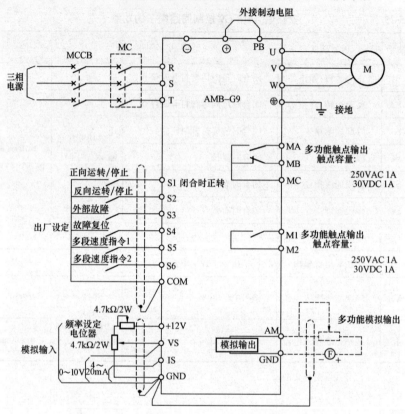

图 5-28　安邦信 AMB-G9　15kW 及以下变频器接线图

问 27 **艾默生 TD1000 主回路输入输出端子的名称和功能是什么？**

答： 艾默生 TD1000 系列变频器根据型号的不同，有两种主回路输入输出端子，端子名称及功能如下。

（1）排序图一（见图 5-30）。

适用机型（结构 a）：2S0007G、2S0015G、2T0015G、4T0007G、4T0015G、TD1000A-4T0022G

（2）排序图二（见图 5-31）。

适用机型（结构 b）：2S0022G、2T0022G、2T0037G、4T0022G、4T0037G/P、4T0055G/P。

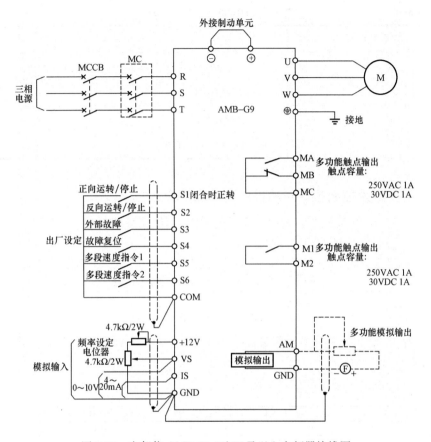

图 5-29 安邦信 AMB-G9 18kW 及以上变频器接线图

R	S	T	PB	P(+)	(−)	进线端子（机器顶部）

U	V	W			PE	出线端子

图 5-30 艾默生 TD1000 主回路输入输出端子排序图一

P(+)	PB	R	S	T	U	V	W

图 5-31 艾默生 TD1000 主回路输入输出端子排序图二

（3）艾默生 TD1000 主回路端子功能说明。主回路端子功能描述见表 5-16。

表 5-16   **艾默生 TD1000 主回路端子功能**

端子名称	功 能 说 明
P（+）、PB、（—）	P（+）：正母排；PB：制动单元接点；（—）：负母排
R、S、T	三相电源输入端子
U、V、W	电机接线端子
PE	安全接地端子或接地点

问 28   艾默生控制板端子的排序与功能是什么？

答： TD1000 系列变频器根据型号的不同，有两种控制回路端子排序。

（1）控制端子排序图一（见图 5-32）。

TA	TC		X2	X4	GND	REV	Y2		VREF	GND	RM/AM
	TB	X1	X3	X5	FWD	Y1	P24	COM	VCI	CCI	CCO

图 5-32   艾默生 TD1000 控制端子排序图一

适用机型（结构 a）：2S0007G、2S0015G、2T0015G、4T0007G、4T0015G、TD1000A-4T0022G。

（2）控制端子排序图二（见图 5-33）。

TA	TC		X2	X4	COM	REV	Y2		VREF	GND	FM/AM
	TB	X1	X3	X5	FWD	Y1	P24		VCI	CCI	CCO

图 5-33   艾默生 TD1000 控制端子排序图二

控制端子排序图 2 适用机型（结构 b）：2S0022G、2T0022G、2T0037G、4T0022G、4T0037G/P、4T0055G/P。

（3）艾默生 TD1000 控制板端子控制板端子功能表（见表 5-17）。

表 5-17   **艾默生 TD1000 控制板端子功能表**

	端子记号	端子功能说明	规 格
控制 端子	X1~X5-COM/ GND	多功能输入端子 1~5	多功能选择功能码 F067＝F071
	FWD-COM/GND REV-COMGND	运行控制（正转/停止） 运行控制（反转/停止）	光耦输入端 DC 24V

	端子记号	端子功能说明	规　格
控制端子	Y1 Y2 (参考地为 COM)	多功能输出端子 1 多功能输出端子 2	开路集电极输出 DC 24V，最大输出电流 100mA
	P24 (参考地为 COM)	24V 电源	+24V，最大输出电流 100mA
	参考地为 GND　VREF	外接频率设定用辅助电源	DC +10V
	VC	模拟电压频率设定输入	输入范围 0~+10V
	CCI	模拟电流频率设定输入	输入范围 0~20mA，输入阻抗 500Ω
	CCO	运行频率模拟电流输出	4~20mA
	FM/AM	输出频率/电流显示	0~+10V
	TA，TB，TC	变频器正常或不通是时： TA-TB 闭合，TA-TC 断开上电 后变频器故障； TA-TB 断开，TA-TC 闭合	触点额定值 AC 250V/2A DC 30V/1A
通信端子	+，−	+为 RS485 信号+端；−为 RS485 信号−端	标准 485 接口信号的端子

问 29　艾默生 TD1000 基本配线是怎样的？

答：艾默生 TD1000 基本配线如图 5-34 所示。

问 30　中源变频器主回路端子如何接线？

答：（1）单相 220V，1.5~2.2kW 及三相 380V，0.75~15kW 功率端子示意图如图 5-35 所示。

（2）三相 380V，18.5kW 以上功率端子示意图如图 5-36 所示。

问 31　中源矢量变频器主回路端子功能有哪些？

答：中源矢量变频器主回路端子功能见表 5-18。

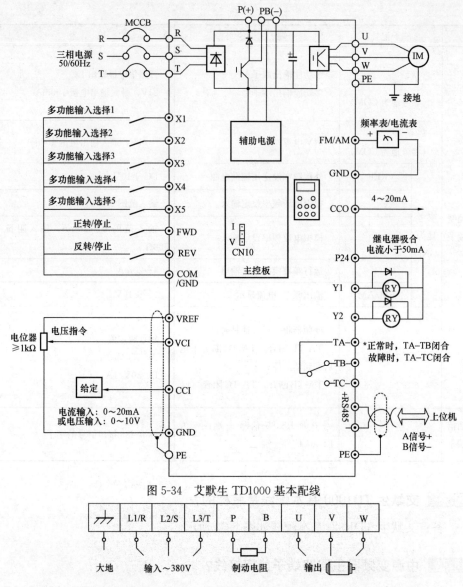

图 5-34 艾默生 TD1000 基本配线

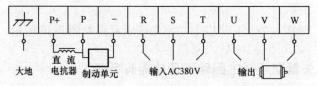

图 5-35 中源单相 220V 1.5～2.2kW 及三相 380V 0.75～15kW 端子示意图

图 5-36 中源三相 380V 18.5kW 以上功率端子示意图

表 5-18   中源矢量变频器主回路端子功能

端子名称	端子标号	端子功能说明
电源输入端子	L1/R、L2/S、L3/T	三相 380V 交流电压输入端子，单相 220V 接 L1/R、L2/S
变频器输出端子	U、V、W	变频器输出端子、接电动机
接地端子	PE/E	变频器接在此端子
其他端子	P、B	制动电阻连接端子（注：无内置制动单元的变频器无 P、B 端子）
	P+、－（N）	共直流母线连接端子
	P、－（N）	外接制动单元。P 接制动单元的输入端子 "P" 或 "DC+"，－（N）接制动单元的输入端 "N" 或 "DC－"
	P、P+	外接直流电抗器

问 32 中源矢量变频器控制回路如何接线？

答： 中源矢量变频器控制端子示意图如图 5-37 所示。

A+	B-	TA	TB	TC	D01	D02	24V	CM	OP1	OP2	OP3	OP4	OP5	OP6	OP7	OP8	10V	AI1	AI2	GND	A01	A02

图 5-37   中源矢量变频器控制端子示意图

问 33 中源矢量变频器控制端子的功能有哪些？

答： 中源矢量变频器控制端子的功能见表 5-19。

表 5-19   中源矢量变频器控制端子功能

端子	类别	名称	功能说明	
D01	输出信号	多功能输出端子 1	表征功能有效时该端子与 OM 间为 0V，停机时其值为 24V	输出端子功能按出厂值定义：也可通过修改功能码，改变其初始状态
D02 注		多功能输出端子 2	表征功能有效时该端子与 OM 间为 0V，停机时其值为 24V	
TA		继电器触点	TC 为公共点，TB-TC 为常闭触点，TA-TC 为常开触点：15kW 及以下功率机器触点容量为 10A/125V/AC、5A/250V/AC、5A/30V/DC、7A/250V/AC、7A/30V/AC	
TB				
TC				
A01		运行频率	外接频率表和转速表，其负极接 GND，详细介绍可看 F423～F426	

121

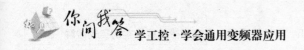

学工控·学会通用变频器应用

续表

端子	类别	名 称	功 能 说 明	
A02		电流显示	外接电流表，其负极接 GND，详细介绍可参看 F427～F430	
10V	模拟电源	自给电源	变频器内部 10V 自给电源，供本机使用；外用时只能做电压控制信号的电源，电流限制在 20mA 以下	
A11		电压模拟量输入端口	模拟量调速时，电压信号由该端子输入，电压输入的范围为 0～10V，地接 GND，采用电位器调速时，该端子接中间抽头，地接 GND	
A12	输入信号	电压/电流模拟量输入端口	模拟量调速时，电压或电流信号由该端子输入，电压输入的范围为 0～5V 或者 0～10V，电流输入为 4～20mA，输入电阻为 500Ω，其地为 GND，如果输入为 4～20mA，请调整功能码 F406＝2。电压和电流信号的选择可通过拨码开关来实现，具体操作方法见表 4-2，出厂值该道默认为 0～20mA 电流通道	
GND	模拟地	自给电源地	外部控制信号（电压控制信号或电流源控制信号）接地端，亦为本机 10V 电源地	
24V	电源	控制电源	24＋1.5V 电源，地为 GM；外用时限制在 50mA 以下	
OP1		点动端子	该端子为有效状态时，变频器点动运行，停机状态和运行状态下，端子点动功能均有效，若定义为脉冲输入调速，此端子可作调整脉冲输入口，最高频率为 50K	此外输入端子功能按出厂值定义，也可通过修改功能码，将其定义为其他功能
OP2	数字输入控制端子	外部急停	该端子为有效状态时，变频器显示"ESP"	
OP3		正转端子	该端子为有效状态时，变频器正向运转	
OP4		反转端子	该端子为有效信号时，变频器反向运转	
OP5		复位端子	故障状态下给予一有效信号，使变频器复位	
OP6		自由停机	运行中给此端子一有效信号，可使变频器自由停机	
OP7 注		运行端子	该端子为有效状态时，变频器将按照加速时间运行	
OP8 注		停机端子	运行中给此端子一有效信号，可使变频器减速停机	
CM	公用端	控制电源地	24V 电源及其他控制信号的地	
A＋注	485通信端子	RS-485 差分信号正端	遵循标准：TIA/EIA-485（RS-485）通信协议：Modbus	
B－注		RS-485 差分信号负端	通信速度：1200/2400/4800/9600/192500/38400/57600bit/s	

122

问 34　**中源变频器总体如何接线**？

答： 图 5-38 所示为中源 A900 系列矢量变频器接线示意图。图中指出了各类端子的接线方法，实际使用中并不是每个端子都要接线。我们可以根据使用要求选用。

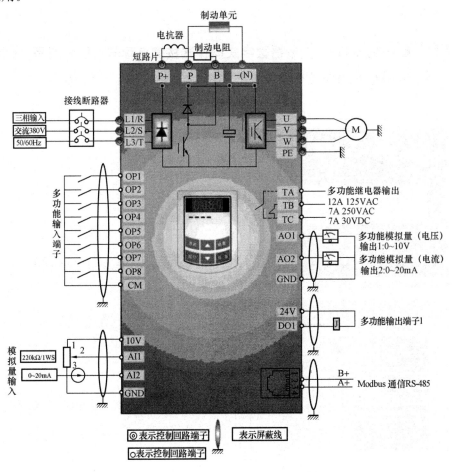

图 5-38　中源 A900 系列矢量变频器接线图

通用变频器的数字式操作器与操作模式

问 1 **欧姆龙 3G3RV 变频器数字式操作器按键名称与功能分别是什么？**

答：欧姆龙 3G3RV 变频器数字式操作器各按键的名称与功能如图 6-1 所示。

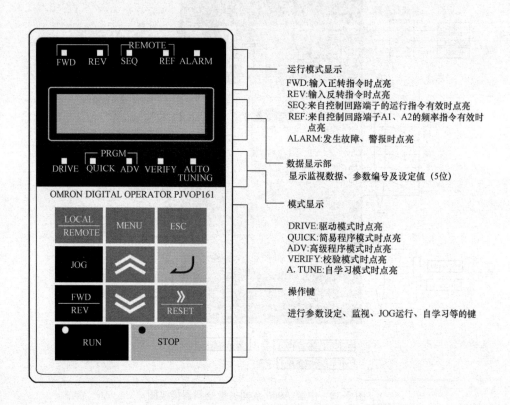

运行模式显示
FWD:输入正转指令时点亮
REV:输入反转指令时点亮
SEQ:来自控制回路端子的运行指令有效时点亮
REF:来自控制回路端子AI、A2的频率指令有效时点亮
ALARM:发生故障、警报时点亮

数据显示部
显示监视数据、参数编号及设定值（5位）

模式显示

DRIVE:驱动模式时点亮
QUICK:简易程序模式时点亮
ADV:高级程序模式时点亮
VERIFY:校验模式时点亮
A. TUNE:自学习模式时点亮

操作键

进行参数设定、监视、JOG运行、自学习等的键

图 6-1 欧姆龙 3G3RV 变频器数字式操作器各部分的名称与功能

问 2 **欧姆龙 3G3RV 变频器数字式操作器的操作键名称与功能是什么？**

答：欧姆龙 3G3RV 变频器数字式操作器的操作键的名称及其功能见表 6-1。

表 6-1   **欧姆龙 3G3RV 变频器数字式操作器的操作键的名称和功能**

键	在正文中的名称	功　　能
LOCAL PEMOTE	LOCAL/REMOTE 键 （运行操作选择）	对用数字式操作器（操作器）进行运行（LOCAL）与用控制回路端子进行运行（REMOTE）的方式进行切换时按下该键。通过参数 02-01 设定，可设定该键为有效或无效
MENU	MENU 键（菜单）	选择各模式
ESC	ESC 键（退回）	回到按 DATA/ENTER 键前的状态
JOG	JOG 键（点动）	使用操作器运行时进行点动运行的键
FWD REV	FWD/REV 键 （正转/反转）	使用操作器运行时切换运行方向的键
RESET	Shift/RESET 键 （切换/复位）	选择参数设定时位数的键 发生故障时作为故障复位键使用
![增量键图标]	增量键	选择模式、参数编号、设定值（增加）等 进入下一个项目及数据时使用
![减量键图标]	减量键	选择模式、参数编号、设定值（减少）等 返回前一个项目及数据时使用
![DATA/ENTER键图标]	DATA/ENTER 键 （数据/输入）	确定各种模式、参数、设定值时按下该键 也可用于从一个画面进入下一个画面 在低电压检出（UV 中）参数设定值不可变更
RUN	RUN 键（运行）	用操作器运行时，按此键，运行变频器
STOP	STOP 键（停止）	用操作器运行时，按此键，停止变频器 进行控制回路端子运行时，通过设定参数（02-02），可设定该键为有效或无效

问 3　数字式操作器中的 RUN、STOP 状态代表什么？

答：在数字式操作器 RUN、STOP 键的左上方有指示灯。RUN、STOP 指示灯根据运行状态会点亮、闪烁或熄灭。例如，DB（初始励磁）时 RUN 键闪烁，STOP 键点亮。数字式操作器的 RUN、STOP 指示灯及其显示如图 6-2 所示。

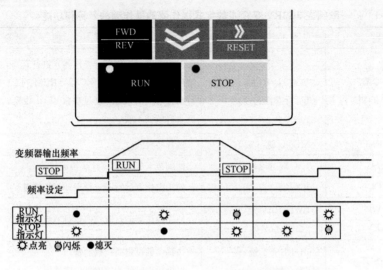

图 6-2 RUN、STOP 指示灯及其显示

问 4 数字式操作器 RUN、STOP 指示灯的显示条件有哪些？

答：数字式操作器 RUN、STOP 指示灯的显示条件见表 6-2。含有多个条件时，优先顺序高的灯被显示。

表 6-2 　　　　　　数字式操作器 RUN、STOP 指示灯的显示条件

显示的优先顺序	RUN 指示灯	STOP 指示灯	运行状态	显 示 条 件
1	●	●	停止	电源切断
2	●	◉	停止	紧急停止导致的停止 ·在通过控制回路端子进行的运行过程中，按下操作器的 STOP 键 ·从控制回路端子处输入了紧急停止指令 ·在运行操作为 LOCAL（操作器运行）时，通过外部端子输入运行指令，并直接切换到 REMOTE（控制回路运行） ·在简易程序模式或高级程序模式时，通过外部端子输入运行指令，并直接切换到驱动模式
3	○	◉	停止	·在不同最低输出频率的频率指令下运行 ·在通过多功能接点输入基极封锁指令输入过程中输入了运行指令
4	●	○	停止	停止状态

显示的优先顺序	RUN指示灯	STOP指示灯	运行状态	显 示 条 件
5	⊙	○	运行	·减速停止过程中 ·由多功能接点输入引起的直流制动中 ·停止时直流制动（初始励磁）过程中
6	⊙	⊙	运行	紧急停止导致的减速中 ·在通过控制回路端子进行运行的过程中，按下操作器的STOP键 ·从控制回路端子处输入了紧急停止指令
7	○	●	运行	·运行指令输入中 ·起动时直流制动（初始励磁）过程中

注 ○点亮；⊙闪烁；●熄灭。

变频器运行时，需要暂时关闭用来控制回路端子的运行指令及紧急停止信号。

问5 **欧姆龙 3G3RV 变频器数字式操作器模式的种类有哪些?**

答：欧姆龙 3G3RV 变频器数字式操作器有五种模式。各种参数和监视已作为模式被编组，因此可简单地进行参数的查看与设定。表 6-3 所示给出了模式的种类和主要内容。

表 6-3　　　　欧姆龙 3G3RV 变频器操作模式的种类和主要内容

模式的名称	主 要 内 容
驱动模式	是变频器可进行运行的模式 进行频率指令与输出电流等监视显示、故障内容显示、故障记录显示等
简易程序模式	查看、设定变频器运行必需的最低限度的参数（变频器和数字式操作器的使用环境）
高级程序模式	查看、设定变频器的所有参数
校验模式	查看、设定出厂后被改变的参数
自学习模式	在矢量控制模式下运行参数不明的电动机时，自动计算参数并进行设定

在矢量控制模式下运行时，在运行前请务必用本机单体进行自学习，在运行中和发生故障时将不显示自学模式，不带 PG 的 V/F 控制的变频器初始值为（A1-02＝0）。

问6 欧姆龙 3G3RV 变频器数字式操作器模式如何切换?

答: 欧姆龙 3G3RV 变频器在查看画面和设定画面中按下 MENU 键,将会显示驱动模式选择画面。在模式选择画面中按下 MENU 键,可在各种模式间进行切换,如图 6-3 所示。在模式选择画面中查看参数或监视时,如果要从查看(监视)画面进入设定画面,需要按下 DATA/ENTER 键。

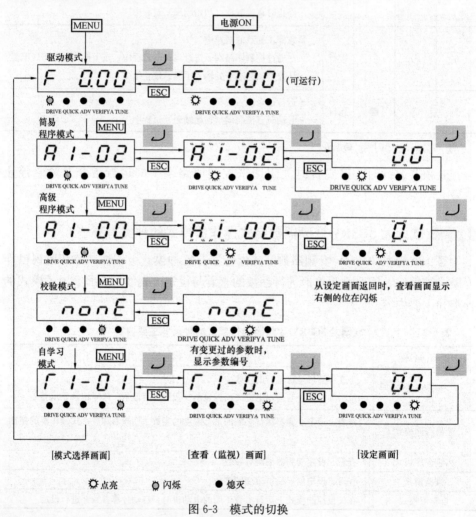

图 6-3 模式的切换

问7 驱动模式有什么功能? 如何操作?

答: 驱动模式为运行变频器的模式。在驱动模式中可显示频率指令、输出频率、输出电流、输出电压等，并可进行故障记录等。

驱动模式下的操作如图 6-4 所示。

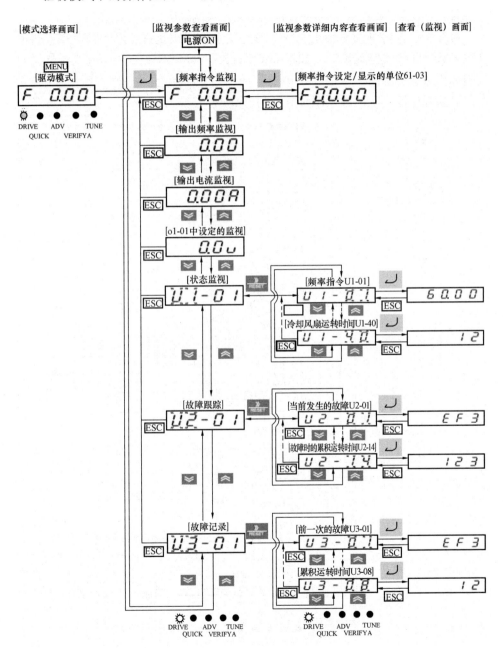

图 6-4 驱动模式下的操作

問8 简易程序模式有什么功能？如何操作？

答： 在简易程序模式下，可查看或设定变频器试运行所需的参数。

可在参数设定画面中变更参数。通过增量键、减量键、Shift/RESET 键来变更参数。参数设定完毕后，如果按下 DATA/ENTER 键，则可写入参数并自动返回参数查看画面。

简易程序模式下的键操作如图 6-5 所示。

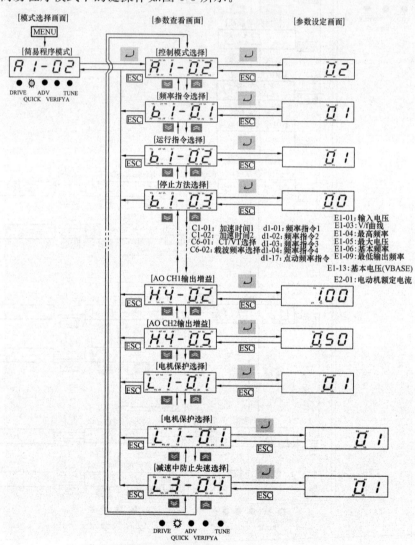

图 6-5　简易程序模式下的操作

问9 高级程序模式有什么功能? 如何操作?

答: 在高级程序模式下可查看或设定变频器所有的参数。可在参数设定画面中通过增量键、减量键、Shift/RESET 键来变更参数。参数设定完毕后,如果按下 DATA /ENTER 键,则可写入参数并自动返回参数查看画面。

(1) 操作举例。高级程序模式下的操作如图 6-6 所示。

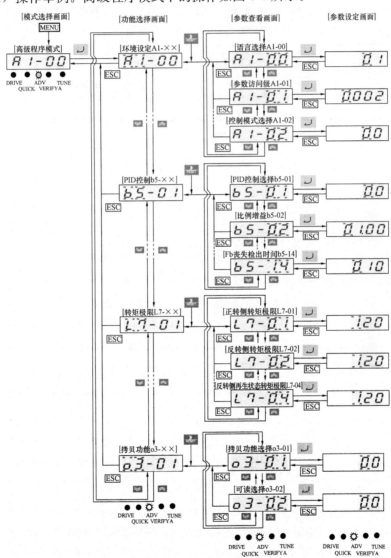

图 6-6 高级程序模式下的操作

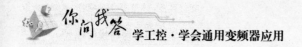

（2）参数的设定步骤。表 6-4 给出了将参数 C1-01（加速时间）的设定从 10s 改为 20s 的设定步骤示例。

表 6-4　　　　　　　　　　　**高级模式下的参数设定**

步骤	操作器显示画面	说　　　明
1	`F 0.00` DRIVE VERIFYA TUNE QUICK ADV	接通电源
2	`F 0.00` DRIVE VERIFYA TUNE QUICK ADV	按下 MEMU 键，选择驱动模式
3	`A1-02` DRIVE ADV TUNE QUICK VERIFYA	按下 MENU 键，选择简易程序模式
4	`A1-00` DRIVE ADV TUNE QUICK VERIFYA	按下 MENU 键，选择高级程序模式
5	`A1-00` DRIVE ADV TUNE QUICK VERIFYA	按下 DATA/ENTER 键，进入参数查看画面
6	`C1-01` DRIVE ADV TUNE QUICK VERIFYA	用增量键、减量键来显示 C1-01（加速时间 1）
7	`0 10.00` DRIVE ADV TUNE QUICK VERIFYA	按下 DATA/ENTER 键，进入参数查看画面，显示出 C1-01 的设定值（10.00）
8	`0 10.00` DRIVE ADV TUNE QUICK VERIFYA	按下 Shift/RESET 键，将闪烁的位移向右边

步骤	操作器显示画面	说　　明
9	$0\overset{\cdot\cdot}{2}0.00$ ●　●　☼　●　● DRIVE ADV TUNE QUICK VERIFYA	用增量键将数值变更为 20.00s
10	End → 020.00	按下 DATA/ENTER 键, 确定设定的数据, 此时, 显示 End1.0s 后, 确定下来的数据显示 0.5s
11	$C1\text{-}0.1$ ●　●　☼　●　● DRIVE ADV TUNE QUICK VERIFYA	返回 C1-01 的参数查看画面

问 10　校验模式有什么功能? 如何操作?

答: 在校验模式下, 仅显示在程序模式和自学习模式下出厂设定值中变更过的参数。如果没有变更, 则在数据显示部上显示 nonE 。对于 A1-02 以外的环境模式参数, 即使初始值已被变更, 也不会被显示。

即使在校验模式下, 也可按与程序模式相同的操作方法来变更设定。变更参数时, 使用增量键、减量键、Shift/RESET 键。参数设定完毕后, 如果按下 DATA/ENTER 键, 则可写入参数并自动返回参数查看画面。

b1-01 (频率指令的选择)、C1-01 (加速时间 1)、E1-01 (输入电压设定)、E2-01 (电动机额定电流) 在出厂时进行了变更的情况下的操作如图 6-7 所示。

问 11　自学习模式有什么功能? 如何操作?

答: 自学习模式是指在矢量控制运行时, 自动测定电动机所需的参数并进行设定的功能。PG 矢量控制时在运行前请务必进行自学习。

选择了 V/f 控制时, 只能选择线间电阻的停止形自学习模式。

变频器的自学习与伺服系统的自学习 (检测负载大小) 是完全不同的。

变频器控制模式的初始值为不带 PG 的 V/f 控制 (A1-02 = 0)。

操作举例:

设定电动机铭牌上记载的电动机输出功率 (kW)、额定电压、额定电流、额定频率、额定转速及电动机极数, 然后按下 RUN 键。自动运行电动机, 上述

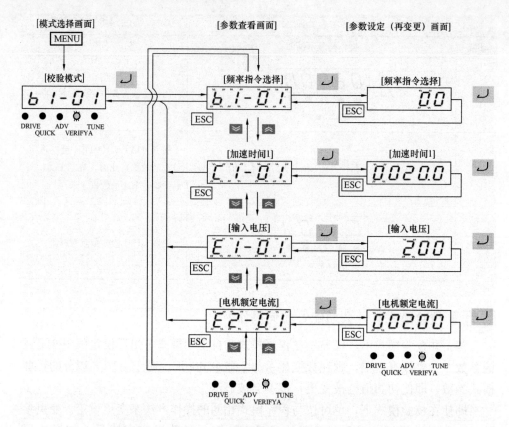

图 6-7 校验模式下的操作

数值与自学习所检测到的电动机参数被写入到变频器中。在设定自学习模式中需要设定完上述所有的项目。例如，变频器不能从电动机额定电压显示状态直接进入自学习开始显示状态。可在参数设定画面中变更参数，方法是通过增量键、减量键、Shift/RESET 键来变更参数。参数设定完毕后，如果按下 DATA/EN-TER 键，则可写入参数并自动返回参数查看画面。

在不带 PG 矢量控制模式下，电动机旋转时不切换到电动机 2 而进行自学习的示例如图 6-8 所示。

在旋转形自学习时显示 TUn10，停止形自学习时显示 TUn11。

开始自学习时，则 DRIVE LED 将点亮。

问 12 安邦信 AMB-G9 变频器键盘的布局与功能包括哪些?

答: 键盘最上方为状态指示灯，DRIVE 灯是在驱动状态和非参数设定与监

134

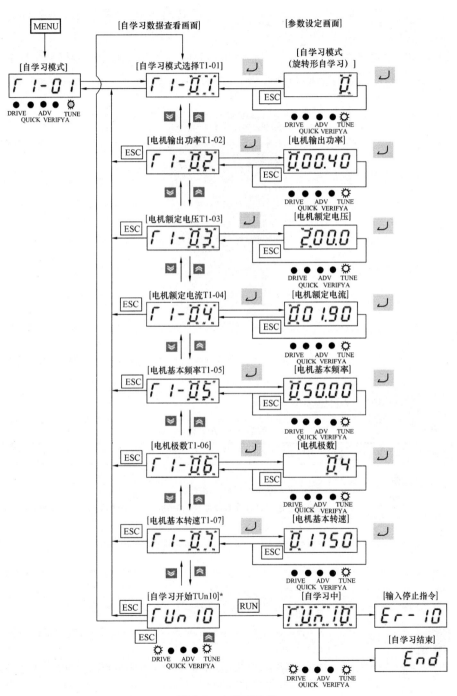

图 6-8　自学习示例

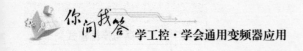

视状态点亮，FWD 灯与 REV 灯分别为正、反转时点亮，SEQ 灯是运行命令非键盘控制时点亮，REF 灯是频率指令为非键盘控制时点亮，5 位数码管将分别显示设定运行、监视过程中的相应功能号与参数值，液晶显示器亦详细显示所有过程的参数与参数值。键盘的布局如图 6-9 所示。

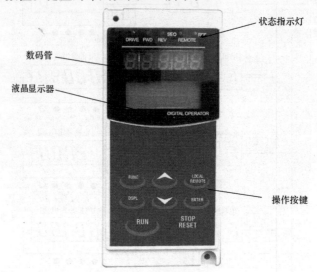

图 6-9　键盘的布局

键盘按键功能说明见表 6-5。

表 6-5　　　　　　　　　　　　键盘按键功能表

按键	按键名称	按　键　功　能
DSPL	显示选择键	功能代码与功能代码内容切换键 参数设定时，切换参数功能代码与其内容；变频器运行时，切换运行监视功能代码与其内容； 变频器故障时，切换故障显示功能代码与其内容
▲	增加键	增加功能代码或其内容 指示功能代码时，增加参数设定或故障显示功能代码 参数设定状态，若指示功能代码内容，增加参数设定功能代码内容值，同时 LED 数码管显示闪烁 变频器运行时，若键盘数字输入有效，增加参考输入给定或 PID 数字输入，即数字式键盘电位器功能

按键	按键名称	按 键 功 能
▼	减小键	减小功能代码或其内容 指示功能代码时，减小参数设定或故障显示功能代码 参数设定状态，若指示功能代码内容，减小参数设定功能代码内容值，同时 LED 数码管显示闪烁 变频器运行时，若键盘数字输入有效，减小参考输入给定或 PID 数字输入，即数字式键盘电位器功能
ENTER	输入键	参数设定时，存储参数设定功能代码内容值 变频器运行时，用于改变当前的运行监视功能代码
RUN	运行键	键盘控制方式时，启动变频器运行，发出运行指令
STOP/ RESET	停止/复位键	键盘控制方式时，停止变频器运行 从故障状态返回参数设定状态
FUNC	拷贝键	功能参数拷贝功能，软件拷贝升级
LOCAL/ REMOTE	运行模式 选择键	参数设定状态，切换变频器为键盘操作或远控操作

问 13 安邦信 AMB-G9 变频器运行模式如何选择？

答：安邦信 AMB-G9 变频器有本机与远控两种操作运行方式。此两者的转换由键盘上的 LOCAL/REMOTE 键进行选择，选择方式由键盘上的状态指示灯 SEQ 与 REF 显示来确定。出厂设定为本机键盘控制，如需远控控制回路端子的 VS、IS 设定频率指令，则由 S1、S2 来控制运行和停止。此外与 REMOTE/LOCAL 模式无关，控制回路端子 S3-S6 多功能输入有效。

LOCAL：频率指令与运行指令由键盘设定，此时 SEQ 与 REF 的指示灯不亮。

REMOTE：按表中有效的主速频率及运行指令参数来设定，此时 SEQ 与 REF 的指示灯亮。

需要注意的是，当位于主控制板的开关 SW1 处于 INT 位置时，键盘电位器输入有效，处于 EXIT 位置时，端子输入模拟量有效。

运行模式的指令选择及状态指示灯的对应关系见表 6-6。

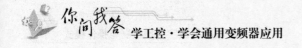
表 6-6   运行模式的指令选择及状态指示灯

F002 设定值	运行指令选择	SEQ 灯	频率指令选择	REF 灯
0	按键盘的运行命令运行	灭	频率指令由键盘决定	灭
1	按控制端子的运行命令运行	亮	频率指令由键盘决定	灭
2	按键盘的运行命令运行	灭	频率指令由外部端子（键盘电位器）决定	亮
3	按控制回路端子的运行指令运行	亮	频率指令由外部端子决定	亮
4	按键盘的运行命令运行	灭	频率指令由通信传送决定	亮
5	按控制回路端子的运行指令运行	亮	频率指令由通信传送决定	亮
6	按通信传送指令运行	亮	频率指令由通信传送决定	亮
7	按通信传送指令运行	亮	频率指令由键盘决定	灭
8	按通信传送指令运行	亮	频率指令由外部端子决定	亮

问 14   艾默生 TD1000 变频器操作面板功能包括什么？

答：艾默生 TD1000 变频器用操作面板，可对变频器进行运转、功能参数设定、状态监控等操作，其示意图如图 6-10 所示，操作面板功能见表 6-7。

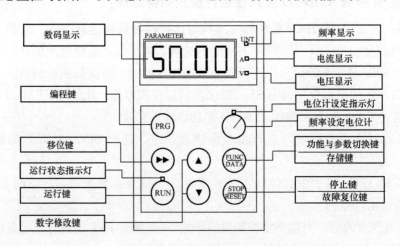

图 6-10   艾默生 TD1000 变频器操作面板示意图

表 6-7　　　　　　　　　　　　　操作面板功能表

键	名　称	功　　能
PRG	编程键	停机状态、运行状态和编程状态的切换
FUNC/DATA	功能/数据	选择数据监视模式和数据写入确认
AUP	递增键	数据或功能码的递增
VDOWN	递减键	数据或功能码的递减
SHIFT	移位键	在运行状态下,可选择显示参数,在设定数据时,可以选择设定数据的修改位
RUN	运行	在面板操作方式下,用于运行操作
STOP/RESET	停止/复位	运行状态时,按此键可用于停止运行操作,结束故障报警状态,也可用于复位操作——在三种控制方式时均有效(F05=1),只在面板控制时有效(F05=0)

问 15　艾默生变频器功能码参数如何设置?

答: 艾默生变频器功能码参数的设置示意图如图 6-11 所示。

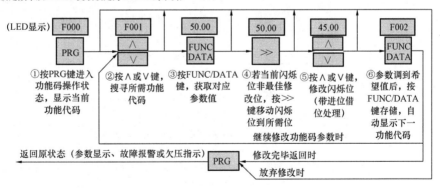

图 6-11　功能码参数的设置示意图

问 16　普通运转的键盘如何控制?

答: 普通运转的键盘控制方法如图 6-12 所示。

普通运转的键盘控制方法

（设定频率调整为40Hz的示例）

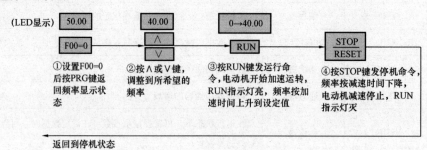

图 6-12　普通运转的键盘控制方法示意图

问 17　显示运行参数如何切换?

答: 显示运行参数切换示意图如图 6-13 所示。

显示运行参数

（默认监视参数为运行频率时监视切换的示例）

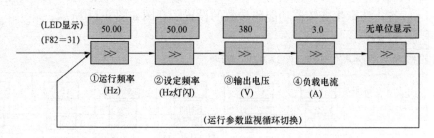

图 6-13　显示运行参数示意图

问 18　中源 A900 系列矢量变频器控制面板分为几种?

答: 中源 A900 系列变频器有两种形式（带电位器和不带电位器）的控制面板。

问 19　中源矢量变频器控制面板分为几部分?

答: 中源矢量变频器控制面板分为三部分，即数据显示区、状态指示区和控制面板操作区，如图 6-14 所示。

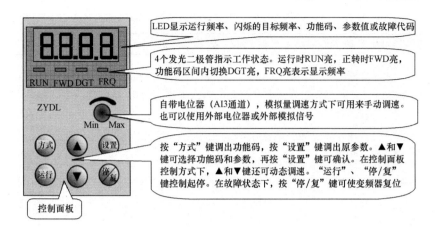

图 6-14　中源矢量变频器控制面板介绍

问20　中源矢量变频器控制面板如何操作？

答： 中源矢量变频器控制面板按键说明见表 6-8。

表 **6-8**　　　　　　　　　　　　控制面板按键说明

按键	按键名称	说　　　明
方式	方式	调用功能码，显示方式切换
设置	设置	调用和存储数据
▲	上升	数据递增（调速或设置参数）
▼	下降	数据递减（调速或设置参数）
运行	运行	运行变频器
停/复	停机或复位	变频器停机： 故障状态下复位； 功能码区间和区内转换

问21　中源矢量变频器参数如何设置？

答： 中源矢量变频器参数设置步骤见表 6-9。

表 **6-9**　　　　　　　　　　　　参数设置步骤

步骤	按　　键	操　　作	显示
1	方式	按"方式"键显示功能码	F100

141

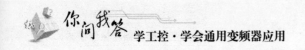学工控·学会通用变频器应用

续表

步骤	按　键	操　作	显示
2	▲ 或 ▼	按"上升"或"下降"键选择所需功能码	F114
3	设置	读取功能码中设定数据	5.0
4	▲ 或 ▼	修改数据	9.0
5	设置	存储设置数据后闪烁显示相应目标频率	

注 上述操作是在变频器处于停机状态下完成的。

7

通用矢量变频器的试运行实例

问 1 变频器试运行前应作何准备？

答：（1）首先要确认电源电压和变频器的额定电压是否一致。

200V 级：三相 AC 200 ～ 240V 50/60Hz

400V 级：三相 AC 380 ～ 480V 50/60Hz

（2）确认变频器输出端子与电动机连接端子的连接是否正确。

1）确认电动机的输出端子（U、V、W）和电动机的连接是否牢固。

2）确认变频器的主回路和控制回路端子和其他控制装置的连接是否牢固。

（3）确认变频器控制端子的状态。确认变频器的控制回路端子是否全部处于 OFF 状态（变频器不运行的状态）。

（4）PG 速度控制卡的连接。使用 PG 速度控制卡时，应确认和脉冲发生器的连接是否牢固。

（5）确认负载状态。在试运行前需要确认电动机是否为空载状态（未与其他机械连接的状态）。

（6）确定变频器显示状态是否正确。

1）当变频器接通电源后，以欧姆龙 3G3RV 为例，正常时数字式操作器显示如图 7-1 所示。

[正常时操作器的显示]  数据显示部上的频率指令的监视显示

图 7-1　变频器正常时数字操作器

2）发生故障时，欧姆龙 3G3RV 显示内容将与上述内容不同。如图 7-2 所示给出了故障发生时的显示示例。

[故障时操作器的显示]  根据故障内容的不同显示也不同。
左图给出了低电压警报的示例

图 7-2　变频器故障时操作器显示

（7）变频器试运行前参数的初始化。以欧姆龙 3G3RV 为例其参数的初始化见表 7-1。

表 7-1 参 数 的 初 始 化

步骤	按 键	操作员屏幕显示	描 述
1		F 0.00 ☼ ● ● ● DRIVE ADV TUNE QUICK VERIFYA	打开电源
2	MENU	A1-00 ● ● ☼ ● DRIVE ADV TUNE QUICK VERIFYA	按此键切换到高级编程模式
3	↵	A1-00 ● ● ☼ ● DRIVE ADV TUNE QUICK VERIFYA	按此键显示参数参考屏幕
4	» RESET	A1-00. ● ● ☼ ● DRIVE ADV TUNE QUICK VERIFYA	按此键确认 A1
5	∧	A1-03. ● ● ☼ ● DRIVE ADV TUNE QUICK VERIFYA	按此键三次以显示 A1-03（初始化）
6	↵	0.000 ● ● ☼ ● DRIVE ADV TUNE QUICK VERIFYA	按此键显示初始化方法的设定值
7	∧	2220. ● ● ☼ ● DRIVE ADV TUNE QUICK VERIFYA	用于将设定值为 "2220"
8	↵		按此键执行初始化
9		End → A1-03	初始化完成时显示 "End"，并返回参数参考屏幕

问 2 矢量变频器基本参数如何设定？

答：在模式变更为简易程序模式（操作器上 QUICK 的 LED 点亮）后，需要对变频器参数进行设定。以欧姆龙 3G3RV 为例，基本参数设定见表 7-2。

表 7-2   基 本 参 数 设 定

区分	参数 NO	名称	内 容	设定范围	出厂设定
◎	A1-02	控制模式的选择	选择变频器的控制模式 0：不带 PG 的 V/f 控制 1：带 PG 的 V/f 控制 2：不带 PG 的矢量控制 3：带 PG 的矢量控制	0～3	0
◎	B1-01	频充指令的选择	选择从何处输入频率指令 0：数字式操作器 1：控制回路端子（模拟量输入） 2：MEMOBUS 通信 3：选购卡 4：脉冲序列输入	0～4	1
◎	B1-02	运行指令的选择	选择从何处输入运行指令 0：数字式操作器 1：控制回路端子（顺序输入） 2：MEMOBUS 通信 3：选购卡	0～3	1
○	B1-03	停止方法选择	选择运行指令 OFF 时 0：减速停止 1：自由运行停止 2：全域直流制动（DB）停止 3：带计时功能的自由运行停止	0～3 ＊1	0
○	C1-01	加速时间 1	设定从 0Hz 到最高频率为止的加速时间	0.0～6000.0s ＊6	10.0s
○	C1-02	减速时间 1	设定从最高频率到 0Hz 为止的减速时间	0.0～6000.0s ＊6	10.0s
◎	C6-01	CT/VT 选择	选择 CT（非低噪声，最大电流、过负载耐量 150%）或 VT（低噪声，最大电流、过负载耐量 120%） 0：CT 1：VT	0.1	0 ＊2
○	C6-02	载波频率选择	如电动机电缆在 50m 以上时，请设定较低的载波频率以减少无线电干扰及漏电电流，在 C6-01 的设定值中，初始值和设定范围有所不同	0.1 （C6-01＝0 时） 0－F （C06-01＝1 时）	1(C6-01＝0 时) 6 ＊3 （C6-01＝0 时）

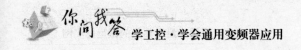

续表

区分	参数 NO	名称	内　　容	设定范围	出厂设定
○	d1-01-04.17	频率指令 1～4, 点动 频率指令	进行多段速运行和点动运行时, 请设定必要的速度指令	0.00～300.00 ＊4＊5	D1-01～d1-04: 0.00Hz D1-17: 6.00Hz
◎	E1-01	设定输入电压	以 1V 为单位设定变频器的输入电压值 该设定值为保护功能等的基准值	155～255V (200V 级) 310～510V (400V 级)	200V (200V 级) 400V (400V 级)
◎	E2-01	电动机额定电流	设定电动机额定电流值	变频器额定输出电流的 10%～200%	和变频器间容量的通用电动机的数值
○	H4-02, 05	端子 FM, AM 输出增益	设定多功能模拟量输出 1 (H4-02) 或 2 (H4-05) 的电压值增益 设定监视项目的 100% 的输出是 10V 的几倍	0.00～2.00	H4-02: 1.00 H4-05: 0.50
◎	L14-01	电动机保护功能选择	为了用电子热敏器对电动机进行对载保护, 请设定电动机的种类 0: 电子热敏器保护无效 1: 通用电动机 2: 变频器专用电动机 3: 矢量专用电动机	0～3	1
◎	L3-04	减速时防止失速功能选择	0: 无效 [按设定减速, 减速时过短, 则主回路有发生过电压 (0V) 的危险] 1: 有效 (主回路电压达到过电压等级时, 停止减速, 电压恢复后再减速) 2: 最佳调整 (根据主回路电压判断用最短时间减速, 忽视减速时间的设定) 3: 有效 (带制动电阻) 使用制动选购件 (制动电阻器、制动电阻器单元、制动单元) 时, 请务必设定为 "0" 或 "3"	0～3 ＊7	1

注　◎ 必须设定的参数。
　　○ 根据需要设定的参数。

在参数设定时需要说明如下。

（1）在带 PG 的矢量控制中，设定范围为 0 或 1。

（2）200V 级 110kW 的变频器、400V 级 220kW 及 300kW 的变频器只能设定 1（VT）。

（3）出厂设定根据变频器容量而异。

（4）根据 E1-04 上限值的不同，设定值上限也不同。

（5）设定 C6-01＝1 时，设定上限值为 400.00。

（6）加减速时间的设定范围根据 C1-10 的设定而变化。如果设定 C1-10 为 0，则加减速时间的设定范围将为 0.00～600.00s。

带 PG 的矢量控制，设定范围为 0～2。

问3 根据矢量变频器控制模式如何进行设定？

答：根据变频器控制模式的不同，要进行相应的设定。根据以下流程图，在简易程序模式和自学习模式下进行设定，如图 7-3 所示。我们可选择以下的 4 种控制模式，见表 7-3。

表 7-3　　　　　　　　　　　　　变频器四种控制模式

控制模式	参数设定	基本控制	主　要　用　途
不带 PG 的 V/f 控制	A1-02＝0（初始值）	电压/频率比固定控制	所有的变控制，特别是 1 台变频器连接多台电动机的用途（多电动机）及现有变频器的更换
带 PG 的 V/f 控制	A1-02＝1	带根据 PG 的速度补偿电压/频率比固定控制	机械侧用 PG 的高精度速度控制
不带 PG 的矢量控制	A1-02＝2	不带 PG 的电流矢量控制	所有变速控制，不带 PG 时需要高性能的用途
带 PG 的矢量控制	A1-02＝3	带 PG 的电流矢量控制	带 PG 的超高性能控制（简易伺服驱动器、高精度速度控制、转矩控制、转矩限制等）

（1）不带 PG 的 V/f 控制（A1-02＝0）。在设定 E1-03（V/f 曲线选择）为 0～E 的固定曲线或设定 E1-03 为 F（任意 V/f 曲线）的基础上，根据需要在高级程序模式下设定 E1-04～13 为适应电动机和负载特性的任意 V/f 曲线。

简易运行 60Hz 的通用电动机时：E1-03＝1。简易运行 50Hz 的通用电动机时：E1-03＝F（初始值）或 0E1-03＝F 时，任意设定用的参数 E1-04～13 的初始值为 50Hz 用电动机电缆较长（50m 以上）时，只在负载较重、电动机容易失

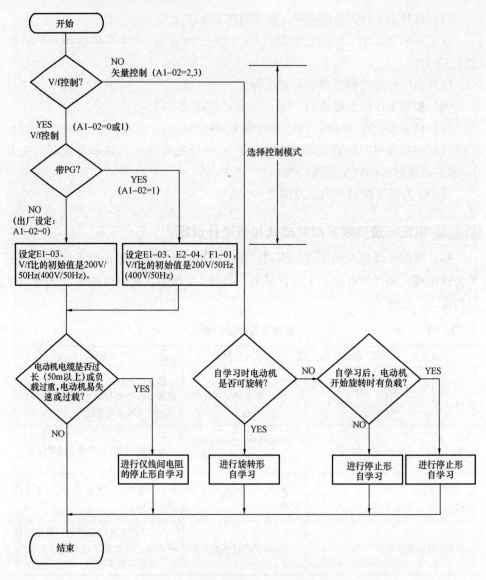

图 7-3　根据控制模式进行设定的流程

速或变为过负载状态时进行对线间电阻的停止形自学习。

（2）带 PG 的 V/f 控制（A1-02＝1）。请在设定 E1-03（V/f 曲线选择）为 0～E 的固定曲线或设定 E1-03 为 F（任意 V/f 曲线）的基础上，根据需要在高级程序模式下设定 E1-04～13 为适应电动机和负载特性的任意 V/f 曲线。

简易运行 60Hz 的通用电动机时：E1-03＝1。

简易运行 50Hz 的通用电动机时：E1-03＝F（初始值）或 0E1-03＝F 时，任意设定用的参数 E1-04～13 的初始值为 50Hz，用在 E2-04（电动机极数）中设定电动机的极数。

在 F1-01（PG 参数）中设定 PG 旋转一圈的脉冲数。当电动机与 PG 之间有减速机时，在高极程序模式下，设定 F1-12 及 F1-13 为减速比。

电动机电缆较长（50m 以上）时，仅在负载较重、电动机容易失速或变为过负载状态时进行对线间电阻的停止形自学习。

（3）不带 PG 的矢量控制（A1-02＝2）。进行自学习，在自学习时电动机旋转而不发生问题时，请进行旋转形自学习；在不便让电动机旋转时，请进行停止形自学习 1 或 2。

（4）带 PG 的矢量控制（A1-02＝3）。实施自学习，如果电动机旋转不成问题，则实施旋转形自学习。如果不便使电动机旋转，则实施停止形自学习 1 或 2。

问4 矢量变频器的自学习功能有几种？

答： 在选择矢量控制或电动机电缆较长等需要自学习时，电动机参数会自动设定。

需要注意的是：在自学习后切换控制模式时，请务必再次实施自学习。

可选择以下 4 种自学习模式。

（1）旋转形自学习。

（2）停止形自学习 1。

（3）仅对线间电阻的停止形自学习。

（4）停止形自学习 2。

问5 自学习前的注意事项有哪些？

答： 在进行自学习前，应确认以下几点：

（1）变频器的自学习具有自动检测电动机参数的功能，和伺服系统的自学习（检测负载的大小）根本不同。

（2）在高速（约为额定转速的 90％ 以上）的范围内需要速度或转矩的精度时，应选择低于变频器的输入电源 20V（400V 级为 40V）以上额定电压的电动机。如输入电源电压与电机额定电压相同时，会使变频器的输出电压不足，不能充分发挥其性能。

（3）在连接了负载状态下进行自学习时，应使用停止形自学习 1 或 2。

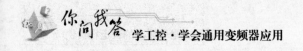

（4）在使用有恒定输出特性的电动机或需要高精度的用途时，应进行在脱离负载状态下的旋转形自学习。

（5）如果在连接负载的状态下进行旋转形自学习，不仅测不到正确的电动机参数，而且会使电动机发生故障动作，十分危险。因此必须脱离负载后再进行旋转形自学习。

（6）如果在进行自学习与安装电动机时，变频器与电动机间的接线距离有50m 以上变化时，应进行只对线间电阻的停止形自学习。

（7）即使选择 V/f 控制，如果电动机电缆较长（50m 以上），也应进行只对线间电阻的停止形自学习。

（8）自学习时特别是输送机械等，如果在电动机连接机械的状态下实行自学习时，请不要在自学习过程中错误打开制动器。

问 6 自学习模式多功能输入功能和多功能输出功能有哪些？

答：自学模式多功能输入功能和多功能输出功能见表 7-4。

表 7-4   自学习模式多功能输入功能和多功能输出功能

自学习模式	多功能输入功能	多功能输出功能
旋转形自学习	不动作	与通常运行时的动作相同
停止形自学习 1	不动作	保持自学习开始的状态
仅对线间电阻的停止形自学习	不动作	保持自学习开始的状态
停止形自学习 2	不动作	保持自学习开始的状态

问 7 自学习模式如何选择？

答：（1）旋转形自学习（T1-01＝0）。可以在不带 PG 的矢量控制与带 PG 的矢量控制下使用。设定 T1-01 为 0 后，输入铭牌数据。此后，按下数字式操作器上的 RUN 键，变频器约停止 1min 后，再旋转 1min，自动测定需要的全部电动机数据。

（2）停止形自学习 1（T1-01＝1）。可以在不带 PG 的矢量控制、带 PG 的矢量控制下使用。设定 T1-01 为 1 后，输入铭牌数据。此后，按下数字式操作器上的 RUN 键，变频器使电动机停止约 1min，在此状态下通电，自动测定需要的电动机数据。另外，在停止形自学习 1 中，自学习后在驱动模式下进行最初的运行时，剩下的电动机参数（额定滑差 E2-02、空载电流 E2-03）将被自动设定。停止形自学习 1 后最初的运行，请按以下步骤和条件进行。

1）在校验模式或高级程序模式中，确认额定滑差 E2-02、空载电流 E2-03 的值。

2）进入驱动模式，按以下条件运行一次。

a）切勿切断电动机和变频器间的接线。

b）不能用机械式制动器等锁住电动机轴。

c）电动机负载率保持在 30％以下。

d）基本频率保持 E1-06（初始值和最高频率相同）的 30％速度以上且保持恒速 1s 以上。

3）电动机停止后，在校验模式或高级程序模式中，确认额定滑差 E2-02、空载电流 E2-03 的值。E2-02、E2-03 的数值和在 1 项中测得的数值不同时，则表示已完成自动设定，确认数据是否正确。

另外，如在不满足 2 项条件的情况下进行最初的运行，在额定滑差 E2-02、空载电流 E2-03 中设定的数值和电动机的测试报告及"根据变频器容量（02-04）出厂时的设定值发生变化的参数"中所记载的参考数据的误差较大时，可能会引起电动机的振动、失调，或者转矩不足、过电流等现象。特别是用于升降机时，会导致轿厢掉落、人员受伤。

在此情况下，再次进行停止形自学习 1 后，按照上述的步骤、条件运行或进行停止形自学习 2 或旋转形自学习。

作为参考，通用电动机的额定滑差 E2-02 为 1～3Hz，空载电流 E2-03 为额定电流的 30％～65％。一般来说，电动机容量越大，额定滑差越小，并且相对于空载电流的额定电流的比率也越小。

进行停止形自学习时，电动机虽然不运行，但仍处于通电状态。在自学习结束前，请勿随便触摸电动机。

（3）仅线间电阻的停止形自学习（T1-01＝2）。可用于所有的控制模式。在 V/f 控制和带 PG 的 V/f 控制时，仅可选择该自学习模式。

电动机电缆较长（50m 以上）或进行自学习后，在现场安装时若电动机电缆长度发生变化，或电动机容量和变频器容量不同时，可以改善控制误差。

设定 T1-01＝2，按下数字操作器上的 RUN 键后，变频器约使电动机停止 20s 左右，在此状态下通电，自动测定电动机线间电阻（E2-05）和电缆电阻。

（4）停止形自学习 2（T1-01＝4）。可以在不带 PG 的矢量控制、带 PG 的矢量控制下使用。设定 T1-01＝4 后，输入铭牌数据。此时，电动机空载电流（T1-09）将作为设定项目被添加。需要将 T1-09 设定为电动机实验结果表等上记载的电动机空载电流值（励磁电流值）。T1-09 的设定值在自学习后，将直接

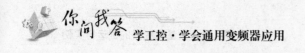

写入 E1-03。未设定 T1-09 时，将写入电动机生产的标准空载电流值。

问 8 自学习时设定的参数有哪些？

答：自学习时必须设定的参数见表 7-5。

表 7-5 自学习时必须设定的参数

参数 NO	名称	内容	设定范围	出厂设定	在自学习模式中数据霓虹灯示的有无			
					不带 PG 的 V/f 控制	带 PG 的 V/f 控制	不带 PG 的矢量控制	带 PG 的矢量控制
T1-00	电动机 1/2 的选择①	选择换为电动机 2 时，选择进行自学习的电动机(不选择电动机 2 时，该参数将不会被显示)	1.2	1	〇	〇	〇	〇
T1-01	自学习模式选择	选择自学模式：0：旋转形自学习 1：停止形自学习 1 2：仅对线间电阻的停止形自学习 4：停止形自学习 2	0～2，4②	2③	〇 仅 2	〇 仅 2	〇	〇
T1-02	电动机输出功率	以 kW 为单位设定电动机的输出功率④⑤	0.00～650.00(kW)	0.40(kW)＊6	〇	〇	〇	〇
T1-03	电动机额定电压	以 V 为单位设定电动机的额定电压④⑥	0.0～255.0V (200V 级) 0.0～510.0V (400V 级)	200.0V (200V 级) 400.0V (400V 级)	—	—	〇	〇
T1-04	电动机额定电流	以 A 为单位设定电动机的额定电流④⑤	0.32～6.40A⑦	1.90A⑧	〇	〇	〇	〇
T1-05	电动机的基本频率	以 Hz 为单位设定电动机的标准转速④	0.0～300.0Hz④	50.0Hz	—	—	〇	〇
T1-06	电机的极数	设定电机的极数	2～48 极	4 极	—	—	〇	〇

参数 NO	名称	内容	设定范围	出厂设定	在自学习模式中数据霓虹灯示的有无			
					不带 PG 的 V/f 控制	带 PG 的 V/f 控制	不带 PG 的矢量控制	带 PG 的矢量控制
T1-07	电机的基本转速	以 min^{-1} 为单位设定电动机的标准转速④	0～24 000	1450min^{-1}	—	—	○	○
T1-08	自学习时的 PG 脉冲数	设定使用的 PG(脉冲发生器、编码器)的脉冲数 按电机每旋转一圈的脉冲数设定不成倍递增的值	0～60 000	600	—	—	—	○
T1-09	电机空载电流	设定电机试验结果表中记载的电机空载电流值 仅选择停止形自学习 2(T1-01 ＝ 4)时显示	0.00～1.89⑨	1.20A⑧	—	—	○	○

①通常不显示。多功能数字式输入只在选择了电动机切换指令（H1-01～H1-06 的任意一个设定为 16）时显示。

②将 T1-01 设定为 2 时，进行 T1-02 和 T1-04 的设定。如果为不带 PG 的 V/f 控制或带 PG 的 V/f 控制，仅为设定值 2。

③出厂设定因控制模式不同而异（显示不带 PG V/f 控制的出厂设定）。

④当为恒定输出电动机时，请设定基本转速时的值。

⑤矢量控制时可稳定控制的设定值范围是变频器额定的 50%～100%。

⑥当为变频电动机或矢量专用电动机时，电压或频率可能会比通用电动机低。请务必确认铭牌及测试报告书。另外，如果不知道空载时的值，为了保证精度，请设定 T1-03 为空载时的电压，表中为 T1-05 为空载时的频率。

⑦设定范围为变频器额定输出电流的 10%～200%（显示的是 200V 级 0.4kW 变频器的值）。

⑧变频器容量不同，其出厂设定也不同（表中为 200V 级 0.4kW 变频器的设定值）。

⑨设定范围因变频器容量而不同而异（表中为 200V 级 0.4kW 的变频器的值）。

问 9 自学习时操作器的显示有哪些内容？

答：自学习时操作器的画面显示见表 7-6。

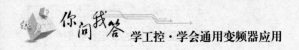
学工控·学会通用变频器应用

表 7-6 　　　　　　　　　　　自学习时操作器的画面显示

操作器显示画面	说　明
自学习模式选择 T1-01 **┏ 1 - 0 1** ● ● ● ● ☼ DRIVE QUICK ADV VERIFY A TUNE	进行与程序模式相同的操作，参考前一面的表，确认，设定显示的 T1 参数的设定值 特别注意 T1-01（自学习模式模式选择）的设定值必须要正确，同时确认电动机与机械周围的安全性
电动机的基本状态 T1-07 （旋转形自学示例） **┏ 1 - 0 7** ● ● ● ● ☼ DRIVE QUICK ADV VERIFY A TUNE	T1-07 为止的设定一结束，则显示自学习开始画面，A. TUNE 和 DRIVE 的 LED 点亮 为停止形自学习 2 时，只能设定到 T1-09 为止，敬请注意
自学习开始 TUn10 的示例 **┏ U n 1 0** ☼ ● ● ● ☼ DRIVE QUICK ADV VERIFY A TUNE	在自学习开始画面中按下 RUN 键，开始自学习。TUn□□的十位数字表示电动机 1/2 的选择（T1-00）的设定值，个位数字表示自学习模式选择（T1-01）的设定值
自学习中　　　　　　输入停止指令 **┏ U n 1 0**　　**E ┏ - 0 3** ☼ ● ● ● ☼　　☼ ● ● ● ☼ DRIVE QUICK ADV VERIFY A TUNE　DRIVE QUICK ADV VERIFY A TUNE	如果在自学习时按下 STOP 键或发生测定故障时，会显示出错误信息中断自学习，请参照自学习时发生的故障
自学习结束 **E n d** ☼ ● ● ● ☼ DRIVE QUICK ADV VERIFY A TUNE	END 显示 1～2min，自学习结束

问 10 矢量变频器空载运行的概念是什么？

　　答： 以欧姆龙 3G3RV 为例：电动机在空载（机械与电动机脱离）状态下，按下数字式操作器的 OCAL/REMOTE 键，进入 LOCAL 模式（操作器上的

154

SEQ 和 REF 的 LED 熄灭）。

在确认电动机和机械周围安全后，通过数字式操作器运行变频器。需要确认电动机正常旋转，且变频器无故障显示。按下数字式操作器上的 JOG 键，则仅在按键期间内可用点动频率指令［d1-17（出厂设定值为 6.00Hz）］运行。由于外部顺序的关系，不能通过数字式操作器运行时，请在确认紧急停止回路或机械侧安全装置动作后，在 REMOTE（来自控制回路端子的信号）模式下运行。机械与电动机连接运行时，需要事先采取与此相同的安全措施。

问 11 矢量变频器实际负载运行有几种类型？

答：将负载机械直接与电动机连接，与上述空载运行相同，通过数字式操作器或控制回路端子信号来运行。

（1）负载机械的连接。

1）在确认电动机已完全停止后，再将其与负载机械连接起来。

2）将电动机轴与负载机械切实连接好，以免安装螺钉等松动。

（2）用数字式操作器进行的运行。

1）与空载运行时相同，使用数字式操作器在 LOCAL 模式下使机械运行。

2）为防止故障动作，使数字式操作器的 STOP 键处于随时可按下的状态。

3）频率指令请先设定为实际动作速度 1/10 左右的低速指令。

问 12 矢量变频器运行状态如何确认？

答：（1）在低速状态下确认负载机械的动作方向是否正确、负载机械是否平滑动作后，再增大频率指令。

（2）改变频率指令或旋转方向后，请确认机械有无振动或异常声音，并通过监视显示确认 U1-03（输出电流）是否过大。

（3）如果发生失调或振动等控制类故障，需要按照变频器的"调整指南"进行调整。

问 13 矢量变频器参数如何确认与保存？

答：（1）在校验模式（操作器上的 VERIFY 的 LED 点亮）下，预先确认在试运行时被变更的参数，并将其记录到参数一览表中。在校验模式下，同时显示通过自学习被自动变更的参数。另外，根据需要还可通过拷贝功能（高级程序模式下显示的参数 03-01、03-02），将变更内容从变频器主体拷贝（保存）至操作器内部的保存区域。如果事先在数字式操作器中保存下变更内容，万一变频器发

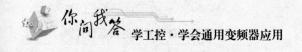

生故障而需要更换主机时，可从迄今为止使用的操作器中将变更内容简单地拷贝到备用的变频器中，简单地完成恢复作业。

其他便于参数管理用的功能如下。

1）用户参数保存。

2）参数的访问级。

3）密码。

（2）用户参数保存（02-03）。试运行完毕后，如果将 02-03 设定为 1，此时的设定内容被保存到变频器主体另外的保存区域中。

然后将 A1-03（初始值）设定为 1110（用户设定的初始化），此时，以前的设定内容将被取消，恢复为保存在别的保存区域中的以前的设定内容（将 02-03 设定为 1 时的内容）。

问 14 欧姆龙变频器的调整参数有哪些？

答： 欧姆龙 3G3RV 变频器在试运行中，如果发生失调或振动等控制类故障，请根据控制模式调整下表 7-7 中的参数。表中仅给出了调整频率较高的参数。

表 7-7　　　　　　　　　　　欧姆龙变频器的调整参数

控制模式	名称 （参数 NO）	性能	出厂设定	推荐值	调整方法
V/f 控制 （A1-02＝ 0 或 1）	防止失调增益 （N1-02）	中速（10～40Hz）时失调，振动控制	1.00	0.50～2.00	● 重载转矩不足时，减小设定值 ● 轻载发生失调、振动时，增大设定值
	载波频率选择 （C6-02）	● 电动机电磁噪声改善 ● 低速、中速时的失调、振动控制	1(C6-1＝0 时) 根据容量而异 (C6-01＝1 时)	0～初始值	电动机电磁噪声较大时，增大设定值 低速、中速时发生失调、振动时
	转矩补偿的滤波时间参数（C4-02）	● 转矩、速度响应改善 ● 失调、振动控制	根据容量而异	200～1000ms	● 转矩、速度响应慢时；减小设定值 ● 发生失调、振动时，增大设定值
	转矩补偿增益 （C4-01）	● 低速（10Hz 以下）时的转矩改善 ● 失调、振动控制	1.00	0.50～1.50	● 低速转矩不足时，增大设定值 ● 轻载发生失调、振动时，减小设定值

控制模式	名称 (参数 NO)	性能	出厂设定	推荐值	调整方法
V/f 控制 (A1-02＝ 0 或 1)	中间输出频率 电压(E1-08) 最低输出频率 电压(E1-10)	● 低速时的转矩 改善 ● 起动时的冲击 控制	根据容量、 电压而异	初始值 初始值 ＋3～5V	● 低速转矩不足时,增大设 定值 ● 启动冲击较大时,减小设 定值
不带 PG 的 矢量控制 (A1-02＝2)	速度反馈 检测控制 (AFR) 增益(N2-01)	● 转矩、速度响 应改善 ● 中速(10～ 40Hz)时失 调、振动 控制	1.00	0.50～ 2.00	● 转矩、速度响应慢时,减 小设定值 ● 发生失调、振动时,增大 设定值
	转矩补偿的滤 波时间参数(C4- 02)	● 转矩、速度响 应改善 ● 失调、振动 控制	20ms	20～ 100ms	● 转矩、速度响应慢时,减 小设定值 ● 发生失调、振动时,增大 设定值
	滑差补偿滤波 时间参数(C3- 02)	● 速度响应改善 ● 速度稳定性 改善	200ms	100～ 500ms	● 速度响应慢时:减小设 定值 ● 速度不稳定时:增大设 定值
	滑差补偿增痳 (C3-01)	● 速度精度改善	1.0	0.5～ 1.5	● 速度慢时,增大设定值 ● 速度快时,减小设定值
	载波频率选择 (C6-02)	● 电动机电磁噪 声改善 ● 低速(10Hz 以 下)时的失调、 振动控制	1(C6-01＝0 时) 根据容量而异 (C6-01＝1 时)	0 初始值	● 电动机电磁噪声较大时, 增大设定值 ● 低速发生失调、振动时, 减小设定值
	中间输出频率 电压(E1-08) 最低输出频率 电压(E1-10)	● 低速时的转 矩、速度响 应改善 ● 启动时的冲击 控制	根据容量 变、电压 而异	初始值 初始值 ＋1～2V	● 转矩、速度响应慢时,增 大设定值 ● 启动冲击较大时,减小设 定值
带 PG 的 矢量控制 (A1-02＝3)	速度控制 (ASR)的比例增 益 1(C5-01) 速度控制 (ASR)的比例增 益 2(C5-03)	● 转矩、速度 响应 ● 失调、振动 控制	20.00	10.00～ 50.00	● 转矩、速度响应慢时,增 大设定值(标准:每次增 大 5) ● 发生失调、振动时,减小 设定值

控制模式	名称（参数 NO）	性能	出厂设定	推荐值	调整方法
	速度控制（ASR）的积分时间（高速测）（C5-02） 速度控制（ASR）的积分时间 2（低速测）（C5-04）	● 转矩、速度响应 ● 失调、振动控制	0.500s	0.300~1.000s	● 转矩、速度响应慢时，减小设定值 ● 发生失调、振动时，增大设定值
	速度控制（ASR）增益切换频率（C5-07）	根据输出频率切换 ASR 比例增益、积分时间	0.0Hz	0.0~最高输出频率	● 在低速侧或高速侧不能确保 ASR 比例增益和积分时间时，可根据输出频率进行切换
	速度控制（ASR）的滤波时间（C5-06）	失调、振动控制	0.004s	0.004~0.020s	● 转矩、速度响应慢时，减小设定值（标准：每次减小 0.01） ● 机械刚性较低且易发生振动时，增大设定值
	载波频率选择（C6-02）	● 电动机电磁噪声改善 ● 低速（3Hz 以下）时的失调、振动控制	1（C6-01＝0 时） 根据容量而异（C6-01＝1 时）	2.0kHz初始值	● 电动机电磁噪声较大时，增大设定值 ● 低速发生失调、振动时，减小设定值

除表 7-7 外，对控制功能有间接影响的参数及用途见表 7-8。

表 7-8　　　　　　　　对控制性能有间接影响的参数及用途

名称（参数（NO）	用　途
CT/VT 选择（C6-01）	选择最大转矩和过负载耐量为 120％或 150％
DWELL 功能（b6-01-04）	在重载和英模的齿隙较大时使用
DROOP 功能（b7-01, 02）	在软化电动机转矩特性或在 2 台电动机之间保持负载平衡时使用（控制模式 A1-02＝3 时有效）
加减速时间（C1-01-11）	调整和减速时的转矩
S 字特性（C2-01-04）	为防止加减速开始、加减速完毕时的冲击而使用
跳跃频率（d03-01-04）	避开机械的共振点运行时使用
模拟量输入的滤时间参数（H3-12）	防止因噪声而使模拟量输入信号发生动时使用

名称（参数（NO））	用　　途
失速防止（L3-01-06、11，12）	防止重载时及突然加减速时的电动机失速和 0V（过电压故障）时使用。在初始值时为有效，通常无需变更，但在使用制动电阻器时，请设定为减速中防止失速功能 L3-04＝0（无效）
转矩极限（L7-01-04、06，07）	设定矢量控制时的最大转矩，增大设定时，请使变频器容量大于电动机容量，减小设定时，重载电动机会失速，敬请注意
前馈控制（N5-01-04）	即使是机械类刚性较低，速度控制器（ASR）的增益不能提高时，也可提高加减速时的响应或降低超调 必须设定负载与电动机的转动量比和电动机单体的加速时间

问 15　安邦信 G9 高性能矢量变频器键盘电位器运行的操作方法与步骤是什么？

答：（1）操作方法：变频器上电，键盘显示 0.0，然后按 RUN 键，变频器开始运行，旋转调节键盘上的电位器，从键盘上可以读到当前的输出频率。在转速设定精度要求不太高时，此法调节很方便。时序图如图 7-4 所示。

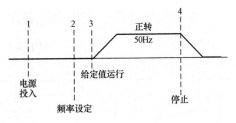

图 7-4　安邦信 G9 键盘电位器运行时序图

（2）键盘电位器运行步骤见表 7-9。

表 7-9　　　　　　　　　　　　**键盘电位器运行步骤**

操作说明	按键操作	键盘显示
1. 输入电源 显示频率指令值		0.0
2. 频率设定 旋转键盘上的模拟电位器给定参考频率		50.0
3. 运行指令 按键盘上的 RUN 键，变频器开始运行 输出频率显示监视	RUN DSPL	50.0 50.0
4. 停止	STOP RESET	0.0

问 16 键盘操作运行的操作方法与步骤是什么？

答：（1）操作方法。假设某负载先需正向 20Hz 运行，然后需要再调整到 50Hz 运行，最后改为反转，采用键盘操作运行时，可以通过如图 7-5 所示的操作完成。

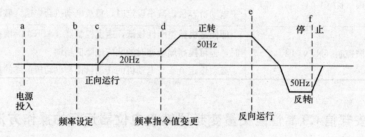

图 7-5 键盘操作运行时序图

（2）键盘操作运行步骤。键盘操作运行步骤见表 7-10。

表 7-10　　　　　　　　　　键盘操作运行步骤

操作说明	按键操作	键盘显示
1. 输入电源 显示频率指令值	DSPL ▲　▼	0.0 20.0
2. 频率设定 指令值的变更 设定值输入 输出频率显示	ENTER DSPL RUN DSPL	闪烁 20.0 0.0 20.0
3. 正向运转 20Hz 运行	按7次 ▲ 变更指令	20.0 50.0
4. 频率指令变更 20Hz 变为 50Hz 指令值变更 设定值输入	ENTER DSPL 按3次 ▲　▼	闪烁 50.0 For rEu
5. 反向运行 改为反转 设定值输入 监视频率输出	ENTER DSPL 按5次	闪烁 rEu 50.0
6. 停止	STOP RESET	0.0

问 17 **外部端子信号的运行方法与操作步骤是什么？**

答：（1）外部端子信号的运行方法如图 7-6 所示。

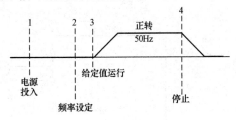

图 7-6　外部端子信号运行方法时序图

（2）外部端子运行操作步骤见表 7-11。

表 7-11 外部端子运行操作步骤

操作说明	按键操作	键盘显示
1. 输入电源 显示频率指令值 运行条件设定，选择端子控制	LOCAL REMOTE	0.0 REMOTE灯亮
2. 频率设定 控制回路端子 VS 或 IS 输入电压或电流信号改变频率值的显示 输出频率显示（监视）	DSPL	50.0 0.0
3. 运行指令 控制回路端子 S1 与 COM 短路		50.0 RUN灯亮
4. 停止 控制回路端子 S1 与 COM 断开，停止运行		0.0

问 18 **艾默生高性能矢量变频器用操作面板进行频率、正/反转设定及完成启/停的步骤是什么？**

答：艾默生高性能矢量变频器操作面板操作配线图如图 7-7 所示。具体操作步骤如下。

（1）用 PRG 键进入编程状态。

（2）读 F01 参数，并修改到 10.00Hz。

（3）用 PRG 键回到停机状态。

（4）用 RUN 键运行。

（5）运行中用上升和下降键修改运行频率。

（6）修改 F03 的内容，改成反转运行。

（7）用 STOP 键减速停止。

（8）断电。

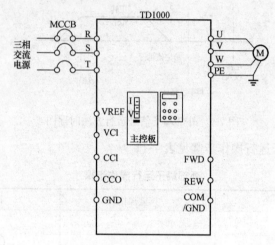

图 7-7　操作面板操作配线图

问 19　艾默生高性能矢量变频器用操作面板设定和修改频率、用控制端子完成启/停的步骤是什么？

答：艾默生高性能矢量变频器操作面板和控制端子共同操作配线图如图 7-8 所示。具体操作步骤如下。

（1）用 PRG 键进入编辑状态。

（2）分别定义如下参数。

1）F00＝0：由操作面板设定频率。

2）F01＝10：给定频率初始值。

3）F02＝1：运行命令由控制端子 FWD、REV、COM/GND 控制。

4）F63＝1。

5）F72＝0：两线控制模式 1。

（3）用 PRG 回到停机状态。

（4）将 FWD 与 COM 之间的开关 K1 闭合，电动机开始运转。

（5）采用上升和下降进行频率更改。

（6）断开 K1 合上 K2，电动机反向运转。

（7）断开 K1、K2，变频器减带停止。

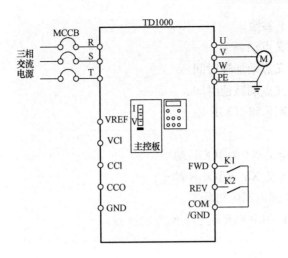

图 7-8 操作面板和控制端子共同操作配线图

（8）断电。

问 20 **艾默生高性能矢量变频器控制端子完成点动功能运行操作的步骤是什么？**

答： 艾默生高性能矢量变频器控制端子完成点动功能的运行配线图如图 7-9 所示。具体操作步骤如下。

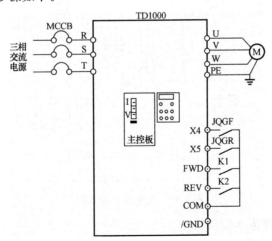

图 7-9 控制端子完成点动功能运行配线图

（1）用 F02＝1 进入端子操作方式。

（2）用 PRG 键进入编辑状态。

（3）定义如下参数。

1）F21：定义点动频率。

2）F22：定义点动加速时间。

3）F23：定义点动减速时间。

（4）定义 JOGF 和 JOGR 端子。

1）F63＝1。

2）F70＝7 定义 X4 为 JOGF 端子。

3）F71＝8 定义 X5 为 JOGR 端子。

（5）用 PRG 键返回停机状态。

（6）用 JOGF 和 JOGR 端子实施点动运行。

（7）断电。

问 21 艾默生高性能矢量变频器用控制端子输入频率设定信号、用控制端子进行运转控制操作的步骤是什么？

答：用控制端子输入频率设定信号，用控制端子进行运转控制操作的配线图如图 7-10 所示。具体操作步骤如下。

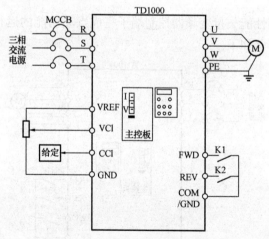

图 7-10　控制操作配线图

（1）用 PRG 键进入编辑状态。

（2）定义如下参数。

1）F00＝2：定义频率设定信号输入通道（VCI-GND）。

（说明：选择 CCI-GND 时还应相应选择 CN10 的位置。）

2）F02＝1：用控制端子 FWD-COM/GND 作为运行命令控制输入。

（3）用 PRG 键返回停机状态。

（4）合上 K1，电动机开始运行，调节外接电位器运行频率发生变化。

（5）断开 K1，电动机减速停止。

（6）合上 K2，电动机反向运行。

（7）断开 K2，电动机减速停止。

（8）断电。

问 22 中源矢量变频器简单运转操作的流程是什么？

答：中源矢量变频器简单运转操作流程见表 7-12。

表 7-12   中源矢量变频器简单运转操作流程

流　程	操　作　内　容
安装和使用环境	在符合产品技术规格要求的场所安装变频器，主要考虑环境条件（温度、湿度等）及变频器的散热等因素是否符合要求
变频器配线	主电路输入、输出端子配线，接地线配线，开关量控制端子、模拟量端子、通信接口等配线
通电前检查	确认输入电源电压正确，输入供电回路接有断路器； 变频器已正确可靠接地； 电源线正确接入变频器的电源输入端子（单相电网接 L1/R、L2/S 端子，三相电网接 L1/R、L2/S、L3/T 端子）； 变频器的输出端 U、V、W 与电动机正确连接； 控制端子的接线正确，外部各种开关全部正确预置； 电动机空载（机械负载与电动机脱开）
上电检查	检查变频器是否有异常声响、冒烟、异味等情况； 控制面板显示是否正常，无故障报警信息； 如有异常现象，请立即断开电源
正确输入电动机铭牌参数及进行电动机参数测量	务必正确输入电动机的铭牌参数并进行电动机参数学习，请使用者认真核对，否则运行时可能会出现严重问题； 在选择矢量控制方式第一次运行前，要进行电动机参数测量，以获得被控电动机的准确电气参数； 在执行参数测量前，必须脱开电动机与机械负载的连接，使电动机处于完全空载状态； 如果电动机尚处于旋转状态，请勿进行参数测量
设置运行控制参数	正确设置变频器和电机的参数，主要包括：目标频率，上、下限频率，加减速时间，方向控制命令等参数，用户可根据实际应用情况选择相应的运行控制方式

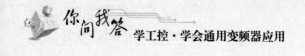

流　程	操　作　内　容
空载试运行检查	电动机空载，用控制面板或控制端子启动变频器运行，检查并且确认驱动系统的运行状态。 电动机：运行平稳，旋转正常，转向正确，加减速过程正常，无异常振动，无异常噪声，无异常气味； 变频器：控制面板显示数据正常，风扇运转正常，继电器的动作顺序正常，无振动噪声等异常情况； 如有异常情况，要立即停机检查
带载试运行检查	在空载运行正常后，连接好驱动系统负载； 用控制面板或控制端子启动变频器，并逐渐增加负载； 在负载增加到50%、100%时，分别运行一段时间，以检查系统运行是否正常； 在运行中要全面检查，注意是否出现异常情况； 如有异常情况，要立即停机检查
运行中检查	电动机是否平稳转动； 电动机转向是否正确； 电动机转动时有无异常振动或噪声； 电动机加减速过程是否平稳； 变频器输出状态和面板显示是否正确； 风机运转是否正常，有无异常振动或噪声； 如有异常，要立刻停机，断开电源检查

问 23 中源矢量变频器用控制面板进行频率设定，启动、正转、停止的操作过程是什么？

答：A900 系列变频器的基本操作举例：下面以 7.5kW 变频器，驱动 7.5kW 的三相异步交流电动机为例，说明各种基本控制操作过程。

电动机的铭牌参数为：4 极，额定功率 7.5kW，额定电压 380V，额定电流 15.4A，额定频率 50.00Hz，额定转速 1440r/min。

（1）按图 7-11 所示配线，检查接线正确后，合上断路器，变频器上电。

（2）按方式键，进入编程菜单。

（3）进行电动机定子电阻参数测量。

1）进入 F801 参数，设置电动机的额定功率为 7.5kW。

2）进入 F802 参数，设置电动机的额定电压为 380V。

3）进入 F803 参数，设置电动机的额定电流为 15.4A。

4）进入 F804 参数，设置电动机的极数为 4。

5）进入 F805 参数，设置电动机的额定转速为 1440r/min。

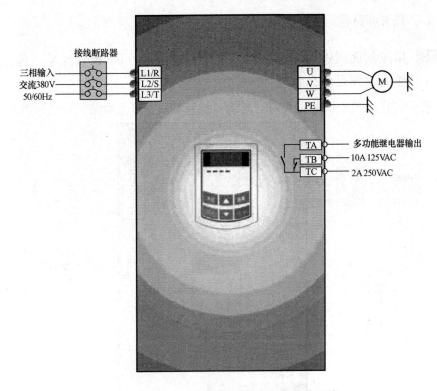

图 7-11 中源矢量变频器用控制面板操作配线

6）进入 F800 参数，设置为 1 或 2 电动机参数测量允许（设为 1 时为旋转参数测量，2 时为静止参数测量，测量旋转参数时请保证电动机与负载脱开）；

7）按运行键，进行电动机参数测量。检测结束后，电动机停止旋转，相关参数存储于 F806～F809 中。

（4）设置变频器的功能参数。

1）进入 F106 参数，设置为 0，控制方式选择无速度传感器矢量控制。

2）进入 F203 参数，设置为 0。

3）进入 F111 参数，设置上限频率为 50.00Hz。

4）进入 F200 参数，设置为 0，选择控制面板启动方式。

5）进入 F201 参数，设置为 0，选择控制面板停机方式。

6）进入 F202 参数，设置为 0，选择正转锁定。

（5）按运行键，启动变频器运行。

（6）在运行中，可按动▲或▼键，修改变频器当前频率。

（7）按"停/复"键一次，电动机减速，直到停止运行。

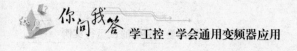

（8）断开断路器，变频器断电。

问 24 用控制面板进行频率设定，用控制端子进行正/反转起动、停止操作的过程是什么？

答：（1）按图 7-12 所示配线，检查接线正确后，合上断路器，变频器上电。

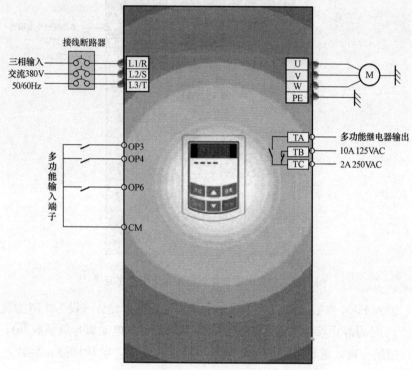

图 7-12　配线图

（2）按方式键，进入编程菜单。

（3）进行电动机参数学习；操作步骤与问 23 中完全相同。

（4）设置变频器的功能参数。

1）进入 F106 参数，设置为 0，控制方式选择无速度传感器矢量控制。

2）进入 F203 参数，设置为 0，选择频率设定方式为数字给定记忆。

3）进入 F111 参数，设置上限频率为 50.00Hz。

4）进入 F208 参数，设置为 1，选择二线控制模式 1（注意：F208 不等于 0 时，F200、F201、F202 不再有效）。

（5）闭合 OP3 开关，变频器开始正向运行。

（6）在运行中，可按动▲和▼键，修改变频器当前频率。

（7）在运行中，断开 OP3 开关，再闭合 OP4 开关，电动机运行方向改变。（注意：请用户根据负载情况设置正反转死区时间 F120，如过短可能会出现变频器 OC 保护。）

（8）断开 OP3 开关和 OP4 开关，电动机减速，直到停止运行。

（9）断开断路器，变频器断电。

问 25 **用控制面板进行点动运行的操作过程是什么？**

答：（1）按图 7-11 所示配线，检查接线正确后，合上断路器，变频器上电。

（2）按方式键，进入编程菜单。

（3）进行电动机参数测量；操作步骤与"问 23"完全相同。

（4）设置变频器的功能参数；

1）进入 F132 参数，设置为 1，选择控制面板点动；

2）进入 F200 参数，设置为 0，选择控制面板运行命令控制方式；

3）进入 F124 参数，设置点动运行频率为 5.00Hz；

4）进入 F125 参数，设置点动加速时间为 30s；

5）进入 F126 参数，设置点动减速时间为 30s；

6）进入 F202 参数，设置为 0，选择正转锁定。

（5）一直按住运行键，电动机加速到点动设定频率，并保持点动运行状态。

（6）松开运行键，电动机减速，直到停止点动运行。

（7）断开断路器，变频器断电。

问 26 **用模拟量端子进行频率设定，用控制端子进行运行控制的操作过程是什么？**

答：（1）按图 7-13 所示配线，检查接线正确后，合上断路器，变频器上电。注意：外部模拟信号设定电位器可选择 2~5kΩ 电位器。对于精度要求高的场合请选用精密多圈电位器，接线使用屏蔽线，屏蔽层近端可靠接地。

（2）按方式键，进入编程菜单。

（3）进行电动机参数学习；操作步骤与问 23 中完全相同。

（4）设置变频器的功能参数：

1）进入 F106 参数，设置为 0，控制方式选择无速度传感器矢量控制；

2）进入 F203 参数，设置为 1，选择模拟 AI1，0~10V 电压端子频率设定方式；

3）进入 F208 参数，设置为 1，选择方向端子（OP6 设置为自由停机，OP3

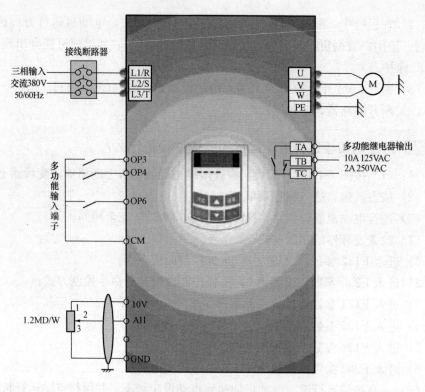

图 7-13　用模拟量端子控制配线

设置为正转；OP4 设置为反转）控制运行。

（5）对于 E1000 系列 15kW 及其以下功率变频器控制端子排附近有一个两位红色拨码开关 SW1，如图 7-14 所示。拨码开关的作用是选择模拟量输入端子 AI2 的电压信号（0～5V/0～10V）或电流信号，出厂值默认为电流通道。使用时通过 F203 选择模拟量输入通道。按图示把开关 1 拨到 ON 位置，开关 2 拨到 ON 位置，选择 0～20mA 电流调速。其他拨码开关的位置与调速方式详见表 7-13。

图 7-14　拨码
　　　　　开关

（6）对于 E1000 系列 18.5kW 以上功率变频器控制端子排附近有一个四位红色拨码开关 SW1，如图 7-15 所示。拨码开关选择模拟量输入端子 AI1、AI2 输入范围（0～5V/0～10V/0～20mA）；通过 F203 选择输入通道。出厂时拨码开关的位置如图 7-15 所示，即 AI1 为 0～10V 输入，AI2 为 0～20mA 输入；其他拨码开关的位置与调速方式详见表 7-14。

（7）闭合 OP3 开关，电动机开始正向运转。

（8）在运行中，可调节设定电位器，修改变频器当前设定频率。

（9）在运行中，断开 OP3 开关，再闭合 OP4 开关，电动机运行方向改变。

（10）断开 OP3 开关和 OP4 开关，电动机减速，直到停止运行。

（11）断开断路器，变频器断电。

表 7-13　　　　　**模拟量调速时拨码开关及参数的设置**

F203 设为 2，则选择了 A12 模拟量通道		
拨码开关 1	拨码开关 2	调整方式
OFF	OFF	0～5V 电压
OFF	ON	0～10V 电压
ON	ON	0～20mA 电流
ON 指拨码开关置于顶部位置		
OFF 指拨码开关置于底部位置		

图 7-15　18.5kW 以上功率变频器
拨码开关示意图

表 7-14　　　　　**模拟量调速时拨码开关及参数的设置**

F203＝1 选择 A11 通道			F203＝2 选择 A12 通道		
拨码开关 1	拨码开关 3	模拟信号范围	拨码开关 2	拨码开关 4	模拟信号范围
OFF	OFF	0～5V 电压	OFF	OFF	0～5V 电压
OFF	ON	0～10V 电压	OFF	ON	0～10V 电压
ON	ON	0～20mA 电流	ON	ON	0～20mA 电流
ON 指拨码开关置于顶部位置					
OFF 指拨码开关置于底部位置					

8

高性能矢量变频器参数设定

<u>问 1</u> **欧姆龙变频器结合用途选择过载有何不同?**

答: 根据欧姆龙 3G3RV 变频器的用途,应对欧姆龙 3G3RV 参数 C6-01 (CT:低载波恒定转矩、VT:高载波递减转矩)进行选择。根据 C6-01 的设定,变频器的载波频率、过载耐量、最高输出频率的设定范围不同。

0:CT(低载波定转矩用途,150%1min)。

1:VT(高载波递减转矩用途,120%,其中 CT/VT 的不同点见表 8-1)。

表 8-1   **CT/VT 的不同点**

低载波恒定转矩	高载波递减转矩
恒定转矩(CT) 转矩 ↑ O —— 电动机旋转速度	递减转矩(VT) 转矩 ↑ O —— 电动机旋转速度
恒定转矩即相对于速度的负载转矩恒定的负载,因此需要过载耐量,用于挤出机、传送带、吊车等摩擦负载、重力负载	递减转矩是指随着速度的下降,负载转矩也将减少,一般不需要过载耐量,用于风扇、泵等
低载波:有电磁噪声	高载波:无电磁噪声

<u>问 2</u> **欧姆龙 3G3RV 选择频率指令如何输入?**

答: 设定参数 b1-01,选择频率指令的输入方法。频率指令输入方法的选择见表 8-2。

表 8-2　　　　　　　　　　频率指令输入方法的选择

参数 NO	名称	内　　容	设定范围	出厂设定
b1-01	频率指令的选择	设定频率指令的输入方法 0：数字式操作器 1：控制回路端子（模拟量输入） 2：MEMOBUS 通信 3：选购卡 4：脉冲序列输入	0～4	1

(1) 用数字式操作器输入频率指令（数字设定）。将 b1-01 设定为 0，则可从数字式操作器频率指令设定画面上输入频率指令。

(2) 用控制回路端子输入频率指令（模拟量设定）。将 b1-01 设定为 1 时，可从控制回路端子 A1（电压输入）、控制回路端子 A2（电压/电流输入）或 A3（电压输入）输入频率指令。

1）仅输入主速频率指令时（电压输入），请向控制回路端子 A1 输入电压，如图 8-1 所示。

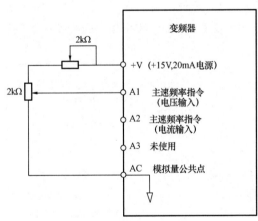

图 8-1　主速频率指令的电压输入

2）仅输入主速频率指令时（电流输入），需要向控制回路端子 A2 输入电流。但应向端子 A1 处输入 0V，将 H3-08（多功能模拟量输入端子 A2 信号电平选择）设定为 2（电流输入），将 H3-09（多功能模拟量输入端子 A2 选择）设定为 2（加上 A1 输入），如图 8-2 所示。

向端子 A2 输入电流信号时，请将拨动开关 S1 的 2 置为 ON（I 侧）。通过电压信号输入时，请将拨动开关 S1 的 2 置为 OFF（V 侧）。另外，请根据输入信

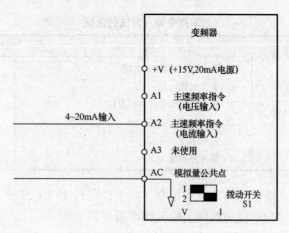

图 8-2 主速频率指令的电流输入

号选择 H3-08。

（3）在切换主速/辅助的 2 段速时，请向控制回路端子 A1 输入主速频率指令，向 A2 或 A3 输入辅助频率指令。分配了多段速指令 1 的多功能输入端子（出厂设定：端子 S5）为 OFF 时，端子 A1 的主速频率指令变为变频器的频率指令；为 ON 时，端子 A2 或 A3 的辅助频率指令变为变频器的频率指令，如图 8-3 所示。

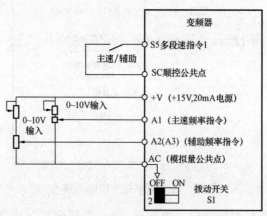

图 8-3 主速/辅助频率指令切换

将端子 A2 作为辅助频率指令使用时，请将 H3-09（多功能模拟量输入端子 A2 功能选择）设定为 2 [辅助频率指令 1（第 2 段速模拟量输入）]。

将端子 A3 作为辅助频率指令使用时，请将 H3-05（多功能模拟量输入端子 A3 功能选择）设定为 2 [辅助频率指令 1（第 2 段速模拟量输入）]。

（4）通过脉冲序列信号来设定频率指令。将 b1-01 设定为 4 时，输入控制回路端子 RP 的脉冲序列输入变为频率指令。将 H6-01（选择脉冲序列输入功能）设定为 0（频率指令），然后将 H6-02（脉冲序列输入比例）设定为 100%，指令的脉冲频率如图 8-4 所示。

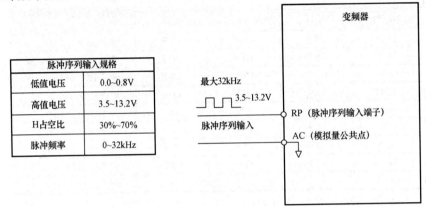

脉冲序列输入规格	
低值电压	0.0~0.8V
高值电压	3.5~13.2V
H占空比	30%~70%
脉冲频率	0~32kHz

图 8-4　通过脉冲序列信号来设定频率指令

问3　进行多段速运行应如何操作？

答：3G3RV-ZV1 系列变频器通过 16 段的频率指令和 1 个点动频率指令，最多可进行 17 段速切换。

在多功能输入端子功能中，通过多段速指令 1~3 及点动频率选择的 4 种功能，进行 9 段速运行的示例如下所示。

（1）相关参数。为切换频率指令，请将功能触点输入端子（S3~S8）中的任意一个设定为多段速指令 1~3 及点动频率选择。不使用的端子无需进行设定。

（2）设定示例。多功能触点输入（H1-01~H1-06）见表 8-3。

表 8-3　多功能触点输入

端子	参数 NO	设定值	内　容
S5	H1-03	3	多段速指令 1 [设定多功能模拟量输入 H3-09＝2（辅助频率指令）时，与主速/辅助速度切换兼用]
S6	H1-04	4	多段速指令 2
S7	H1-05	5	多段速指令 3
S8	H1-06	6	点动（HOG）频率选择（优先于多段速指令）

进行上表设定时的多功能指令及多功能触点输入的组合。

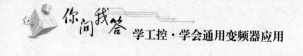

设定多段速指令 1～3 及点动频率选择的多功能触点输入端子 S5～S8 的 ON/OFF 的组合不同,所选择的频率指令也不同,组合示例见表 8-4。

表 8-4 多功能指令及多功能接点输入的组合示例

级速	端子 S5 多段速指令 1	端子 S6 多段速指令 2	端子 S7 多段速指令 3	端子 S8 点运频率选择	所选择的频率
1	OFF	OFF	OFF	OFF	频率指令 1d1-01,主速频率
2	ON	OFF	OFF	OFF	频率指令 2d1-02,辅助频率 1
3	OFF	ON	OFF	OFF	频率指令 3d1-03,辅助频率 2
4	ON	ON	OFF	OFF	频率指令 4d1-04
5	OFF	OFF	ON	ON	频率指令 5d1-05
6	ON	OFF	ON	OFF	频率指令 6d1-06
7	OFF	ON	ON	OFF	频率指令 7d1-07
8	ON	ON	ON	OFF	频率指令 Sd1-08
9	—	—	—	ON*	频率指令 9d1-17

* 端子 S 的点动频率选择优先于多段速指令。

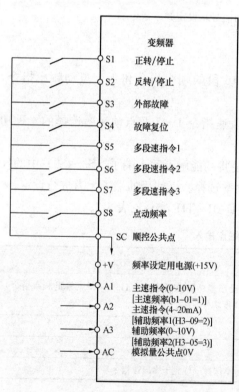

图 8-5　9 段速运行时的控制回路端子

(3) 设定上的注意事项。将模拟量输入设定为第 1 段速、第 2 段速、第 3 段速时,应注意以下事项。

1) 1 段速。将端子 A1 的模拟量输入设定为第 1 段速时,请将 b1-01 设定为 1;将 d1-01(频率指令 1)设定为第 1 段速时,请将 b1-01 设定为 0。

2) 2 段速。将端子 A2(或 A3)的模拟量输入设定为第 2 段速时,请将 H3-09(A3 时为 H3-05)设定为辅助频率指令 1;将 d1-02(频率指令 2)设定为第 2 段速时,请不要将 H3-09(A3 时为 H3-05)设定为 2。

3) 3 段速。将端子 A3(或 A2)的模拟量输入设定为第 3 段速时,请将 H3-05(A2 时为 H3-09)设定为辅助频率指令 2;将 d1-03(频率指令 3)设定为第 3 段速时,请不要将 H3-05(A2 时为 H3-09)设定为 3。

4）9 段速运行时的控制回路端子连接示例和时序图如图 8-5 和图 8-6 所示。

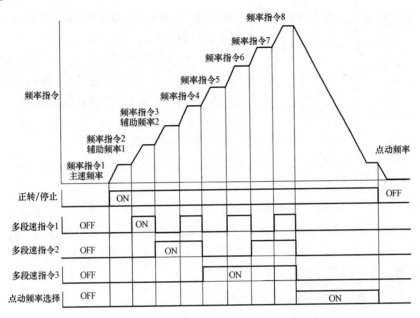

图 8-6　多段速指令/点动频率选择的时序图

问 4　欧姆龙变频器运行指令参数如何设定?

答：（1）选择运行指令的输入方法。设定参数 b1-02，选择运行指令的输入方法见表 8-5。

表 8-5　　　　　　　　　　运行指令的输入方法

参数 NO	名　称	内　　容	设定范围	出厂设定
b1-02	运行指令的选择	设定运行指令的输入方法 0：数字式操作器 1：控制回路端子（顺控输入） 2：MEMOBUS 通信 3：选购卡	0～3	1

（2）由数字式操作器进行运行操作。将 b1-02 设定为 0，通过数字式操作器

的键（RUN、STOP、JOG、FWD/REV）进行变频器的运行操作。

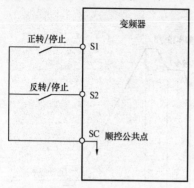

图 8-7　2 线制顺控的接线示例

（3）由控制回路端子进行运行操作。将 b1-02 设定为 1 时，由控制回路端子进行变频器的运行操作。

1）2 线制顺控的运行操作。出厂设定为 2 线制顺控。控制回路端子 S1 为 ON 时进行正转运行，S1 为 OFF 时变频器停止。同样，控制回路端子 S2 为 ON 时进行反转，S2 为 OFF 时变频器停止，如图 8-7 所示。

2）3 线制顺控的运行操作，如图 8-8 所示。

将 H1-01～H1-06（多功能接点输入端子 S3～S8）中的任一个设定为 0 时，端子 S1、S2 的功能将变为 3 线制顺控，已设定的多功能输入端子变为正转/反转指令端子。由 A1-03（参数初始化）实行 3 线制顺控的初始化时，多功能输入 3（端子 S5）将自动变为正转/反转指令的输入端子。

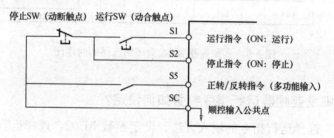

图 8-8　3 线制顺控的接线示例

<u>问 5</u>　**欧姆龙变频器停止方法参数如何设定？**

答：（1）选择停止指令时的停止方法。指令停止时变频器的停止方法有以下 4 种。

1）减速停止。

2）自由运行停止。

3）全域直流制动停止。

4）带计时功能的自由运行停止。

设定参数 b1-03，选择变频器的停止方法，当为带 PG 的矢量控制时，不能选择全域直流制动及带定时的自由运行停止，停止方法选择见表 8-6。

表 8-6   停止方法选择

参数 NO	名　称	内　　容	设定范围	出厂设定
b1-03	停止方法选择	设定指令了停止时的停止方法 0：减速停止 1：自由运行停止 2：全域直流制动（DB）停止（不进行再生动作，比自由运行的停止速度还快） 3：带计时功能的自由运行停止（忽视减速时间内输入的运行指令）	0～3	1

（2）减速停止。将 b1-03 设定为 0 时，电动机按选择的减速时间［出厂时设定：C1-02（减速时间 1）］减速停止。减速停止时的输出频率如小于 b2-01，仅以 b2-04 中设定的时间通过 b2-02 中设定的直流电流进行直流制动，如图 8-9 所示。

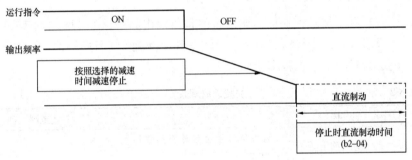

图 8-9   减速停止

（3）自由运行停止。将 b1-03 设定为 1 时，在输入停止指令（运行指令 OFF）的同时，变频器输出电压被切断。电动机按与包含负载在内的惯性和机械磨损相符的减速率自由运行停止，如图 8-10 所示。

（4）全域直流制动停止。将 b1-03 设定为 2，则停止指令被输入（运行指令 OFF），经过了 L2-03［最小基极封锁（BB）时间］的时间后，b2-02 的直流制动电流流入电动机，进行直流制

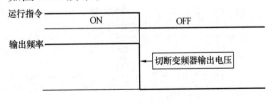

图 8-10   自由运行停止

动后停止。直流制动时间由停止指令被输入时的输出频率和 b2-04 的设定值来决定。

（5）紧急停止。将 H1-01～H1-06（多功能输入端子 S3～S8 中的任意一个）

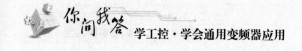

设定为 15 或 17（紧急停止）时，则按 C1-09 设定的减速时间减速停止。向常开触点输入紧急停止时，将 H1-01～H1-06（多功能输入端子 S3～S8 中的任意一个）设定为 15，向常闭触点输入紧急停止时设定为 17。

输入紧急停止指令后到停止为止，变频器不会再运行。要解除紧急停止，请先将运行指令与紧急停止指令 OFF。紧急停止时间见表 8-7。

表 8-7   紧急停止时间

参数 NO	名 称	内 容	设定范围	出厂设定
C1-09	紧急停止时间	多功能输入"紧急停止"为 ON 时的减速时间 也可在选择"紧急停止"作为故障检出时的停止方法时使用	0.0～6000.0s	10.0s

问 6 欧姆龙变频器加减速参数如何设定？

答：（1）设定加减速时间。加速时间是指输出频率从 0% 增加到 100% 所用的时间。减速时间是指从输出频率从 100% 开始减到 0% 所用的时间。加速时间的出厂设定为 C1-01，减速时间为 C1-02，见表 8-8。

表 8-8   加减速时间设定

参数 NO	名 称	内 容	设定范围	出厂设定
C1-01	加速时间 1	以秒为单位设定最高输出频率从 0% 变为 100% 的加速时间		
C1-02	减速时间 1	以秒为单位设定最高输出频率从 100% 变为 0% 的减速时间		
C1-03	加速时间 2	多功能输入"加减速时间选择 1"为 ON 时的加速时间		
C1-04	减速时间 2	多功能输入"加减速时间选择 1"为 ON 时的减速时间		
C1-05	加速时间 3	多功能输入"加减速时间选择 2"为 ON 时的加速时间	0.0～6000.0s	10.0s
C1-06	减速时间 3	多功能输入"加减速时间选择 2"为 ON 时的减速时间		
C1-07	加速时间 4	多功能输入"加减速时间选择 1"及"加减速时间选择 2"为 ON 时的加速时间		
C1-08	减速时间 4	多功能输入"加减速时间选择 1"及"加减速时间选择 2"为 ON 时的加速时间		

参数 NO	名　称	内　　容	设定范围	出厂设定
C1-10	加减速时间的单位	0：单位为 0.01s 1：单位为 0.1s	0, 1	1
C1-11	加减速时间的切换频率	设定自动切换加减速时间的频率 低于设定频率：加减速时间 4 设定频率以上：加减速时间 1 多功能输入"加减速时间选择 1"及"加减速时间选择 2"设定时优先	0.0～300.0Hz	0.0Hz

（2）防止加速中的电动机失速（加速中防止失速功能）。加速中防止失速功能是指在电动机负载过大或突然加速中，防止电动机失速的功能，参数见表 8-9。

将 L3-01 设定为 1（有效）时，变频器输出电流超出 L3-02 的 -15％时，开始控制加速率；超过 L3-02 时则停止加速。

将 L3-02 设定为 2（最佳调整）时，电动机电流以 L3-02 为基准进行加速。此时加速时间的设定将被忽视。

表 8-9　　　　　　　　　　防止加速中的电动机失速设定

参数 NO	名　称	内　　容	设定范围	出厂设定
L3-01	加速中防止失速功能选择	0：无效（按设定加速，负载过大时，会发生失速）； 1：有效（超过 L3-02 的值时，则停止加速，电流值恢复后再进行加速）； 2：最佳调整（以 L3-02 的值为基准调节加速，忽视加速时间的设定）	0～2	1
L3-02	加速中防止失速值	将 L3-01 设定为 1、2 时有效，以变频器额定输出电流为 100％，以％为单位设定。 通常无需更改设定，如果使用出厂设定值时发生了失速，则应降低设定值	0～200％	150％

（3）防止减速中的过电压（减速中防止失速功能）。减速中的防止失速功能是指在电动机减速过程中，当直流母线电压超出设定值时，降低减速率，抑制直流母线电压上升的功能。即使将减速时间设定得较短，也会根据母线电压自动延长减速时间。

将 L3-04 设定为 1 或 2 时，主回路直流电压接近减速中防止失速值时，将停止减速，下降至该值以下后再开始减速。根据该动作，可自动延长减速时间；设

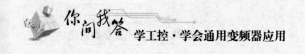

定为1时，将返回到设定的减速时间；设定为2时，在减速中防止失速值的范围内自动调整为更快的减速时间。减速中防止失速功能选择见表8-10。

表8-10　　　　　　　　　　减速中防止失速功能选择

参数 NO	名　称	内　　容	设定范围	出厂设定
L3-04	减速中防止失速功能选择	0：无效［按设定减速，减速时间过短，则主回路有发生过电压（OV）的危险］； 1：有效（主回路电压达到过电压值时，停止减速，电压恢复后再减速）； 2：最佳调整（根据主回路电压判断用最短时间减速，忽视减速时间的设定）； 3：有效（带制动电阻）。 ·使用制动选购件（制动电阻器、制动电阻器单元、制动单元）时，请务必设定为"0"或"3"	0～3	1

（4）发生过电压状态时自动抑制再生侧转矩极限（过电压抑制功能）。过电压抑制功能是指针对主回路电压值，减小再生侧转矩极限值的设定值，抑制再生转矩引起的电压上升的功能。其参数设置见表8-11。使用该功能后，如果在减速中发生主回路电压上升现象，通过控制再生侧的转矩极限值可以自动减缓减速率，抑制主回路电压的上升。

该功能作为在因突然加速时过冲回调等引起的过电压（0V）的解决措施也很有效，但与减速中失速防止功能不同。同时，该功能在矢量控制时也很有效。

表8-11　　　　　　　　　　过电压抑制功能参数设定

参数 NO	名　称	内　　容	设定范围	出厂设定
L3-11	过电压抑制功能选择	0：无效； 1：有效。 根据主回路电压值，通过控制再生侧转矩极限值，设定抑制 0V（主回路过电压）功能的有效与无效。 如果该功能为有效，当主回路电压上升时，再生侧转矩极限值在设定值以下发生动作	0，1	0
L3-12	过电压抑制电压值	设定将再生侧转矩极限值限制为 0 的主回路电压值，通常无需更改。 即使过电压抑制功能有效，发生 0V（主回路过电压）时，请设定较小值	350～390*	380V*

＊200V级的变频器的值，当为400V级的变频器时，为该值的2倍。

问 7 | 欧姆龙变频器机械的保护功能有哪些?

答：欧姆龙 3G3RV 变频器设定电动机的过载保护，通过变频器内置的电子热敏继电器，保护电动机以免过载，参数设置见表 8-12。

表 8-12　　　　　　　　　　电动机保护参数设置

参数 NO	名　称	内　容	设定范围	出厂设定
E2-01	电动机额定电流	以 A 为单位设定电动机额定电流 该设定值为电动机保护、转矩限制、转矩控制的基准值 自学习时自动设定	0.32~6.40A	1.90A
E4-01	电动机 2 的额定电流	以 A 为单位设定电动机额定电流 该设定值为电动机保护、转矩限制、转矩控制的基准值 自学习时自动设定	0.32~6.40A	1.90A
L1-01	电动机保护功能选择	设定通过电子热敏继电器的电动机过载保护功能的有效/无效。 0：无效； 1：通用电动机的保护； 2：变频器专用电动机的保护； 3：矢量专用电动机的保护。 在电源频繁开闭的应用上，当电源 OFF 时，由于热敏继电器的值被复位，因此即使设定值为 1，也可能得不到保护 当 1 台变频器连接多台电动机时，应设定为 0，并在各电动机上设置热敏继电器	0~3	1
L1-02	电动机保护动作时间	以分为单位设定电子热敏元件的检测时间，通常无需设定 出厂设定为 150%，1min 的耐量 如果明确知道电动机的地载耐量，则请设定与电动机匹配的热起动时的过载耐量保护时间	0.1~5.0min	1.0min

（1）电动机额定电流的设定。在 E2-01（电动机 1）及 E4-01（电动机 2）中设定电动机铭牌上的额定电流值。这些设定值是电子热敏器的基准电流。

（2）电动机过载保护特性的设定。根据所使用的电动机类型，通过 L1-01 来设定过载保护功能。

感应电动机的冷却能力因速度控制范围而异。因此，有必要根据适用电动机的容许负载特性选择电子热敏元件的保护特性。

电动机的规格和容许负载特性见表 8-13。

表 8-13　　　　　　　　　　电动机的规格和容许负载特性

L1-01设定值	电动机类型	容许负载特性	冷却能力	电子热敏器的动作（100%电动机负载时）
1	通用电动机（标准电动机）	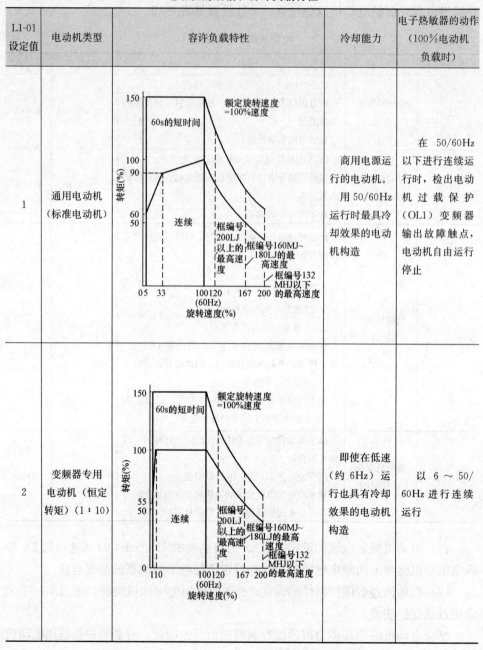	商用电源运行的电动机。用 50/60Hz 运行时最具冷却效果的电动机构造	在 50/60Hz 以下进行连续运行时，检出电动机过载保护（OL1）变频器输出故障触点，电动机自由运行停止
2	变频器专用电动机（恒定转矩）（1：10）		即使在低速（约 6Hz）运行也具有冷却效果的电动机构造	以 6～50/60Hz 进行连续运行

L1-01 设定值	电动机类型	容许负载特性	冷却能力	电子热敏器的动作 （100%电动机 负载时）
3	矢量专用 电动机 （1：100）	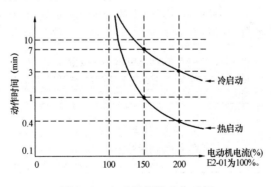	即使在超低速范围（约0.6Hz）运行也具有冷却效果的电动机构造	以0.6～60Hz进行连续运行

（3）电动机保护动作时间的设定。将电动机保护动作时间设定为 L1-02。电动机以额定电流持续运行后，设定在施加了 150％ 过载（热起动）时的电子热敏器保护动作时间。出厂设定为 150％、1min 的耐量。

电子热敏器的保护动作时间的特性举例如图 8-11 所示。

图 8-11 电动机保护动作时间

（4）电动机过热时的动作。将电动机加热时的动作设定为 L1-03 及 L1-04。将电动机温度输入滤波时间参数设定为 L1-05。发生电动机过热时，在数字式操作器上显示 OH3、OH4 的故障代码，见表 8-14。

表 8-14   电动机过热时的故障代码

故障代码	内　容
OH3	按照 L1-03 的设定，变频器继续保持停止状态或运行
OH4	按照 L1-04 的设定，变频器将停止

（5）限制电动机的旋转方向。如果设定了电动机的反转禁止，即使输入反转指令，该指令也不会被接受，用于不宜反转的电动机（风扇、泵等），相关参数见表 8-15。

表 8-15   限制电动机的旋转方向

参数 NO	名称	内　容	设定范围	出厂设定	运行中的变更	控制模式				MEMOBUS 寄存器
						不带 PG 的 V/f	带 PG 的 V/f	不带 PG 的矢量	带 PG 的矢量	
b1-04	禁止反转选择	0：可反转； 1：禁止反转	0.1	0	×	A	A	A	A	183H

问 8　欧姆龙变频器的保护功能有哪些？

答：（1）进行安装型制动电阻器的过热保护。检出安装型制动电阻器过热时，数字操作器显示报警 RH（安装型制动电阻器过热），电动机自由运行停止。安装型制动电阻器参数设置见表 8-16。

表 8-16   安装型制动电阻器参数设置

参数 NO	名称	内　容	设定范围	出厂设定
L8-01	安装型制动电阻器的保护（ERF 型）	0：有效（无过热保护）； 1：有效（有过热保护）	0, 1	0

（2）降低变频器过热预警值。使用热敏电阻检测变频器散热片的温度，防止变频器过热。可以 10℃为单位预告变频器过热警报。

过热预警有作为故障保护使变频器停止工作的方法，及继续运行时使数字式操作器的警报 OH（散热片过热）闪烁的方法。变频器过热预警参数见表 8-17。

表 8-17 变频器过热预警参数

参数 NO	名称	内　　容	设定范围	出厂设定
L8-02	变频器过热（OH）预警检出值	以℃为单位设定变频器过热（OH）预警功能检出温度 当散热片温度达到设定值的时候，检出 OH 预警	50～130℃	95℃
L8-03	变频器过热（OH）预警动作选择	设定变频器过热（OH）预警检出时的动作。 0：减速停止（按 C1-02 的减速时间停止）； 1：自由运行停止； 2：紧急停止（按 C1-09 的减速时间停止）； 3：继续运行（仅为监视显示）。 0～2 为故障检出，3 为警告（为故障检出时，故障接点动作）	0～3	3

问 9 欧姆龙变频器输入端子功能有哪些？

答：（1）欧姆龙 3G3RV 变频器暂时切换操作器和控制回路端子运行。能将变频器的运行指令及频率指令输入，切换为本地（数字式操作器）及远程（通过 b1-01 和 b1-02 选择的输入方法）。频率和运行指令的选择见表 8-18。

在 H1-01～H1-06（多功能触点输入端子 S3～S8 的功能选择）上设定 1（本地/远程选择）时，能通过端子的 ON/OFF 动作，切换本地/远程。

将控制回路端子设定为远程时，请将 b1-01 和 b1-02 设定为 1（控制回路端子）。

表 8-18 频率和运行指令的选择

参数 NO	名称	内容	设定范围	出厂设定
b1-01	频率指令的选择	设定频率指令的输入方法 0：数字式操作器； 1：控制回路端子（模拟量输入）； 2：MEMOBUS 通信； 3：选购卡； 4：脉冲序列输入	0～4	1
b1-02	运行指令的选择	设定运行指令的输入方法 0：数字式操作器； 1：控制回路端子（顺控输入）； 2：MEMOBUS 通信； 3：选购卡	0～3	1

（2）切断变频器输出（基极封锁指令）。在 H1-01～H1-06（多功能触点输入

端子 S3～S8 的功能选择）上设定 8 或 9（基极封锁指令 NO/NC）时，根据端子的 ON/OFF 动作执行基极封锁指令，通过基极封锁指令切断变频器输出，参数见表 8-19。在这种情况下，电动机将进入自由运行状态。

如果撤销基极封锁指令，则从基极封锁指令输入前的频率指令开始，通过速度搜索重新开始运行。

表 8-19 多功能接点输入 H1-01～H1-06 参数

设定值	功　能
8	基极封锁指令 NO（动合触点：ON 时基极封锁）
9	基极封锁指令 NC（动断触点：OFF 时基极封锁）

（3）使加减速停止（保持加减速停止）。保持加减速停止指令能使加减速停止，保持此时的输出频率而继续运行。

将 H1-01～H1-06（多功能触点输入端子 S3～S8 的功能选择）设定为保持加减速停止时，端子通过 ON 停止加减速，并保持此时的输出频率。端子为 OFF 时重新开始加减速。

将 d4-01 设定为 1 时，输入了保持加减速停止指令时的输出频率在电源 OFF 后也能被保存。频率指令保持功能选择见表 8-20。

表 8-20 频率指令保持功能选择

参数 NO	名　称	内　容	设定范围	出厂设定
d4-01	频率指令操持功能选择	设定是否保存保持时的频率指令。 0：无效（停止运行，电源接通后再起动时为零起动）； 1：有效（停止运行，电源接通后再起动时，按前一次已保持的频率运行）。 在多功能输入时设定了"保持加减速停止"或"UP"指令、DOWN 指令时有效	0，1	0

（4）由触点信号使频率指令上升下降（UP/DOWN）。UP/DOWN 指令为通过多功能触点输入端子 S3～S8 的 ON/OFF 动作，上调或下调变频器的频率指令的功能。

使用该功能时，在 H1-01～H1-06（多功能触点输入端子的 S3～S8 功能选择）设定 10（UP 指令）和 11（DOWN 指令）。请务必将 UP 指令和 DOWN 指令配对使用，对两个端子进行分配。

输出频率追随加减速时间。请务必将 b1-02（运行指令的选择）设定为 1

（控制回路端子）。频率指令上限和下限参数的设置见表 8-21。

表 8-21   频率指令上限和下限参数的设置

参数 NO	名 称	内 容	设定范围	出厂设定
d2-01	频率指令上限值	最高输出频率为 100%，以%为单位设定输出频率指令的上限值	0.0～110.0%	100.0%
d2-02	频率指令下限值	最高输出频率为 100%，以%为单位设定输出频率指令的下限值	0.0～110.0%	0.0%
d2-03	主带指令下限值	最高输出频率为 100%，以%为单位设定主速频率指令的下限值	0.0～110.0%	0.0%

（5）连接示例和时序图。在多功能触点输入端子 S3 上分配 UP 指令，在 S4 上分配 DOWN 指令时的设定示例和时序图见表 8-22 和图 8-12 所示。

表 8-22   端子 S3 和 S4 的功能选择

参 数	名 称	设定值
H1-01	端子 S3 的功能选择	10
H1-02	端子 S4 的功能选择	11

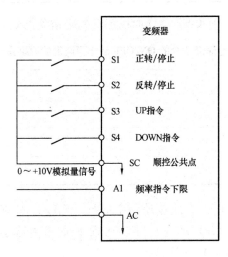

图 8-12 分配 UP/DOWN 指令时的连接示例

（6）在模拟量指令上加上、减去一定的频率（±速度）。±速度功能为通过两个触点信号的输入，在模拟量频率指令上加上或减去设定于 d4-02（±速度极

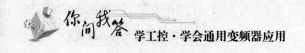

限）的频率的功能。

使用该功能时，对 H1-01～H1-06（多功能触点输入端子的 S3～S8 的功能选择）设定 1C（＋速度指令）和 1D（－速度指令）。务必将＋速度指令和－速度指令配对使用，对两个端子进行分配。±速度参数设置见表 8-23。

表 8-23　　　　　　　　　　　　　±速度参数设置

参数 NO	名称	内　容	设定范围	出厂设定	运行中的变更	不带 PG 的 V/f	带 PG 的 V/f	不带 PG 的矢量	带 PG 的矢量	MEMOBUS 寄存器
						控制模式				
d1-04	＋，－速度极限	以最高输出频率为100%，以％为单位设定对模拟量频率指令进行加减运算的频率　在多功能输入中已设定了"＋速度指令"或"－速度指令"时有效	0～100%	10%	×	A	A	A	A	299H

由±速度指令的 ON/OFF 动作而设定的频率指令见表 8-24。

表 8-24　　　　　由±速度指令的 ON/OFF 动作而设定的频率指令

频率指令	设定频率指令 ＋d1-04	设定频率指令 －d1-04	设定频率指令	
＋速度指令端子	ON	OFF	ON	OFF
－速度指令端子	OFF	ON	ON	OFF

（7）无正转/反转指令而使点动频率运行（FJOG/RJOG）。FJOG/RJOG 指令是通过端子的 ON/OFF 动作，以点动频率使变频器运行的功能。如使用 FJOG/RJOG 指令，无须输入运行指令。

使用该功能时，请将 H1-01～H1-06（多功能触点输入端子 S3～S8 的功能选择）设定为 12（FJOG 指令）或 13（RJOG 指令）。点动频率指令参数设置见表 8-25。

表 8-25   **点动频率指令参数设置**

参数 NO	名称	内　容	设定 范围	出厂 设定	运行 中的 变更	控制模式				MEMOBUS 寄存器
						不带 PG 的 V/f	带 PG 的 V/f	不带 PG 的矢量	带 PG 的矢量	
d1-17	点动 频率 指令	多功能输入 "点动频率选 择"、"FJOG 指 令"、"RJOG 指 令"为 ON 时的 频率指令	0.00～ 300Hz①②	6.00Hz	O	Q	Q	Q	Q	292H

注　显示单位可通过 0.1～0.3（频率指令的显示/设定单位）进行设定，0.1～0.3 的出厂定为 0（以 0.01Hz 为单位）。

①E1-04 的上限值不同，设定值上限也不同。

②将 C6-01 设定为 1 时，设定上限为 400.00。

多功能触点输入（H1-01～H1-06）参数设置见表 8-26。

表 8-26   **多功能触点输入参数设置**

设定值	功　能	控制模式			
		不带 PG 的 V/f	带 PG 的 V/f	不带 PG 的矢量	带 PG 的矢量
12	FJOG 指令（ON：以点动频率 d1-17 进行正转运行）	O	O	O	O
13	RJOG 指令（ON：以点动频率 d1-17 进行反转运行）	O	O	O	O

（8）将外围机器的故障通知变频器，停止变频器的运行（外部故障功能）。外部故障功能在变频器外围机器发生故障时，会使故障触点输出动作并停止变频器运行。此时，数字操作器将显示 Efx"外部故障（输入端子 Sx）"。Efx 中的"x"表示输入外部故障信号的端子编号。例如，如果给端子 S3 输入了外部故障信号，将显示 EF3。

使用外部故障功能时，对 H1-01～H1-06（多功能接点输入端子 S3～S8 的功能选择）设定 20～2F 的值。

从以下三种条件的组合中，选择要设定到 H1-01～H1-06 中的数值。

1）来自外围机器的信号输入方式。

2）外部故障的检出方法。

3）外部故障检出时的动作。

外部故障功能各条件组合与 H1-□□设定值的关系见表 8-27。

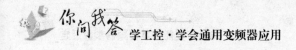

表 8-27　　　　外部故障功能各条件组合与 **H1-□□**设定值的关系

设定值	输入方式 1		故障检出方式 2		故障检出时的动作			
	动合触点	动断触点	常时检出	运行时检出	减速停止（故障）	自由运行停止（故障）	紧急停止（故障）	继续运行（警告）
20	O		O		O			
21		O	O		O			
22	O			O	O			
23		O		O	O			
24	O		O			O		
25		O	O			O		
26	O			O		O		
27		O		O		O		
28	O		O				O	
29		O	O				O	
2A	O			O			O	
2B		O		O			O	
2C	O		O					O
2D		O	O					O
2E	O			O				O
2F		O		O				O

注　1. 请对输入方式设定是通过信号 ON 还是信号 OFF 来检出故障。动合触点：ON 表示外部故障。动断触闭接点：OFF 表示外部故障

　　2. 请设定用常时或运行中来检测故障的检出方式。常时检出：普通变频器通电时检出。运行检出：仅在变频器运行时检出。

问 10　**欧姆龙变频器输出端子多功能触点输出参数选择包括哪些内容？**

答：欧姆龙变频器输出端子多功能触点输出参数选择见表 8-28。

表 8-28　　　　　　　多功能触点输出参数选择

参数 NO	名　称	内　容	设定范围	出厂设定	运行中的变更	控制模式				MEMOBUS 寄存器	参考页码
						不带 PG 的 V/f	带 PG 的 V/f	不带 PG 的矢量	带 PG 的矢量		
H2-01	端子 M1、M2 的功能选择（触点）	多功能触点输出	0～3D	0	×	A	A	A	A	40BH	—

续表

参数 NO	名 称	内 容	设定范围	出厂设定	运行中的变更	不带PG的V/f	带PG的V/f	不带PG的矢量	带PG的矢量	MEMOBUS寄存器	参考页码
								控制模式			
H2-02	端子 P1 的功能选择（开路集电极）	多功能触点输出 1	0～3D	1	X	A	A	A	A	40CH	—
H2-03	端子 P2 的功能选择（开路集电极）	多功能触点输出 2	0～3D	2	X	A	A	A	A	40DH	—

问 11 多功能触点输出参数设定包括哪些内容？

答：多功能触点输出参数设定见表 8-29。

表 8-29　　　　多功能触点输出参数设定

设定值	功 能	不带PG的V/f	带PG的V/f	不带PG的矢量	带PG的矢量
		控制模式			
0	运行中（ON：运行指令 ON 或电压输出时）	O	O	O	O
1	零速	O	O	O	O
2	频率（速度）一致 1（L4-02）	O	O	O	O
3	任意频率（速度）一致 1（ON 输出频率＝±L4-01，使用 L4-02 且频率一致）	O	O	O	O
4	频率（FOUT）检出 1（ON：＋L4-01≥－L4-01，使用 ≥L4-02）	O	O	O	O
5	频率（FOUT）检出 2（ON：＋L4-01≥－L4-01，使用 ≥L4-02）	O	O	O	O
6	变频器运行准备就绪（READY）准备就绪：初期处理结束，无故障的状态	O	O	O	O
7	主回路低电压（UV）检出中	O	O	O	O
8	基极封锁中（ON：基极封锁中）	O	O	O	O
9	频率指令选择状态（ON：操作器）	O	O	O	O
A	运行指令状态（ON：操作器）	O	O	O	O

续表

设定值	功　　能	控制模式			
		不带 PG 的 V/f	带 PG 的 V/f	不带 PG 的矢量	带 PG 的矢量
B	过转矩/转矩不足检出 1NO（动合触点：ON 时过转矩检出/转矩不足检出）	O	O	O	O
C	频率指令丧失中（当 L4-05 设置为 1 时有效）	O	O	O	O
D	安装型制动电阻不良（ON：电阻过热或制动晶体管故障）	O	O	O	O
E	故障［ON：数字式操作器发生了通信故障（CPF00，CPF1）以外的故障］	O	O	O	O
F	未使用（请在不使用端子时设定）	O	O	O	O
10	轻微故障（ON：显示警告时）	O	O	O	O
11	故障复位中	O	O	O	O
12	定时功能输出	O	O	O	O
13	频率（速度）一致 2（使用 L4-04）	O	O	O	O
14	任意频率（速度）一致 2（ON：输出频率 L4-03，使用 L4-04 且频率一致）	O	O	O	O
15	频率（FOUT）检出 3（ON：输出频率≤L04-03，使用 L4-04）	O	O	O	O
16	频率（FOUT）检出 4（ON：输出频率≥L04-03，使用 L4-04）	O	O	O	O
17	过转矩/转矩不足 1NC（动断触点：OFF 时过转矩检出/转矩不足检出）	O	O	O	O
18	过转矩/转矩不足 2NO（动断触点：ON 时过转矩检出/转矩不足检出）	O	O	O	O
19	过转矩/转矩不足 2NC（动断触点：OFF 时过转矩检出/转矩不足检出）	O	O	O	O
1A	反转中（ON：反转中）	O	O	O	O
1B	基极封锁 2（OFF，基极封锁中）	O	O	O	O
1C	电动机选择（电动机 2 选择中）	O	O	O	O
1D	再生动作中（ON：再生动作中）	×	×	×	O
1E	故障重试中（ON：故障重试中）	O	O	O	O

续表

设定值	功　　能	控制模式			
		不带 PG 的 V/f	带 PG 的 V/f	不带 PG 的矢量	带 PG 的矢量
1F	电动机过载 OL1（含量 OH3）预警（ON：检出值的 905 以上）	O	O	O	O
20	变频器过热 OH 预警（ON：温度在 L8-02 以上）	O	O	O	O
30	转矩极限（电流限制）中（ON：转矩极限中）	×	×	O	O
31	速度极限中（ON：速度极限中）	×	×	×	O
32	速度控制回路运作中（转矩控制用），但停止时除外 转矩控制选择时，限制来自外部的转矩指令（内部转矩指令＜外部转矩指令） 电动机速度以速度极限值旋转时输出	×	×	×	O
33	零伺服结束（ON：零伺服结束）	×	×	×	O
37	运行中 2（ON 频率输出时；OFF：基极封锁，直流制动、初始励磁、运行停止）	O	O	O	O
3D	内部冷却风扇故障检出中	O	O	O	O

问 12　欧姆龙 3G3RV 变频器模拟量监视的功能数据有哪些？

答：欧姆龙 3G3RV 变频器模拟量监视功能数据见表 8-30。

表 8-30　　　　　　　　　　模拟量监视功能数据

参数 NO	名称	内　容	设定范围	出厂设定	运行中的变更	控制模式				MEMO BUS 寄存器
						不带 PG 的 V/f	带 PG 的 V/f	不带 PG 的矢量	带 PG 的矢量	
H4-01	多功能模拟量输出 1（端子 FM）监视选择	设定需从多功能模拟量输出 1（端子 FM）输出的监视项目的编号（U1-□□ 的□□部分的值） 可设定的项目根据控制模式而异。4、10～14、25、28～31、34、35、39～43 不能设定	1～99	2	×	A	A	A	A	41DH

参数 NO	名称	内　　容	设定 范围	出厂 设定	运行中 的变更	控制模式				MEMO BUS 寄存器
						不带 PG 的 V/f	带 PG 的 V/f	不带 PG 的矢量	带 PG 的矢量	
H4-02	多功能 模拟量输 出 1（端 子 FM） 输出增益	设定多功能模拟量 输出 1 的电压增益。 　设定监视项目的 100％的输出是 10V 的几倍，但从端子输 出的电压最高 为 10V。 　有电压表调整功能	0.00～ 2.50	1.00	O	Q	Q	Q	Q	41EH
H4-03	多功能 模拟量输 出 1（端 子 FM） 偏置	设定多功能模拟量 输出 1 的电压偏置。 以 10V 作为 100％， 以％为单位设定使输 出特性上下平行移动 的量，但从端子输出 的电压最高为 10V。 　有电压表调整功能	−10.0～ +10.0	0.0％	O	A	A	A	A	41FH
H4-04	多功有 模拟量输 出 2 端子 监视	设定想要从多功能 模拟量输出 2（端子 AM）输出的监视项 目的编号（U1-□□ 的□□部分的值）。 　可设定的项目根据 控制模式而异。4、 10～14、25、38～ 31、34、35、38～43 不能设定	1～99	3	×	A	A	A	A	42OH
H4-05	多功能 模拟量输 出 2 端子 增益。	设定多功能模拟量 输出 2 的电压增益。 　设定监视项目的 100％的输出是 10V 的几倍，但从端子输 出的电压最高为 10V。 　有电压表调整功能	0.00～ 2.50	0.50	O	Q	Q	Q	Q	42IH

续表

参数 NO	名称	内 容	设定范围	出厂设定	运行中的变更	不带 PG 的 V/f	带 PG 的 V/f	不带 PG 的矢量	带 PG 的矢量	MEMOBUS 寄存器
						控制模式				
H4-06	多功能模拟量输出 2 端子偏置	设定多功能模拟量输出 2 的电压偏置。以 10V 作为 100%，以%为单位设定使输出特性上下平行移动的量，但从端子输出的电压最高为 10V。有电压表调整功能	−10.0～+10.0	0.0%	O	A	A	A	A	422H
H4-07	多功能模拟量输出 1 信号电平选择	设定多功能模拟量输出 1（端子 FM）的信号电平：0：0～+10V 输出；1：0～+10V 输出	0, 1	0	×	A	A	A	A	423H
F4-01	CH1 输出监视选择	使用模拟量监视卡时有效。监视选择：设定想输出的监视项目的编号（U1-□□的□□部分的数值）。	1～99	2	×	A	A	A	A	391H
F4-02	CH1 输出监视增益	可设定的项目根据控制模式而异。监视增益：设定监视项目的 100%的输出是 10V 的几倍	0.00～2.50	1.00	O	A	A	A	A	392H
F4-03	CH2 输出监视选择	4、10～14、25、28、31、34、35、39、40、42 不能设定。另外，29～31 为未使用。使用模拟量监视卡 A0-12 时，可输出 0～+10V，这时，请设定参数 F4-07、08 为 1。	1～99	3	×	A	A	A	A	393H
F4-04	CH2 输出监视增益	使用模拟量监视卡 A0-OS 时，只能输出 0～+10V，与 F4-07、OS 的设定无关。有电压表调整功能	0.00～25.0	0.50	O	A	A	A	A	394H

续表

| 参数 NO | 名称 | 内　容 | 设定范围 | 出厂设定 | 运行中的变更 | 控制模式 | | | | MEMO BUS 寄存器 |
						不带 PG 的 V/f	带 PG 的 V/f	不带 PG 的矢量	带 PG 的矢量	
F4-05	CH1 输出监视偏置	使用模拟量监视卡时，用 100%/10V 设定 CH1 项目的偏置	−10.0~ +10.0	0.0%	O	A	A	A	A	395H
F4-06	CH2 输出监视偏置	使用模拟量监视卡时，用 100%/10V 设定 CH2 项目的偏置	−10.0~ +10.0	0.0%	O	A	A	A	A	396H
H4-07	模拟量输出的信号电平 CH1	0：0~10V 1：−10~+10V	0.1	O	×	A	A	A	A	394H
F4-08	模拟量输出的信号电平 CH2	0：0~10V 1：−10~+10V	0.1	O	×	A	A	A	A	395H

(1) 选择模拟量监视项目。数字式操作器的监视项目〔U1-□□（状态监视）〕为来自多功能模拟量输出端子 FM-AC、AM-AC 的输出。设定 U1-□□（状态监视）的□□部分的值。另外，监视项目〔U1-□□（状态监视）〕能从模拟量监视卡 AO-08、AO-12 的模拟量输出选购件端子 CH1、CH2 上输出。

(2) 调整模拟量监视。多功能模拟量输出端子 FM-AC、AM-AC 的输出电压通过 H4-02、H4-03、H4-05、H4-06 的增益、偏置进行调整。另外，模拟量输出选购卡 AO-08、AO-12 的输出通道 1、2 的输出电压，由 F4-02、F4-05、F4-04、F4-06 的增益、偏置进行调整。

(3) 电压表的调整。变频器停止时，可以对端子 FM-AC、AM-AC 及 AO 选购卡的输出通道 1、2 进行调整。例如，当端子为 FM-AC 时，使用 H4-02 或 H4-03 调整。按 ENTER 键，显示数据设定画面，在端子 FM-AC 输出电压为"（10V/100%监视输出）×输出增益（H4-02）＋输出偏置（H4-03）"。

AO 选购卡的输出通道为通道 1 时，用 F4-02 或 F4-05 进行调整。按 EN-TER 键，显示数据设定画面在输出通道 1 上输出电压为"（10V/100%监视输出）×输出增益（H4-02）＋输出偏置（H4-05）"。

问 13 使用脉冲序列监视的相关参数有哪些?

答: 使用脉冲序列监视的相关参数见表 8-31。

表 8-31 使用脉冲序列监视的相关参数

参数 NO	名称	内 容	设定范围	出厂设定	运行中的变更	不带 PG 的 V/f	带 PG 的 V/f	不带 PG 的矢量	带 PG 的矢量	MEMO BUS 寄存器
						控制模式				
H6-06	脉冲序列监视选择	选择脉冲序列监视的输出项目（U1-□□的□□部分的数值） 监视项目有与速度相关的和与 PID 相关的两个项目	仅 1、2、5、20、24、36	2	O	A	A	A	A	431H
H6-07	脉冲序列比例	以 Hz 为单位设定 100%速度时的输出脉冲数 设定 H6-06＝2、H6-07＝2 时，脉冲序列监视将与输出频率同步输出	0～32 000Hz	1440Hz	O	A	A	A	A	432H

（1）选择脉冲序列监视项目。从脉冲序列监视端子 MP-AC 处输出数字式操作器的监视项目［U1-□□（状态监视）］。设定 U1-□□（状态监视）的□□部分的值。但可选择的监视仅为 U1-01、U1-02、U1-05、U1-20、U1-24、U1-36。

（2）调整脉冲序列监视。调整从脉冲序列监视端子 MP-SC 输出的脉冲频率。请给 H6-07 设定 100%输出频率时的输出脉冲频率。设定 H6-06＝2、H6-07＝0 时，输出与变频器的 U 相输出同步的频率。

问 14 欧姆龙变频器 3G3RV 通信用连接端子如何连接?

答: MEMOBUS 通信使用 S＋、S－、R＋、R－端子。终端电阻为：从 PLC 侧看时，仅将终端变频器 SW1 的 1 的 ON/OFF 开关设定为 ON。通信用连接端子如图 8-13 所示。

使用 RS-485 通信时，请按图 8-14 所示在变频器外部连接 S＋和 R＋、S－和 R－。

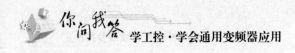

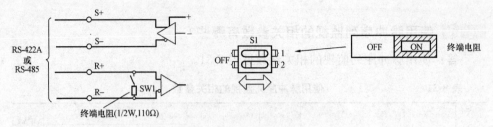

图 8-13 通信用连接端子

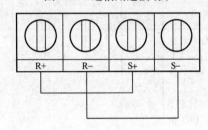

图 8-14 通信端子接线

问 15 变频器与 PLC 进行通信的步骤是什么?

答：变频器与 PLC 进行通信的步骤如下。

(1) 在电源 OFF 的状态下，连接 PLC 和变频器间的通信电缆。

(2) 接通电源。

(3) 通过数字式操作器设定通信所需的参数（H5-01～H5-07）。

(4) 切断电源，确认数字式操作器的显示全部消失。

(5) 再次接通电源。

(6) 与 PLC 进行通信。

问 16 与 PLC 进行通信的参数有哪些?

答：与 PLC 进行通信的参数见表 8-32。

表 8-32   与 PLC 进行通信的参数

参数 NO	名　称	内　　容	设定范围	出厂设定
b1-01	频率指令的选择	设定频率指令的输入方法： 0：数字式操作器； 1：控制回路端子（模拟量输入）； 2：MEMOBUS 通信； 3：选购卡； 4：脉冲序列输入	0～4	1

参数 NO	名　称	内　　容	设定范围	出厂设定
b1-02	运行指令的选择	设定运行指令的输入方法： 0：数字式操作器； 1：控制回路端子（顺控输入）； 2：MEMOBUS 通信； 3：选购卡	0～3	1
H5-01	从站地址	设定变频器的从站地址	0～20	1FH
H5-02	通信速度的选择	选择 6CN 的 MEMOBUS 通信的通信速度： 0：1200bit/s； 1：2400bit/s； 2：4800bit/s； 3：9600bit/s； 4：19200bit/s；	0～4	3
H5-03	通信校验的选择	选择 6CN 的 MEMOBUS 通信的校验： 0：校验无效； 1：偶数校验； 2：奇数校验	0～2	0
H5-04	通信错误检出时的动作选择	选择通信错误检出时的停止方法： 0：减速停止（按 C1-02 的减速时间停止）； 1：自由运行停止； 2：紧急停止（按 C1-09 的减速时间停止）； 3：继续运行	0～3	3
H5-05	通信错误检出选择	选择是否将通信超时作为通信错误检出： 0：无效； 1：有效	0，1	1
H5-06	送信等待时间	设定变频器从受信到发送开始的时间	5～65ms	5ms
H5-07	RTS 控制有/无	选择 RTS 控制的有效/无效： 0：无效（RTS 时常为 ON）； 1：有效（只有在发送时 RTS 为 ON）	0，1	1

问 17 将变频器连接至 PLC 如何操作？

答：（1）串行通信板/单元的连接器端子排布。CS1W-SCB41-V1、CJ1W-SCU41-V1 和 C200HW-COM06-V1 串行通信板/单元的连接器端子排布如图 8-15 所示。

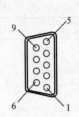

学工控·学会通用变频器应用

端子编号	代码	信号名称	I/O	端子编号	代码	信号名称	I/O
1	SDA	发送数据 (−)	输出	6	RDA	接收数据 (−)	输入
2	SDB	发送数据 (+)	输出	7	NC	—	—
3	NC	—	—	8	RBD	接收数据 (+)	输入
4	NC	—	—	9	NC	—	—
5	NC	—	—	帧	FG	FG	—

图 8-15　串行通信板/单元的连接器端子排布

（2）RS-485 和 RS-422A 的标准接线图。

1）RS-485（2 线）的标准接线图如图 8-16 所示。

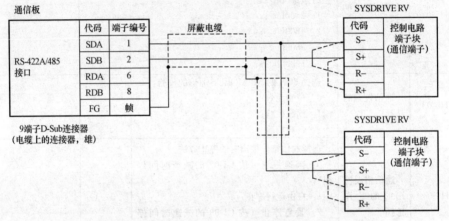

注：打开末端变频器的终端电阻开关。关闭所有其他变频器的终端电阻开关。

图 8-16　RS-485 的标准接线图

2）RS-422A（4 线）的标准接线图如图 8-17 所示。

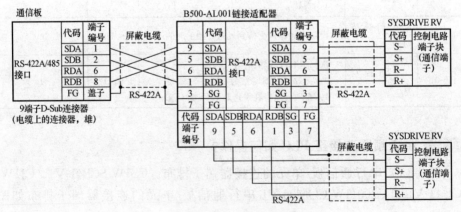

注：打开所有变频器的终端电阻开关。

图 8-17　RS-422A 的标准接线图

问 18 欧姆龙 3G3RV 高性能矢量变频器 PID 控制功能有哪些?

答: 欧姆龙 3G3RV 高性能矢量变频器 PID 控制是使反馈值 (检出值) 与设定的目标值一致的控制方式。根据比例控制 (P)、积分控制 (I)、微分控制 (D) 的组合,也可控制有空闲时间的对象 (机械系统)。

PID 控制的各动作的特长如下。

(1) PID 控制的动作。

1) P 控制:输出与偏差成比例的操作量。但只靠 P 控制不能使偏差为零。

2) I 控制:输出对偏差进行积分的操作量。在使反馈值与目标值一致时有效。但无法适应急剧的变化。

3) D 控制:输出对偏差进行微分的操作量。可对急剧的变化尽快做出响应。

(2) PID 控制的用途。使用变频器的 PID 控制的用途示例见表 8-33,欧姆龙 3G3RV-ZV 变频器的 PID 控制参数见表 8-34。

表 8-33 变频器的 PID 控制的用途

用途	控 制 内 容	所用传感器示例
速度控制	反馈机械的速度信息,使速度与目标值一致 用其他机械的速度信息作为目标值输入,反馈实际的速度进行同步控制	转速传感器
压力控制	反馈压力信息,对压力进行一定的控制	压力传感器
流量控制	反馈流量信息,进行高精度的流量控制	流量传感器
温度控制	反馈温度信息,通过旋转风扇进行温度调节控制	热电偶 热敏电阻

表 8-34 欧姆龙 3G3RV-ZV1 变频器的 PID 控制参数

参数 NO	名 称	内 容	设定范围	出厂设定
b5-01	PID 控制的选择	0:PID 控制无效; 1:PID 控制有效 (对偏差进行 D 控制); 2:PID 控制有效 (对反馈值进行 D 控制); 3:PID 控制有效 (频率指令＋PID 输出,对偏差进行 D 控制); 4:PID 控制有效 (频率指令＋PID 输出,对反馈值进行 D 控制)	0~4	0
b5-02	比例增益 (P)	用倍率设定 P 控制的比例增益 设定为 0.00 时,P 控制不动作	0.00~25.00	1.00

续表

参数 NO	名　称	内　容	设定范围	出厂设定
b5-03	积分时间（I）	以秒为单位设定 I 控制的积分时间，设定为 0.0s 时，I 控制不动作	0.0～360.0s	1.0s
b5-04	积分时间（I）的上限值	最高输出频率为 100%，以%为单位设定 I 控制后的上限值	0.0～100.0%	100.0%
b5-05	微分时间（D）	以秒为单位设定 D 控制的微分时间，设定为 0.0s 时，D 控制不动作	0.00～10.00s	0.00s
b5-06	PID 的上限值	最高输出频率为 100%，以%为单位设定 PID 控制后的上限值	0.0～100.0%	100.0%
b5-07	PID 偏置调整	最高输出频率为 100%，以%为单位设定 PID 控制后的上限值	−100.0～+100.0%	0.0%
b5-08	PID 的一次延迟时间参数	以秒为单位设定对应 PID 控制的输出的低通滤波时间参数，通常无需设定	0.00～10.00s	0.00s
b5-09	PID 输出的特性选择	选择 PID 输出的正/反特性： 0：PID 的输出为正特性； 1：PID 的输出为反特性（反转输出符号）	0，1	0
b5-010	PID 输出增益	设定 PID 输出增益	0.0～25.0	1.0
b5-11	PID 输出的反转选择	0：PID 输出为负时，极限为 0； 1：PID 的输出为负时，反转在 b1-04 上设定为禁止反转时，则极限为 0	0，1	0
b5-012	PID 反馈指令丧失检出选择	0：无 PID 反馈丧失检出； 1：有 PID 反馈丧失检出，检出时继续运行，故障接点不动作 2：有 PID 反馈丧失检出，检出时自由运行停止，故障接点动作	0～2	0

问 19　欧姆龙变频器设定的电动机参数包括哪些内容？

　　答：欧姆龙 3G3RV 变频器在矢量控制模式下，电动机的参数将通过自学习自动设定。如果自学习不能正常结束，应按该变频器使用手册进行设定（输入）。电动机参数见表 8-35。

表 8-35　　　　　　　　　欧姆龙 23G3RV-ZV1 变频器电动机参数

参数 NO	名称	内　容	设定范围	出厂设定
E2-01	电动机额定电流	以 A 为单位设定电动机额定电流。 该设定值为电动机保护、转矩限制、转矩控制的基准值，自学习时自动设定	0.32～ 6.40A	1.90A
E2-02	电动机额定滑差	以 Hz 为单位设定电动机额定滑差。 该设定值将为滑差补偿的基准值，自学习时自动设定	0.00～ 20.00Hz	2.90Hz
E2-03	电动机空载电流	以 A 为单位设定电动机的空载电流，自学习时自动设定	0.00～1.89A	1.20A
E2-04	电动机极数 （极数）	设定电动机极数，自学习时自动设定	2～48	4 极
E2-05	电动机线间电阻	以 Ω 为单位设定电动机线间电阻，自学习时自动设定	0.000～ 65 000Ω	9.842Ω
E2-06	电动机泄漏电感	以电动机额定电压的百分比来设定因电动机泄漏电感而引起的电压降的量，自学习时自动设定	0.0～40.0%	18.2%
E2-07	电动机铁心 饱和系数 1	设定磁通为 50% 时的铁心饱和系数，自学习时自动设定	0.00～0.50	0.50
E2-08	电动机铁心 饱和系数 2	设定磁通为 75% 时的铁心饱和系数，自学习时自动设定	0.50～0.75	0.75
E2-09	电动机的 机械损失	以电动机额定输出容量（W）为 100%，以 % 为单位设定电动机的机械损失，通常无需设定，请在以下情况时调整： ●由电动机轴承引起的损失较大时 ●风扇和泵的转矩损失较大时 设定的机械损失将被转矩补偿	0.0～ 10.0%	0.0
E2-10	转矩补偿的 电动机铁损	以 W 为单位设定电动机铁损	0～65 535W	14W
E2-11	电动机额定容量	以 0.01kW 为单位设下电动机额定容量，自学习时自动设定	0.00～ 650.00kW	0.40kW

问 20　欧姆龙变频器电动机参数如何设定？

答：欧姆龙变频器电动机参数的设定方法如下所示，请参照电动机测试报告

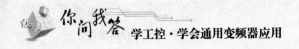

进行设定（输入）。

（1）电动机额定电流的设定。请将电动机铭牌上标明的额定电流设定给 E2-01。

（2）电动机额定滑差的设定。请通过电动机铭牌上标明的额定转速来计算电动机的额定滑差，并将其设定给 E2-02。

电动机额定滑差量＝电动机额定频率［Hz］－额定转速［min^{-1}］×电动机极数/120

（3）电动机空载电流的设定。请给 E2-03 设定电动机在额定电压、额定频率时的空载电流。电动机空载电流在电动机铭牌上一般没有标明，请向电动机生产厂家垂询。

（4）电动机极数的设定。E2-04 仅在选择了带 PG 的 V/f 控制模式或带 PG 的矢量控制模式时显示。请设定电动机铭牌上标明着的电动机极数。

（5）电动机线间电阻的设定。当进行电动机线间电阻自学习时，E2-05 将自动被设定。如果不能进行自学习，请向电动机生产厂家询问电动机线间电阻的相关事项。请根据电动机测试报告的线间电阻值，通过以下公式计算电阻值后再进行设定。

1）E 种绝缘：测试报告的 75℃时的线间电阻值（Ω）×0.92。

2）F 种绝缘：测试报告的 115℃时的线间电阻值（Ω）×0.87。

（6）电动机泄漏电感的设定。在 E2-06 上，请以相对电动机额定电压的百分比值设定电动机泄漏电感引起的电压下降量。当为高速电动机等电感量较小的电动机时进行设定。该数据在电动机铭牌上没有标明，请向电动机生产厂家垂询。

（7）电动机铁心饱和系数 1、2 的设定。E2-07 和 E2-08 通过旋转形自学习自动设定。

（8）电动机机械损失的设定。E2-09 仅在带 PG 的矢量控制模式下显示。请在以下情况时进行调整（通常无需变更设定）。设定的机械损失将被转矩补偿。

1）由电动机轴承引起的损失较大时。

2）风扇和泵的转矩损失较大时。

（9）转矩补偿的电动机铁损的设定。

E2-10 仅在 V/f 控制模式时显示。为提高 V/f 控制时的转矩补偿精度，请以 W 为单位设定电动机铁损。

（10）电动机额定容量的设定。请将电动机铭牌上标明的额定容量设定在 E2-11 上。

问 21 欧姆龙矢量变频器 V/f 曲线的控制模式参数包括哪些内容？

答： 欧姆龙 3G3RV 矢量变频器 V/f 控制模式根据需要设定变频器输入电压及 V/f 曲线，参数见表 8-36。

表 8-36   V/f 控制模式参数

参数 NO	名称	内容	设定范围	出厂设定
E1-01	输入电压设定	以 1V 为单位设定变频器的输入电压，该设定值为保护功能等的基准值	155～255V	200V
E1-03	V/f 曲线选择	0～E：从 15 种固定 V/f 曲线中选择 F：任意 V/f 曲线（可设定 E1-04-10）	0～F	F
E1-04	最高输出频率（f_{max}）		40.0～300.0Hz	50.0Hz
E1-05	最大电压（V_{max}）		0.0～255.0V	200.0V
E1-06	基本频率（f_a）		0.0～300.0Hz	50.0Hz
E1-07	中间输出频率（f_b）		0.0～300.0Hz	2.5Hz
E1-08	中间输出频率电压（V_c）	如果要使 V/f 特性呈直线，请将 E1-07 与 E1-09 设定为相同的值。此时，忽略 E1-08 的设定值。	0.0～255.0V	15.0V
E1-09	最低输出频率（f_{min}）	请务必按如下方式设定 4 个频率。 E1-04（f_{max}）≥E1-06（f_a）＞E1-07（f_b）≥E1-09（f_{min}）	0.0～300.0Hz	1.2Hz
E1-10	最低输出频率（V_{min}）		0.0～255.0V	9.0V
E1-11	中间输出频率 2		0.0～300.0Hz	0.0Hz
E1-12	中间输出频率电压 2	仅在恒定输出域对 V/f 进行微调时设定，通常无需设定	0.0～255.0V	0.0V
E1-13	基本电压（V_{base}）		0.0～255.0V	0.0V

（表中内容栏含图：输出电压(V) 对 频率(Hz) 的 V/f 曲线，标注 V_{max}（E1-05）(V_{babe})（E1-13）、V_c（E1-09）、V_{min}（E1-10），横轴 f_{min}（E1-09）、f_b（E1-07）、f_a（E1-06）、f_{max}（E1-04））

问 22 如何设定变频器输入电压？

答： 请将 E1-01 与电源电压对照后，正确设定变频器输入电压。该设定值为

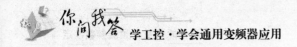

保护功能等的基准值。

问 23 如何设定 V/f 曲线？

答： 选择不带 PG 的 V/f 控制、带 PG 的 V/f 控制时，向 E1-03 中设定 V/f 曲线。V/f 曲线的设定方法有两种：从预先设定的 15 种曲线（设定值：0~E）中选择一种以及设定任意的 V/f 曲线（设定值：F）。

E1-03 的出厂设定值为 F。出厂设定 F 和 E1-03 上设定 1 时相同。

从预先设定的曲线中选择时，请参照表 8-37。

表 8-37　　　　　　　　　　V/f 曲线从预先设定的曲线中选择

特性	用途	设定值	规格
恒定转矩特性	适用于一般用途的曲线，像进行直线运动的搬送装置等，不管旋转速度如何，负载转矩固定不变时使用此曲线	0（F）	50Hz 规格
		1	60Hz 规格
		2	60Hz 规格、50Hz 时电压饱和
		3	72Hz 规格、60Hz 时电压饱和
递减转矩特性	如风扇、泵等，转矩为转速的 2 次方或 3 次方时，使用该曲线	4	50Hz 规格、3 次方递减
		5	50Hz 规格、2 次方递减
		6	60Hz 规格、3 次方递减
		7	60Hz 规格、2 次方递减
高起动转矩	请仅在以下情况时选择高起动转矩的 V/f 曲线 ●变频器-电机间的接线距离较长（150m 以上） ●起动时需要有较大的转矩（升降机等负载） ●AC 电抗器插入在变频器的输入或输出上 ●运行最大适用电动机以下的电动机	8	50Hz 规格、起动转矩中
		9	50Hz 规格、起动转矩大
		A	60Hz 规格、起动转矩中
		B	60Hz 规格、起动转矩大
恒定输出运行	以 60Hz 以上的频率进行旋转的曲线，在 60Hz 以上的频率上施加一定的电压	C	90Hz 规格、60Hz 时电压饱和
		D	120Hz 规格、60Hz 时电压饱和
		E	180Hz 规格、60Hz 时电压饱和

问 24 V/f 曲线设定过程如何操作？

答： 200V 级时 2.2～45kW 的 V/f 曲线设定如图 8-18 所示。400V 级时，电压值均为 2 倍。

· 恒定转矩特性（设定值0～3）

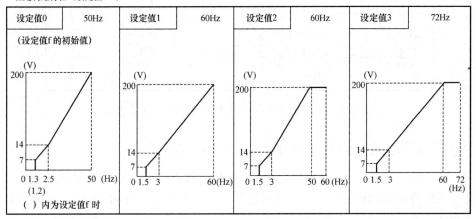

· 递减转矩特性（设定值4～7）

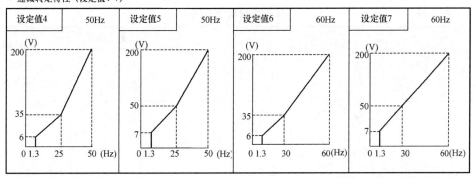

· 高启动转矩行（设定值8～B）

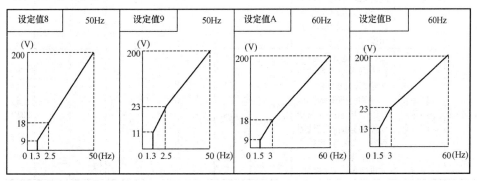

图 8-18　200V 级时 2.2～45kW 的 V/f 曲线设定（一）

• 恒定输出运行（设定值C~E）

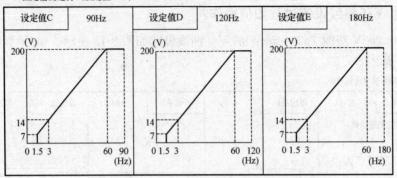

图 8-18　200V 级时 2.2～45kW 的 V/f 曲线设定（二）

问 25 **欧姆龙变频器转矩控制参数包括哪些内容？**

答： 欧姆龙 3G3RV 变频器在带 PG 的矢量控制中，通过模拟量输入的转矩指令可以控制电动机输出转矩。在进行转矩控制时，应设定 d5-0＝1。转矩控制指令参数见表 8-38，多功能触点参数见表 8-39。

表 8-38　　　　　　　　　　　转矩控制指令参数

参数 NO	名称	内　容	设定范围	出厂设定	运行中的变更	控制模式				MEMO BUS 寄存器
						不带 PG 的 V/f	带 PG 的 V/f	不带 PG 的矢量	带 PG 的矢量	
d5-01	转矩控制选择	0：速度控制（用 05-01-07 控制） 1：转矩控制 只能在 PG 的矢量控制模式下使用。使用速度控制/转矩控制的切换功能时设为 0，请向多功能输入设定速度/转矩控制切换	0, 1	0	×	×	×	×	A	29AH
d5-02	转矩指令的延迟时间参数	以 ms 为单位设定转矩指令滤波器的一次延迟时间参数 在调整转矩指令信号的干扰消除和与指令控制器的响应性时有效，如在转矩控制中发生振动时，请增大设定值	0～1000ms	0ms	×	×	×	×	A	29BH

210

参数 NO	名称	内　　容	设定范围	出厂设定	运行中的变更	不带 PG 的 V/f	带 PG 的 V/f	不带 PG 的矢量	带 PG 的矢量	MEMO BUS 寄存器
						控制模式				
d5-03	速度极限选择	设定进行转矩控制时的速度极限指令方法　1：用频率指令（查看 b1-1）限制　2：用 d5-04 的设定值限制	1, 2	1	×	×	×	×	A	29CH
d5-04	速度极限	以最高输出频感兴趣率为 100%，以% 为单位设定转矩控制中的速度极限　在 d5-03 设定为 2 时有效，和运行指令同方向为＋设定，反方向为－设定	−120%～+120%	0%	×	×	×	×	A	29DH
d5-05	速度极限偏置	以最高输出频率为 100%，以% 为单位设定速度极限值的偏置　指定的速度极限值的偏置用于速度极限值的余量调整	0～120%	10%	×	×	×	×	A	29EH
d5-06	速度/转矩控制切换保持时间	多功能输入速度/转矩控制切换被输入（OFF—ON 或 ON—OFF）以后，以 ms 为单位设定到换为止的时间　在向多功能输入设定速度/转矩控制切换时有效　在速度/转矩控制切换保持时间内，模拟量输入（转矩指令，速度极限值）一直保持速度/转矩控制切换变化时的值，在此时间内，请完成初步的切换准备工作	0～1000ms	0ms	×	×	×	×	A	29FH

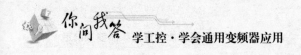

续表

参数 NO	名称	内　　容	设定范围	出厂设定	运行中的变更	控制模式				MEMO BUS 寄存器
						不带 PG 的 V/f	带 PG 的 V/f	不带 PG 的矢量	带 PG 的矢量	
H3-04	多功能模拟量输入端子 A3 信号电平选择	0：0～+10V 1：0～+10V	0，1	0	×	A	A	A	A	413H
H3-05	多功能模拟量输入端 A3 功能选择	向端子 A3 上设定多功能模拟量输入	0～1F	1F	×	A	A	A	A	414H
H3-06	多功能模拟量输入端子 A3 输入增益	以％为单位设定10V 输入时的各功能的指令量 以用 H3-05 选择的多功能模拟量输入的"100％的内容"为100％进行设定	0.0～1000.0％	100.0％	O	A	A	A	A	415H
H3-07	多功能模拟量输入端子 A3 输入偏置	以％为单位设定10V 输入时的各功能的指令量 以用 H3-05 选择的多功能模拟量输入的"100％的内容"为100％进行设定	−100％～+100％	0.0％	O	A	A	A	A	416H
H3-08	多功能模拟量输入端子 A2 信号电平选择	0：0～+10V，有下限值 1：0～+10V，无下限值 2：4～20mA 电流/电压输入能过控制电路板上的开关进行切换	0～2	2	×	A	A	A	A	417H
H3-09	多功能模拟量输入端子 A2 功能选择	向端子 A2 上选择多功能模拟量输入功能	0～1F	0	×	A	A	A	A	418H

212

参数 NO	名称	内　容	设定 范围	出厂 设定	运行中 的变更	控制模式				MEMO BUS 寄存器
						不带 PG 的 V/f	带 PG 的 V/f	不带 PG 的矢量	带 PG 的矢量	
H3-10	多功能 模拟量输 入端子 A2 输入 增益	以％为单位设定 10V（20mA）输入 时的各功能的指令量 以用 H3-09 选择 的功能的“100％的 内容”为100％进行 设定	0.0～ 1000.0%	100.0%	O	A	A	A	A	419H
H3-11	多功能 模拟量输 入端子 A2 输入 偏置	以％为单位设定 10V（20mA）输入 时的各功能的指令量 以用 H3-09 选择 的功能的“100％的 内容”为100％进行 设定	−100% ～ +100%	0.0%	O	A	A	A	A	41AH

表 8-39　　　　　　多功能触点参数

多功能触点输入（H1-01～H1-06）

设定值	功　　能	控制模式			
		不带 PG 的 V/f	带 PG 的 V/f	不带 PG 的 矢量	带 PG 的 矢量
71	速度/转矩控制切换（ON：转矩控制有效）	×	×	×	O
78	外部转矩指令的极性反转指令（OFF：正 ON：负）	×	×	×	O

多功能触点输入（H3-05～H3-09）

设定值	功　　能	控制模式			
		不带 PG 的 V/f	带 PG 的 V/f	不带 PG 的 矢量	带 PG 的 矢量
0	与端子 A1 相加	O	O	O	O
13	转矩指令（速度控制时转矩极限）	×	×	×	O
14	转矩补偿	×	×	×	O

问 26 转矩指令的输入方法包括哪些？

答： 将 H3-09（多功能模拟量输入端子 A2 功能选择）或 H3-05（多功能模拟量输入端子 A3 功能选择）设定为 13（转矩指令）或 14（转矩补偿）后，可通过模拟量输入变更转矩指令。转矩指令的输入方法见表 8-40。

表 8-40　　　　　　　　　　转矩指令的输入方法

转矩指令的输入方法	指令部位	选择方法	备　　注
电压输入（−10～＋10V)	端子 A3～AC	H3-04＝1 H3-05＝13	转矩指令为 0～10V 时，H3-04＝0 但切换转矩指令的正/负时，请在多功能输入功能设定为 78 后进行
	端子 A2～AC［关闭开关 SW1 的 2（V 侧)］	H3-08＝1 H3-09＝13	转矩指令为 0～10V 时，H3-08＝0 但切换转矩指令的正/负时，请在多功能输入功能设定为 78 后进行 当 H3-09＝14 时，可作为转矩补偿输入使用
电流输入（4～20mA)	端子 A2～AC［打开开关 SW1R2（1 侧)］	H3-08＝2 H3-09＝13	切换转矩指令的正/负时，请在多功能输入功能设定为 78 后进行 当 H3-09＝14 时，可作为转矩补偿输入使用
选购卡 (AI～14B) (−10～＋10V)	TC2～TC4	F2-01＝0 H3-08＝1 H3-09＝13	当 H3-05＝14 时，可将 TC2～TC4 作为转矩补偿输入使用

问 27 转矩指令的方向如何设定？

答： 被电动机输出的转矩方向根据被输入模拟量信号的正负而定，与运行指令的方向（正转/反转）无关。转矩方向如下所示。

（1）模拟量指令为＋时：电动机正转方向的转矩指令（从电动机的输出轴处看，呈逆时针旋转)。

（2）模拟量指令为−时：电动机反转方向的转矩指令（从电动机的输出轴处看，呈顺时针旋转)。

问 28 转矩指令的输入方法应注意哪些事项？

答： 在进行转矩指令调整时，请考虑以下几点。

（1）转矩指令延迟时间（d5-02）的设定。设定转矩控制框图中的转矩指令一次延迟时间参数。该参数在转矩指令信号的干扰消除和与指令控制器响应性的调整时有效。如在转矩控制中发生振动时，请增大设定值。

（2）转矩补偿的设定。将多功能模拟量输入 A2 或 A3 端子设定为 14（转矩补偿）。转矩补偿通过设定负载侧的机械损失等的转矩损失量，可以将转矩损失量加到转矩指令中。

转矩补偿的方向根据输入信号的符号而定。

1）＋电压（电流）时为电动机正转方向的转矩补偿指令（从电动机输出轴看，呈逆时针方向）。

2）－电压时为电动机反转方向的转矩补偿指令（从电动机输出轴看，呈顺时针方向）。

为此，当端子的信号电平为 0～10V 或 4～20mA 时，只能对正转方向赋予转矩补偿。如果要对反转方向赋予转矩补偿，请设定－10～＋10V 输入。

问 29　切换速度控制和转矩控制后如何操作？

答：将 H1-01～H1-06（多功能接点输入）设定为 71（速度/转矩控制切换）时，可进行速度控制和转矩控制的切换。设定速度/转矩切换功能的端子在 OFF 时为速度控制，ON 时为转矩控制。

使用速度/转矩控制切换功能时，请设定 d5-01＝0。

问 30　输入速度控制/转矩控制切换时的保持时间如何设置？

答：速度控制/转矩控制切换被输入以后，以 ms 为单位，可对 d5-06 设定到控制切换为止的时间。在速度/转矩控制切换保持的时间内，三个模拟量输入一直保持速度/转矩控制切换信号变化时的值。因此，请在该时间内完成外部信号的切换。

问 31　欧姆龙 3G3RV 变频器利用速度反馈进行速度控制的功能有哪些？

答：欧姆龙 3G3RV 变频器带 PG 的矢量控制时的速度控制（ASR）通过操作转矩指令，使得速度指令和速度检出值（PG 的反馈）的偏差值为 0。

带 PG 的 V/f 控制的速度控制的通过操作输出频率，使得速度指令和速度检出值（PG 的反馈）的偏差值为 0。

带 PG 的矢量控制和带 PG 的 V/f 控制时的速度控制框图如图 8-19 所示。速度控制参数见表 8-41，多功能触点输入参数见表 8-42。

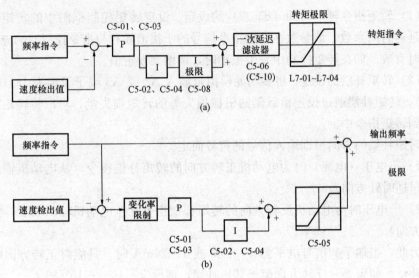

图 8-19 速度控制框图

（a）带 PG 的矢量控制时的速度控制框图；（b）带 PG 的 V/f 控制时的速度控制框图

表 8-41　　　　　　　　　　　　　速度控制参数

参数NO	名称	内　容	设定范围	出厂设定	运行中的变更	控制模式				MEMOBUS寄存器
						不带PG的V/f	带PG的V/f	不带PG的矢量	带PG的矢量	
C5-01	速度控制（ASR）的比例增益1（P）	设定速度控制环（ASR）的比例增益	1.00～300.00①	20.00②	O	×	A	×	A	21BH
C5-02	速度控制（ASR）的积分时间1（I）	以秒为单位设定速度控制环（SAR）的积分时间	0.000～10.000①	0.500s②	O	×	A	×	A	21CH
C5-03	速度控制（ASR）的比例增益2（P）	通常无需设定请在根据旋速度使增益变化时设定	0.00～300.00①	20.00②	O	×	A	×	A	21DH
X5-04	速度控制（ASR）的积分时间2（I）		0.000～10.000①	0.500s②	O	×	A	×	A	21EH

216

参数 NO	名称	内 容	设定范围	出厂设定	运行中的变更	控制模式				MEMO BUS 寄存器
						不带 PG 的 V/f	带 PG 的 V/f	不带 PG 的矢量	带 PG 的矢量	
C5-05	速度控制（ASR）极限	最高输出频率为 100%，以%为单位设定用速度控制环补偿频率的上限值	0.0～20.0%	5.0%	×	×	A	×	×	21FH
C5-06	速度控制（ASR）的一次延迟时间参数	以秒为单位设定由速度控制环（ASR）输出转矩指令时滤波时间参数 通常无需设定	0.000～0.500	0.004s	×	×	×	×	A	220H
C5-07	速度控制（ASR）增益切换频率	以 Hz 为单位，设定切换比例增益 1、2，积分时间 1、2 的频率。 多功能输入"速度控制（ASR）比例增益切换"将被优先执行	0.0～300.0%③	0.0Hz	×	×	×	×	A	221H
C5-08	速度控制（ASR）积分极限	以额定负载时为 100%，以%为单位设定速度控制环（ASR）积分量的上限值	0～400%	400%	×	×	×	×	A	222H

①在带 PG 的控制中，设定范围为 0.00～300.00（表中为带 PG 矢量控制的设定范围）。

②如果变更控制模式，出厂设定也随之变化（表中为带 PG 的矢量控制的出厂设定值），请参照后面叙述的"根据控制模式（A1-02）出厂设定值发生变化的参数"。

③将 C8-01 设定为 1 时，设定上限为 400.0%。

表 8-42   多功能触点输入

多功能触点输入（H1-01～H1-06）

设定值	功 能	控制模式			
		不带 PG 的 V/f	带 PG 的 V/f	不带 PG 的矢量	带 PG 的矢量
D	带 PG 的 V/f 控制时速度控制时有效/无效 OFF：带 PG 的 V/f 控制的速度控制有效 ON：带 PG 的 V/f 控制的速度控制无效	×	O	×	O

续表

设定值	功　能	控制模式			
		不带 PG 的 V/f	带 PG 的 V/f	不带 PG 的矢量	带 PG 的矢量
E	速度控制积分复位 可进行速度控制环的 PI 控制/P 控制的切换	×	×	×	O
77	速度控制比例增益的切换 可进行比例增益 C5-01 和 C5-03 的切换 OFF：比例增益为 C5-01 的设定值 ON：比例增益为 C5-03 的设定值	×	×	×	O

问 32 带 PG 的矢量控制时的速度控制的增益调整如何进行？

答： 在实际负载状态下（连接机械状态），请调整 C5-01 及 C5-02。调整步骤如图 8-20 所示。

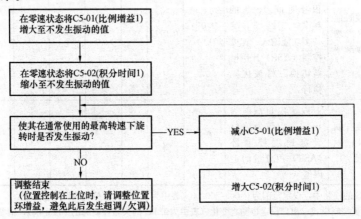

图 8-20　速度控制增益调整

（1）速度控制（ASR）的比例增益的微调（C5-01）。这是调整速度控制（ASR）响应的增益。增大设定值时，响应性将提高。通常，负载越大设定值也越大。但是，设定值过大电动机会发生振动。操作速度控制（ASR）的比例增益时的响应示例如图 8-21 所示。

（2）速度控制（ASR）的积分时间 1 的微调（C5-02）。设定速度控制（ASR）的积分时间。积分时间长，则响应性将降低，相对外力的反作用力也将变弱。积分时间过短，将会发生振动。操作速度控制（ASR）的积分时间的响应示例如图 8-22 所示。

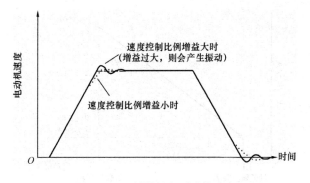

图 8-21　比例增益变更时的响应

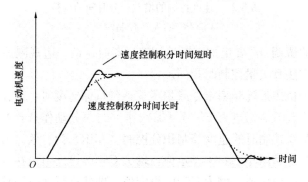

图 8-22　积分时间变更时的响应

问 33　带 PG 的 V/f 控制时的速度控制的增益调整如何进行？

答： 在带 PG 的 V/f 控制时，请用 E1-09（最低输出频率）和 E1-04（最高输出频率）分别设定速度控制的比例增益（P）及积分时间（I）。

如图 8-23 所示，通过调整电动机速度，比例增益（P）和积分时间（I）被线性改变。

（1）最低输出频率的增益调整。用最低输出频率使电动机旋转。请在不发生振动的范围内增大 C5-03 的设定值。接着，请在不发生振动的范围内减小 C5-04 设定值。

监视变频器的输出电流，确认是否在变频器额定输出电流的 50% 以下。超过 50% 时，请减小 C5-03 设定值，增大 C5-04 设定值。

（2）最高输出频率的增益调整。用最高输出频率使电动机旋转。请在不发生振动的范围内增大 C5-01 设定值。接着，请在不发生振动的范围内减小 C5-02 设定值。

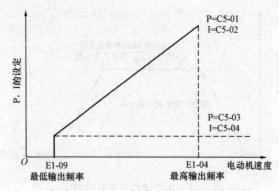

图 8-23　速度控制的增益积分时间的调整
（带 PG 的 V/f 控制时）

（3）增益的微调。需要更加细微地调整增益时，请一边观测速度波形一边进行微调。调整方法和矢量控制时相同。

在加减速中也想追随频率指令或想尽量达到目标速度时，请在加减速中也将积分动作设定为有效。通过将 F1-07（加减速中的积分动作选择）设定为 1，可以使带 PG 的 V/f 控制时的速度控制积分控制（ASR）为有效。另外，在加速结束时发生超调时，请减小 C5-01 设定值，增大 C5-02 设定值。在停止时发生欠调时，请减小 C5-03 设定值，增大 C5-04 设定值。即使进行增益调整后也不能消除速度的超调和欠调时，请在减小速度控制的 C5-05 设定值后，再减小频率指令的补偿值限制。

问 34　进行带 PG 的速度控制模式的参数包括哪些？

答：以下对带 PG 的 V/f 控制及带 PG 的矢量控制模式的各种功能进行说明，其参数见表 8-43。

表 8-43　　　　　　　　　　　PG 矢量控制模式参数

参数 NO	名　称	内　　容	设定范围	出厂设定
F1-01	PG 参数	设定使用 PG（脉冲发生器、编码器）脉冲数 以电动机每旋转一周的脉冲数设定不成倍递增的值	0～60 000	600
F1-02	PG 断线检出（PGO）时的动作选择	设定 PG 断线检出（PGO）时的停止方法 0：减速停止（按 C1-02 的减速时间停止） 1：自由运行停止 2：紧急停止（按 C1-09 的减速时间减速停止） 3：继续运行（为了保护电动机和机械，通常请勿设定）	0～3	1

续表

参数 NO	名 称	内 容	设定范围	出厂设定
F1-03	过速（OS）发生时的动作选择	设定发生过速（OS）时的停止方法 0：减速停止（按 C1-02 的减速时间停止） 1：自由运行停止 2：紧急停止（按 C1-09 的减速时间减速停止） 3：继续运行（为了保护电动机和机械，通常请勿设定）	0～3	1
F1-04	速度偏差过大检出（DEV）时的动作选择	设定速度偏差达大（DEV）检出时的停止方法 0：减速停止（按 C1-02 的减速时间停止） 1：自由运行停止 2：紧急停止（按 C1-09 的减速时间减速停止） 3：继续运行（显示 DEV，继续运行）	0～3	3
F1-05	PG 旋转方向设定	0：电动机正转时，A 相超前 （电动机反转时，B 相超前） 1：电动机正转时，B 相超前 （电动机反转时，A 相超前）	0, 1	0
F1-06	PGF 输出分频比	设定 PG 速度控制卡的脉冲输出的分频比 分频比＝（1＋n）/m 　　　　（$n=0$, $m=1～32$） F1-06＝□□□ 　　　　n　m 仅在使用 PG 速度控制卡 PG-B2 时有效。 分频比的设定范围可为 1/32≤F1-06≤1	1～132	1
F1-07	加减速中的积分动作选择	设定加减速中积分动作的有效/无效 0：无效（加减速中积分功能不动作，恒速时动作） 1：有效（积分功能常时动作）	0, 1	0
F1-08	过速（OS）检出值	设定过速（OS）的检测方法 F1-08 设定值（以最高输出频率为 100%，以% 为单位设定）以上的频率持续时间超过 F1-09 设定的时间值时，将检出到过速	0～120%	115%
F1-09	过速（OS）检出时间		0.0～2.0s	0.0s
F1-10	速度偏差过大（DEV）检出值	设定速度偏差过大（DEV）的检测方法 F1-10 的设定值（以最高输出频率为 100%，以% 为单位设定）以上的速度偏差持续时间超过 F1-11 设定的时间时，将检出速度偏差过大 速度偏差是指电动机实际速度与指令的速度的差	0～50%	10%
F1-11	速度偏差过大（DEV）检出时间		0.0～10.0s	0.5s

参数 NO	名 称	内 容	设定范围	出厂设定
F1-12	PG 齿轮齿数 1	设定电动机和 PG 间齿轮的齿数（减速比） $\dfrac{\text{来自 PG 的输入脉冲数} \times 60}{\text{F1-01}} \times \dfrac{\text{F1-13}}{\text{F1-12}}$	0～1000	0
F1-13	PG 齿数齿数 2	任何一方被设定为 0 时，减速比＝1		0
F1-14	PG 断线检出时间	以秒为单位设定 PG 断线的检测时间	0.0～10.0s	2.0s

（1）设定 PG 脉冲数。以 p/r 为单位设定 PG（脉冲发生器/编码器）的脉冲数。给 F1-01 设定电动机每旋转一周的 A 相或 B 相的脉冲数。

（2）使 PG 旋转方向和电动机旋转方向一致。F1-05 是用于使 PG 的旋转方向和电动机旋转方向一致的参数。如图 8-24 所示，电动机正转时，设定 PG 的输出是 A 相超前还是 B 相超前。请在使用 PG-B2 或 PG-X2 时设定。

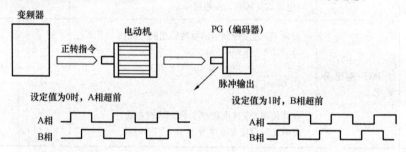

图 8-24　PG 旋转方向的设定

通常，从输入轴侧来看时，如果 PG 为顺时针方向（CW）旋转，则为 A 相超前。另外，输出正转的指令时，电动机从输出侧来看为逆时针（CCW）旋转。因此，通常在电动机正转时，将 PG 安装于负载侧时为 A 相超前，安装于反负载侧时为 B 相超前。

（3）设定 PG 和电动机间的齿数。给 F1-12、F1-13 设定 PG 齿轮的齿数。电动机与 PG 间有齿轮时，可通过设定齿数使电动机运行。

当设定齿数时，在变频器内部按照以下公式对电动机转速进行计算

$$电动机转速=\frac{PG\ 的输入脉冲\times 60}{F1\text{-}01}\times\frac{F1\text{-}13\ （负载侧齿数）}{F1\text{-}12\ （电动机侧齿数）}$$

（4）使加减速中的电动机速度和频率指令一致。可选择加减速中积分动作的有效/无效（仅带 PG 的 V/f 控制有效）。在加减速状态下，为了尽量使电动机速度与频率指令一致，请将 F1-07 设定为 1。

（5）设定 PG 脉冲监视输出的分频比。仅在使用 PG 速度控制卡 PG-B2 时有效。通过 F1-06 的设定，设定 PG 脉冲监视输出分频比。设定值的首位位数用 n、下位两位数用 m 来表示。分频比公式如下所示

$$分频比=（1+n）/m$$

分频比可在 $1/32\leqslant F1\text{-}06\leqslant 1$ 的范围内进行设定。例如，分频比为 1/2（设定值 2）时，则来自 PG 脉冲数的一半脉冲成为监视输出。

（6）检出 PG 断线。选择 PG 电缆断线（PGO）的检出时间和检出到电缆断线后的停止方法。

当在变频器指令设定为 1% 以上的状态下运行变频器时（直流制动中除外），来自 PG 的速度反馈为 F1-14 的设定时间以上 0 时，将检出 PG 断线。

（7）检出电动机过速。电动机的转速超出了规定时进行故障检出。F1-08 设定值以上的频率持续超过 F1-09 的设定时间时，检出到过速（OS）。检出到过速（OS）后，变频器按照 F1-03 的设定停止。

（8）检出电动机和速度指令的速度差。速度偏差（电动机的实际速度与指令速度的差）过大时将进行故障检出。速度指令与电动机实际速度之差在 L4-02 的设定值内，检出到速度一致后，F1-10 设定值以上的速度偏差连续超过 F1-11 以上时，将检出到速度偏差过大（DEV）。检出到速度偏差过大（DEV）后，变频器根据 F1-04 的设定停止运行。

问 35　安邦信 G9 运转方式选择参数（F002）的功能是什么？

答： 安邦信 G9 运转方式选择参数（F002）的功能见表 8-44。

表 8-44　　　　安邦信 G9 运转方式选择参数（F002）的功能

设定	运行指令	频率指令
0	键盘	键盘
1	外部端子	键盘
2	键盘	外部端子（键盘电位器）

设定	运行指令	频率指令
3	外部端子	外部端子
4	键盘	串行通信
5	外部端子	串行通信
6	串行通信	串行通信
7	串行通信	键盘
8	串行通信	外部端子

问 36 变频器输入电压参数（F003）应如何设置？

答：变频器输入电压在国内使用的设为 400V。

问 37 停止方式选择参数（F004）如何设定？

答：停止方式选择参数（F004）设定见表 8-45。

表 8-45 选择合适的停止方式

设定	说　明	设定	说　明
0	减速停车（出厂设定）	2	随定时器1自由停车
1	自由停车	3	随定时器2自由停车

（1）减速停车（F004＝0），如图 8-25 所示。正向/反向运行命令撤销时，电动机以减速时间 1（F006）的设定时间减速，而且在停止前立即施加直流制动。如果减速时间短或负载惯性大，在减速时可能会产生过压（0V）故障。在这种情况下，增加减速时间或安装一个可选的制动电阻器。

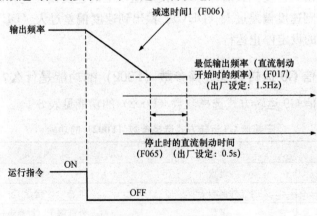

图 8-25 减速停车

制动转矩：无制动电阻时，约 20％的电动机额定转矩；有制动电阻时，约 150％的电动机额定转矩。

（2）自由停车（F004＝1）。变频器在运行过程中，接收到停车命令后，立即封锁 PWM 输出，电动机实现自由停车，如图 8-26 所示。

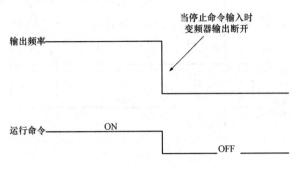

图 8-26 自由停车

撤销正向（反向）运行命令时电动机开始自由停车。

（3）附定时器 1 自由停车（F004＝2）。选择加速/减速时间 1，如图 8-27 所示。

自由运转停止后，在从接受停止命令开始到减速停止所需要时间之间不运行。经过减速停止直至再次施加运行指令才开始再启动运行。但是小于中断输出最小时间（F069）时，在中断输出最小时间内不运行。

（4）附定时器 2 自由停车（F004＝3）。选择加速/减速时间 1，如图 8-28 所示。

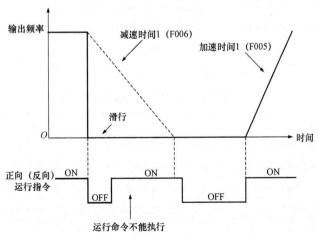

图 8-27 附定时器 1 自由停车

225

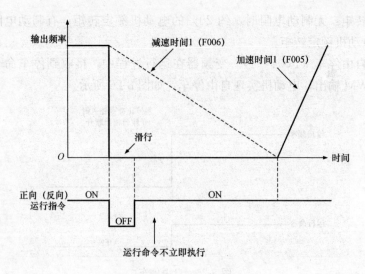

图 8-28　附定时器 2 自由停车

自由停车过程中，再加入运行指令，此时变频器不动作，须等待超过减速时间后，变频器再以加速时间起动运转，但是减速时间设定小于中断输出最小时间时（F069），在中断输出最小时间内运转指令无效。

问 38　加减速时间设定参数（F005～F008）如何设定？

答： 使用多功能端子输入选择（F041、F042、F043、F044 或 F045）设定为 12（加减速时间的切换），并通过加速/减速时间切换（端子 S2、S3、S4、S5 或 S6）的 ON/OFF 来选择加速/减速时间，如图 8-29 所示。

OFF：F005（加速时间 1），F006（减速时间 1）。

ON：F007（加速时间 2），F008（减速时间 2）。

参数 F005～F008 的功能见表 8-46。

表 8-46　　　　　　　　　　参数 F005～F008 的功能介绍

参数	名称	单　位	设定范围	出厂设定
F005	加速时间 1	0.1s（1000s 以上时为 1s）	0.0～3600s	10.0s
F006	减速时间 1	0.1s（1000s 以上时为 1s）	0.0～3600s	10.0s
F007	加速时间 2	0.1s（1000s 以上时为 1s）	0.0～3600s	10.0s
F008	减速时间 2	0.1s（1000s 以上时为 1s）	0.0～3600s	10.0s

注　1. 加速时间：设定输出频率由 0 达到 100% 所需的时间。

　　2. 减速时间：设定输出频率由 100% 达到 0 所需的时间。

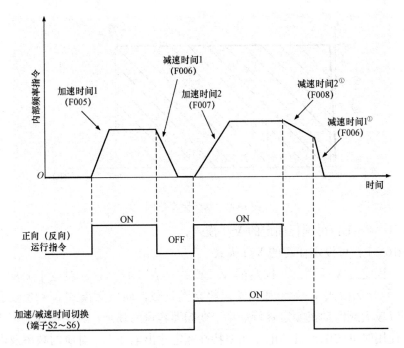

图 8-29　加减速时间设定

①停止方式选择"减速停止"（F004＝0）时。

问 39　V/f 曲线设定参数（F010～F018）如何设定？

答： F010——V/f 曲线选择。

F011——电动机额定电压。

F012——最高输出频率。

F013——最大电压。

F014——基频。

F015——中间输出频率。

F016——中间频率电压。

F017——最低输出频率。

F018——最低输出频率电压。

参数 F010 设定 V/f 模式。该系列变频器输出频率范围为 0～400Hz，基频为 0.2～400Hz，覆盖整个频率范围，可与各种特性的电动机相匹配。基频频率范围如图 8-30 所示。

227

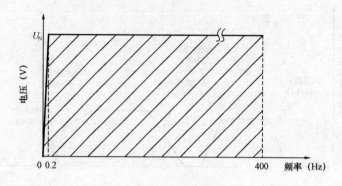

图 8-30　基频频率范围

F010＝0～E：可选择固定的 V/f 模式。

F010＝F：可设定任意的 V/f 模式。

（1）固定的 V/f 模式。固定的 V/f 模式见表 8-47，分别对应于 F010＝0～E。其中，压频模式 4～7 较适用于风机泵类负载，而压频模式 8～13 较适用于线路压降较大或电动机额定容量远小于变频器容量的场合，其余模式适用于通用负载。使用时可按电动机的电压频率特性额定输出电压 U_N 对应的频率及电动机最高转速选取。

表 8-47　　　　　　　　　固定的 V/f 模式（F010＝0～E）

F010	种类	特　征	V/f 模式
0	基频以下 恒转矩	最大频率 50Hz 基频 50Hz	

228

续表

F010	种类	特 征	V/f 模式
1		最大频率 60Hz 基频 60Hz	(V) 图：U_N，②①，30，20，0，1.5 3，50 60 (Hz)
2	基频以下 恒转矩	最大频率 60Hz 基频 50Hz	
3		最大频率 72Hz 基频 60Hz	(V) 图：U_N，③，30，20，0，1.5 3，60 72 (Hz)
4	递减转矩	3 次方递减	(V) 图：U_N，⑤④，100，70，20，16，0，1.3 25，50 (Hz)
		最大频率 50Hz 基频 50Hz	
5		2 次方递减	

学工控·学会通用变频器应用

续表

F010	种类	特	征	V/f 模式
6	递减转矩	最大频率 60Hz 基频 60Hz	3 次方递减	(V) U_N graph: ⑦ ⑥, 100, 70, 20, 16, 1.5, 30, 60(Hz)
7			2 次方递减	
8	转矩提升	最大频率 50Hz 基频 50Hz	起动转矩小	(V) U_N graph: ⑨ ⑧, 50, 40, 28, 24, 0, 1.32.5, 50(Hz)
9			起动转矩大	
A		最大频率 60Hz 基频 60Hz	起动转矩小	(V) U_N graph: Ⓑ Ⓐ, 50, 40, 36, 24, 0, 1.5 3, 60(Hz)
B			起动转矩大	

F010	种类	特 征	V/f 模式
C	基频以下恒转矩，基频以上恒功率	最大频率 90Hz 基频 60Hz	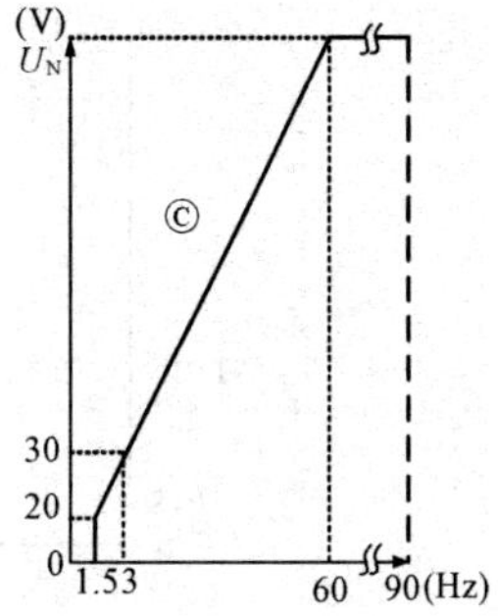
D	基频以下恒转矩，基频以上恒功率	最大频率 120Hz 基频 60Hz	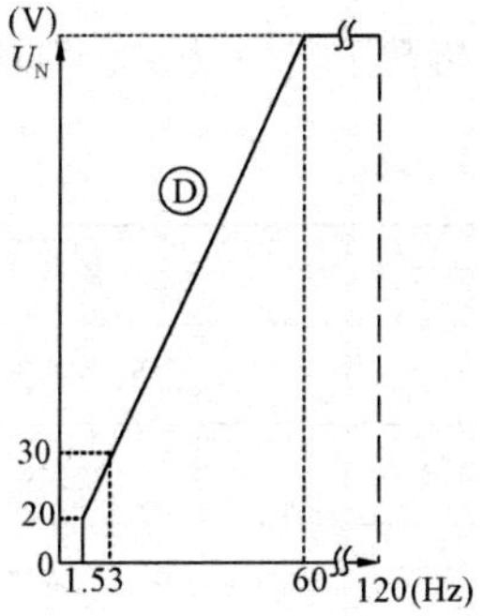
E		最大频率 180Hz 基频 60Hz	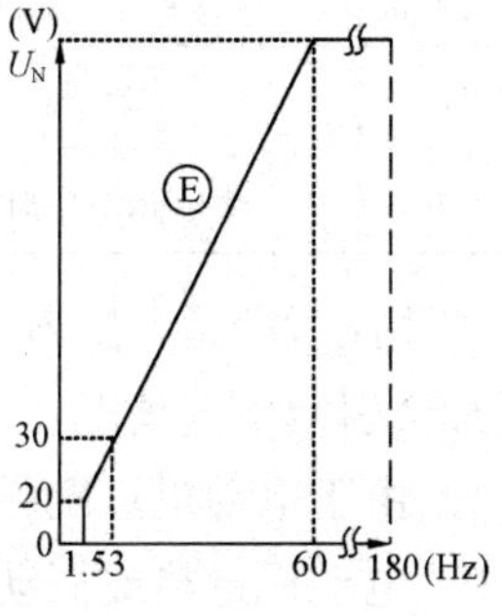

（2）任意 V/f 模式。当用于高速电动机、注塑机等场合或机械设备需要专门的转矩调节时，则需按要求设定专用 V/f 模式。

设定参数 F012～F018 时一定要满足下列条件，如图 8-31 所示。

F017≤F015≤F014≤F012

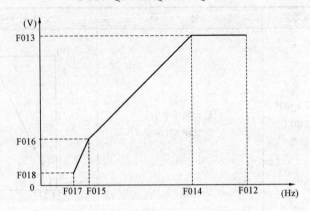

图 8-31 设定参数 F012～F018 时满足的条件

参数 F012～F018 的功能见表 8-48。

表 8-48   参数 F012～F018 的功能介绍

参数号	名　　称	单位	设定范围	出厂设定
F012	最高输出频率	0.1Hz	50.0～400.0Hz	60.0Hz
F013	最大电压	0.1V	0.1～400.0V	400.0V
F014	基频	0.1Hz	0.2～400.0Hz	50.0Hz
F015	中间输出频率	0.1Hz	0.1～399.9Hz	3.0Hz
F016	中间频率的输出电压	0.1V	0.1～510.0V	30.0V
F017	最低输出频率	0.1Hz	0.1～10.0Hz	1.5Hz
F018	最低输出频率的输出电压	0.1V	0.1～100.0V	20.0V

需要注意的是，随着 V/f 模式电压的增加会使电动机转矩增加，但是过多的增加会引起下列情况：

1）由于电动机过励磁而使变频器工作不正常。

2）电动机过热或振动过大。

3）在增加电压时，要一边检测电动机电流，一边渐进增加电压。

问 40 **电动机旋转方向选择参数（F019～F020）如何设定？**

答：（1）正转指令的方向选择参数（F019）。

1）F019设定为0：正转时，电机的转向由负载侧来看为逆时针方向。

2）F019设定为1：正转时，电机的转向由负载侧来看为顺时针方向。

（2）反转禁止选择（F020）。"反转禁止选择"的设定是指不接收控制电路端子或键盘发出的反向运行指令。该设定用于反向运行指令会产生问题的应用场合。参数F020的设定见表8-49。

表8-49　　　　　　　　　　参数 F020 的设定

F020 的设定	说　　明
0	可以反向运行
1	不可以反向运行

问41 **安邦信 G9 电机保护功能选择参数（F030～F031）如何设定？**

答： 变频器用内部的电子热过载继电器保护电动机过载，使用时要正确进行以下设定。

（1）电动机额定电流（F030）。设定成电动机铭牌上的额定电流值。

（2）电动机过载保护的选择（F031），参数设定见表8-50。

表8-50　　　　　　　　　　参数 F031 的设定

设定	电子热过载特性	设定	电子热过载特性
0	不保护	3	专用电动机（时间常数为8min）
1	标准电动机（时间常数为8min）（出厂设定）	4	专用电动机（时间常数为5min）
2	标准电动机（时间常数为5min）		

电子热过载功能是依据变频器输出电流/频率和时间的模拟来监视电动机温度，保护电动机免遭过热，当电子热过载继电器动作时，发出一个"OL1"信号，关断变频器输出，防止电动机过热。当一台变频器带动一台电动机运转时，不需要外部热继电器；当一台变频器带动几台电动机运转时，应在每台电动机上安装一个热继电器，这种情况下，设定常数F031为0。

（3）标准电动机和变频器专用电动机介绍：感应电动机依据其冷却能力分类成标准电动机和变频器专用电动机，也就是说，变频器的热过载保护温度的模拟特性是不同的。标准电动机和变频器专用电动机特性见表8-51。

表 8-51　　　　　　　**标准电动机和变频器专用电动机特性**

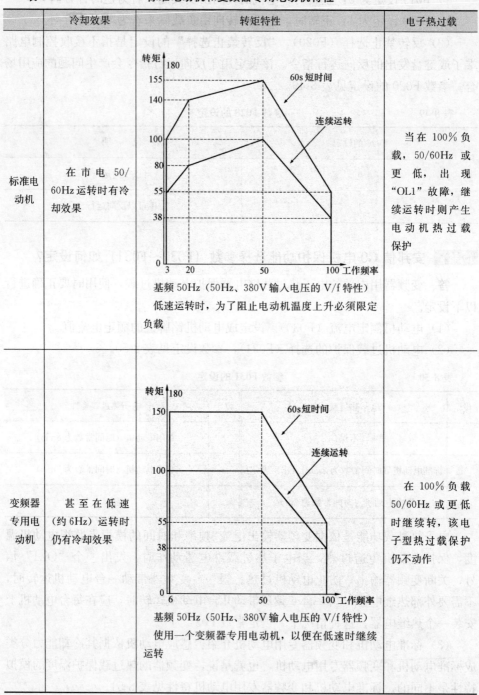

	冷却效果	转矩特性	电子热过载
标准电动机	在市电 50/60Hz 运转时有冷却效果	基频 50Hz（50Hz、380V 输入电压的 V/f 特性） 低速运转时，为了阻止电动机温度上升必须限定负载	当在 100% 负载，50/60Hz 或更低，出现"OL1"故障，继续运转时则产生电动机热过载保护
变频器专用电动机	甚至在低速（约 6Hz）运转时仍有冷却效果	基频 50Hz（50Hz、380V 输入电压的 V/f 特性） 使用一个变频器专用电动机，以便在低速时继续运转	在 100% 负载 50/60Hz 或更低时继续转，该电子型热过载保护仍不动作

问 42 **输出频率限制参数（F032～F033）如何设定？**

答：输出频率限制参数设定如图 8-32 所示。

（1）输出频率上限值（F032）。以 1% 为单位设定频率指令的最大值。最高输出频率 F012 为 100%，当设定的频率上限大于最高输出频率 F012 时，则运转不进行。

（2）输出频率下限值（F033）。以 1% 为单位设定频率指令的最小值。最高输出频率 F012 为 100%，当频率指令为 0 时，变频器仍在频率给定下限值下继续运转。然而，当设定的频率下限值小于最低输出频率（F017）时，则运转不进行。

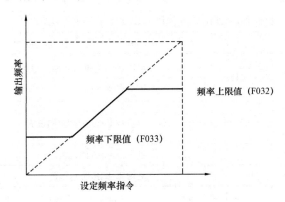

图 8-32 输出频率限制参数设定

问 43 **过热停止方法选择参数（F034）如何设定？**

答：F034 设定为 0：减速停止（减速时间 1）。

F034 设定为 1：自由停止。

F034 设定为 2：减速停止（减速时间 2）。

F034 设定为 3：继续运转（警告表示）。

问 44 **安邦信 G9 外部端子控制多功能输入选择参数（F041～F045）如何设定？**

答：多功能输入端子 S2～S6 的功能可以各自按需要通过设定参数 F041～F045 来改变。对不同的参数不能设定相同的值。多功能输入设定值见表 8-52。

F041 设定端子 S2 的功能，F042 设定端子 S3 的功能，F043 设定端子 S4 的功能，F044 设定端子 S5 的功能，F045 设定端子 S6 的功能。

表 8-52　　　　　　　　　　　　　　　多功能输入设定值

设定	名　　称	说　　明
0	反向运行指令（2 线式顺序控制）	仅参数 F041 可以设定
1	正向/反向运行指令（3 线式顺序控制）	仅参数 F041 可以设定
2	外部故障（常开接点输入）	当外部故障信号输入时变频器为故障停止，切断输出。键盘显示"EF2～EF6"对应于端子 S2～S6
3	外部故障（常闭接点输入）	
4	故障复位	故障复位，运行指令输入时不允许故障复位
5	本机/远控选择	见参数 F021 的说明
6	串行通信/控制回路端子选择	
7	紧急停车	当紧急停止输入时以减速时间 2（F008）减速停车
8	主频指令输入电平选择	可以选择主频指令输入电平（断开为电压输入，闭合为电流输入）
9	多段速度指令 1	见参数 F025～F028 的说明
10	多段速度指令 2	
11	点动频率选择	见参数 F029 的说明
12	加速/减速时间选择	见加速/减速时间参数
13	自由停车封锁指令（动合触点输入）	自由停车信号，当该信号输入时电动机开始自由停车，键盘闪烁显示"bb"
14	自由停车封锁指令（动断触点输入）	
15	自由停车再启动从最高频率开始搜寻	速度搜寻指令信号
16	自由停车再启动从频率指令开始搜寻	
17	参数设定许可/禁止	可以选择由键盘或串行通信进行参数设定的许可/禁止（闭合时禁止，断开时许可）
18	PID 积分值复位	见 PID 控制参数
19	取消 PID 控制	
20	定时器功能	见定时器参数
21	OH3（变频器过热报警）	该信号输入时，键盘闪烁显示"OH3"，变频器继续运转
22	模拟量指令取样/保持	闭合时模拟量频率指令取样，断开时为保持

设定	名　称	说　明
23	运行状态给定中断指令（动合触点输入有效）	使用在纤维行业等特殊用途
24	运行状态给定中断指令（动合触点输入有效）	
25	UP/DOWN（上升/下降）指令	仅参数 F045 可以设定
26	串行通信回路测试	仅参数 F045 可以设定

注 出厂设定：F041＝0，F042＝2，F043＝4，F044＝9，F045＝10

问 45　多功能输出选择参数（F046，F047）如何设定？

答：多功能触点输出端子 MA、MB 和 M1 的功能可以按照需要通过设定参数 F046、F047 来改变。多功能输出选择参数见表 8-53。

参数 F046 设定端子 MA 和 MB 功能，参数 F047 设定端子 M1 功能。

表 8-53　　　　　　　　　　　　　多功能输出选择参数

设定	名　称	说　明
0	故障	变频器发生故障时闭合
1	运行中	当输入正向或反向运行指令或者变频器有电压输出时闭合
2	频率一致	当输出频率与频率指令一致时闭合
3	任意频率一致	当输出频率与所设定的任意频率检测（F057）值一致时闭合
4	频率检测 1	输出频率≤频率检测基准，见频率检测说明
5	频率检测 2	输出频率≥频率检测基准，见频率检测说明
6	过转矩检测（动合触点）	见过转矩检测说明
7	过转矩检测（动断触点）	见过转矩检测说明
8	自由停车	当变频器外部输出断开时闭合
9	运转方式	当选择了来自键盘的运行指令或频率指令时闭合
10	变频器运行准备	当变频器未发生故障并且可以运转时闭合
11	定时器功能	见定时器说明
12	自动重新启动	故障重试运转期间闭合
13	OL（过载）预报警	变频器和电动机过载保护动作前，若变频器输出电流持续 48 秒送出 150%额定电流，或已超过电动机过载保护时间的 80%，输出一个报警信号

续表

设定	名　称	说　明
14	频率指令丢失	当检测出频率指令迅速下降时，输出一个报警信号。如果控制电路端子输入频率指令值在 400ms 内下降了 90% 以上，则频率指令值丢失
15	从串行通信来的数据输出	通过传送（MODBUS）发来的指令使触点输出动作，而和变频器运转无关
16	PID 反馈丢失	当设定 PID 控制方式，检测出反馈迅速减少时，触点输出动作。当反馈值减少到小于检测电平（F093），且时间比反馈丢失检测时间（F094）长时，进行检测，而变频器继续运转
17	OH1 报警	散热器过热时闭合，键盘闪烁显示"OH1"

问 46　过转矩检测（F061～F063）如何设定？

答：如果过重的负载加于机械设备上，可以通过多功能输出端子 MA、MB 和 M1 的报警信号输出来检测输出电流的增加，如图 8-33 所示。

为了输出过转矩检测信号，可设定多功能端子输出选择 F046 或 F047 以对转矩进行检测，以动合触点或动断触点的形式输出。

（1）过转矩检测功能的选择参数（F061）见表 8-54。

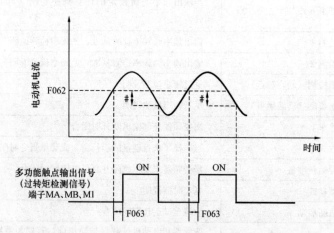

＃ 过转矩检测期间的释放宽度（迟滞作用）为变频器额定电流值的 5%。

图 8-33　过转矩检测

表 8-54 参数 F061 的设定

设 定	说 明
0	不检测（出厂设定）
1	恒速运行期间检测，并且在检测后继续运行
2	运行期间检测，并且在检测后继续运转
3	恒速运行期间检测，并且在检测时变频器输出断开
4	运行期间检测，并且在检测时变频器输出断开

1）为了在加速或减速期间检测过转矩，设定成 2 或 4。

2）为了在过转矩检测后继续运转，设定成 1 或 2。在检测期间，键盘闪烁显示"OL3"报警。

3）为了过转矩检测时由故障暂停变频器，设定成 3 或 4。在检测时键盘闪烁显示"OL3"报警。

（2）转矩检测基准（F062）。以 1% 为单位设定过转矩检测的电流基准，变频器额定电流为 100%。

（3）过转矩检测时间（F063）。如果电动机电流超出过转矩检测基准（F062）的时间大于过转矩检测时间（F063），则过转矩检测功能动作。

问 47 制动电阻过热保护选择参数（F079）如何设定？

答：F079 设定 0：制动电阻过热保护无效。

F079 设定 1：制动电阻过热保护有效，本功能未使用。

问 48 输入输出缺相检测参数（F080～F083）如何设定？

答：（1）输入缺相检测基准（F080）。输入缺相电压基准设定，100% 对应 800V，当设定为 100% 时本功能无效。

（2）输入缺相检测时间（F081）。设定输入缺相检测时间，检测时间 = 1.25s × F081 值。

当输入电压低于 F080 的设定且时间长于 F081 的设定时，则显示故障。

（3）输出缺相检测基准（F082）。设定输出电流缺相基准，100% 对应额定电流。若设定为 100%，本功能无效。

（4）输出缺相检测时间（F083）。设定输出缺相检测出的时间。当变频器电流低于 F082 的设定基准且时间长于 F083 的设定时，则显示故障。

问 49 PID 控制参数（F084～F094）如何设定？

答：F084——PID 控制选择。

F085——PID 反馈增益调整。

F086——P 控制的比例增益。

F087——I 控制的积分时间。

F088——D 控制的微分时间。

F089——PID 偏置。

F090——积分 I 的上限值。

F091——PID 的一次延迟时间常数。

F092——PID 反馈丢失检测的选择。

F092 设定为 0：PID 反馈丢失时不送出检测信号。

F092 设定为 1：PID 反馈丢失时送出检测信号。

F093——反馈丢失的检测基准。

F094——反馈丢失的检测时间。

需要进行 PID 控制，首先要将 PID 控制参数 F084 设定为 1～3，见表 8-55。

表 8-55 参数 F084 的设定

设　定	说　明
0	无 PID 控制功能
1	PID 控制，反馈的偏差用 D 值控制
2	PID 控制，PID 反馈用 D 值控制
3	PID 控制，PID 反馈用 D 值控制，反馈信号为逆向特性

然后按照下述设定选择 PID 控制预期值或检测值。

（1）预期值的设定。设定预期值时可使用控制电路端子 VS 电压信号（0～10V）或频率指令参数 F025～F029。

1）控制电路端子 VS 电压信号：设定运转方式选择（F002）为 2 或 3。

2）频率指令参数（F025～F029）：设定运转方式选择（F002）为 0 或 1。

（2）检测值的设定。设定检测值时可使用控制电路端子 IS 电流信号（4～20mA）或电压信号（0～10V）。

1）控制电路端子 IS 电流信号：设定 IS 功能选择（F036）为 1。

2）控制电路端子 IS 电压信号：设定 IS 功能选择（F036）为 0（去掉控制板上的跳线 JP3）。

图 8-34 展示了 PID 控制的框图。

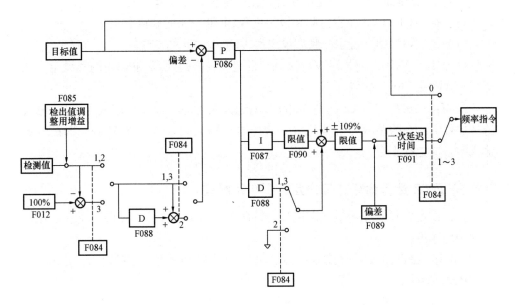

图 8-34　PID 控制的框图

问 50 艾默生 TD1000 矢量变频器的 F000 运行频率设定范围有哪些?

答:(1) 0:数字设定 1。由 F001 码直接数字设定运行频率〔运行中也可用触摸面板的 ∧、∨ 键来改变,但修改后的频率值并不立即存储到 F001 中,只有在控制电源掉电(Poff)时才自动存储在 F001 中〕。

(2) 1:数字设定 2。初始频率为零频,在运行中可用控制端子 UP/DOWN-COM 的通断来改变运行频率。STOP 后再运行时为零频。Poff 后,修改后的频率值不存储在 F001 中。

(3) 2:模拟电压端子(VCI-GND)设定,输入电压范围为 0～10V。

(4) 3:模拟电流/电压端子(CCI-GND)的电压/电流输入设定,范围为 4～20mA/0～10V(由短路块切换)。

(5) 4:采用上位计算机串行通信设定。

(6) 5:数字设定 3。由 F001 直接数字频率设定,在运行/停机过程中可用触摸面板 ∧ 与 ∨ 键来改变,但不修改码 F001 的内容,在 Poff 时也不存储。

(7) 6:数字设定 4 起始频率为零频,在运行过程中可用外部控制端子 UP/DOWN-COM 的通断来设定运行频率,但 STOP 后再运行时保持 STOP 前的频率。

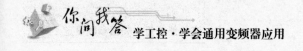

（8）7：操作面板频率设定电位计设定（电位计设定指示灯亮）。

（9）8：VCI+CCI 设定。频率设定由 VCI 和 CCI 的和设定。

（10）9：VCI-CCI 设定。频率设定由 VCI 和 CCI 的差设定。

（11）10：VCI+（CCI-5V/10mA）设定。频率由 VCI 和 CCI 的和设定，能够实现 5V 或 10mA 的偏置。

说明：在选择 CCI-GND 作为电压/电流输入时，必须将控制板上电压/电流选择插件 CN10 的跳线作适当选择，选择电压输入时，应选择 V 侧，选择电流输入时，应选择 I 侧。

问 51 **F002 运行命令选择设定范围包括哪些？**

答：设定变频器在停机状态接受运行命令：启动、停止、正转、反转、点动等的物理通道。

（1）0：操作面板运行控制有效。电动机的启动和停止由操作面板 RUN、STOP 键控制。

（2）1：控制端子控制有效。用控制端子 FWD/REV-GND/COM 通断控制电动机的启动和停止。把（X1~X5）定义为点动端子进行点动控制（见 F067~F071）。

（3）2：上位机控制。通过串口 RS485，上位机控制电动机启动、停止、正转、反转。

说明：操作面板上的 STOP 键可选为在三种方式时都有效（F005=1 时），在操作面板控制方式下，按 STOP 键，变频器按照停机方式停机；

在控制端子和上位机控制方式下，按 STOP 键，变频器则紧急停车（封锁输出），并显示 E015（外部设备故障）报警信号；在 0、1、2 三种情况下，STOP 键均作为失速情况下的紧急停车（EMS）和故障复位键 RESET。F005=0，则 STOP 键在控制端子和上位机控制方式下。

问 52 **F003 运行方向设定参数的设定范围包括哪些？**

答：采用操作面板控制时，运行键 RUN 的运转方向设置范围包括 0（正转）和 1（反转）。

问 53 **F004 最大输出频率设定范围是什么？**

答：F004 最大输出频率设定范围：MAX {50.00~上限频率} ~400.0Hz。

问 54　F007V/f 曲线控制模式设定范围包括哪些？

答：（1）0：线性电压/频率控制模式，如图 8-35 中的曲线 0。

（2）1：平方电压频率控制模式，如图 8-35 中的曲线 1。

在这里需要注意的是，一般通用负载可选 0，风机、水泵等平方转矩负载可选 1。

问 55　加减速设定范围包括哪些？

答：（1）F009 加速时间 1 设定范围：0.1～3600s。

（2）F010 减速时间 1 设定范围：0.1～3600s。

加速时间是指变频器从零频加速到最高频率所需时间，如图 8-36 中的 t_1。减速时间是指变频器从最高频率减至零频所需的时间，如图 8-36 中的 t_2。

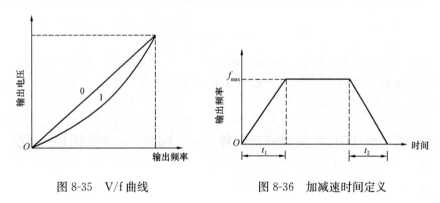

图 8-35　V/f 曲线　　　　　　　图 8-36　加减速时间定义

问 56　电动机过载保护方式有几种？

答：（1）F018 设定范围：0、1、2。电动机过载保护方式如下。

1）0：不动作。没有电动机过载保护特性（谨慎采用），此时，变频器对负载电动机没有过载保护。

2）1：普通电动机（带低速补偿）。由于普通电动机在低速情况下的冷却效果变差，相应的电子热保护值也作适当调整。这里所说的带低速补偿特性，就是把低速运行下的电动机过载保护阈值下调。

3）2：变频电动机（不带低速补偿）。由于变频专用电动机的冷却不受转速影响，不需要低速运行时的保护值调整。

（2）F019 设定范围 20.0%～110%，为电动机过载保护系数。

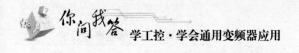

为了对负载电动机实施有效的过载保护，有必要对变频器的允许输出电流的最大值作必要的调整，如图8-37所示。

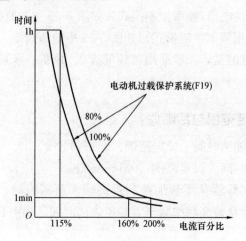

图 8-37　电动机过载保护系数设定

该调整值可由下面的公式确定：电动机过载保护系数值＝允许最大负载电流变频器额定输出电流×100％。一般定义允许最大负载电流为负载电动机的额定电流。

问 57　艾默生 TD1000 变频器防反转参数（F037）设定范围包括哪些？

答：（1）0：不动作允许变频器正/反转。

（2）1：动作禁止变频器反向运转。

问 58　停机方式参数（F039）设定范围包括哪些？

答：（1）0：减速停止。变频器接到运行停止命令后，按照减速时间逐渐减少输出频率而最后停机。如果需要能耗制动，可以在此过程中自动加入。

（2）1：自由运行停止变频器接到运行停止命令后，立即中止输出，负载按照机械惯性自由停止。

（3）2：减速停止＋直流制动变频器接到运行停止命令后，按照减速时间逐渐减少输出频率，一旦到达某一频率（F040 定义）时，即开始直流制动，然后停车（制动电压和时间在 F041、F042 中定义）。

（4）3：定频抱闸。给定运行频率低于某一频率（F040 定义）时，即开始抱闸（直流制动，制动电压由 F041 定义）；当给定频率大于 F040 定义值时，抱闸取消，变频器恢复正常运行。F042 的定义时间对定频抱闸不起作用。

F042 停机直流制动时间设定范围：0～30s。

F041 停机直流制动电压设定范围：（0～30％）×额定电压。

F040 设定范围：0～60Hz。

问 59　过压和过流失速功能设定范围是什么?

答：（1）过压失速功能，如图 8-38 所示。

F046 过压失速功能选择设定范围：0、1（0：禁止。1：允许）。

F047 失速过压点设定范围：（120％～150％）×直流母线电压基准值

变频器减速运行过程中，由于负载惯性的影响，可能会出现电动机转速的实际下降率低于输出频率的下降率，此时电动机会回馈电能给变频器，造成变频器直流母线电压升高，如果不采取措施，在一分钟时间内电压持续大于过压点，则会出现过压跳闸。过压失速保护功能，是在变频器减速运行过程中通过检测母线电压，并与 F047 的失速过压点比较，如果超过比较点，即让变频器输出频率停止下降，当再次检测母线电压低于标准值后，再实施减速运行，如图 8-38 所示。

（2）过流失速功能。F048 失速过流点设定范围：（20％～150％）×变频器额定输出电流。

变频器在加速运行的过程中，由于加速时间与电动机惯量不匹配或负载惯量的突变，会出现电流急升的现象，失速过流保护则是通过检测变频器的输出电流，并与失速过流点进行比较，当实际电流达到失速过流点时，变频器输出频率停止上升，直到电流正常后，再继续加速。如果电流大于过流点持续 1min，则出现过流跳闸，如图 8-39 所示。

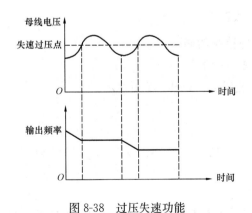

图 8-38　过压失速功能

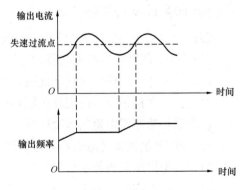

图 8-39　失速过流保护

问 60 **艾默生 TD1000 通用变频器组成的反馈控制系统包括哪些部分？**

答： 利用内置 PID 功能，可以组成如图 8-40 所示的闭环控制系统。

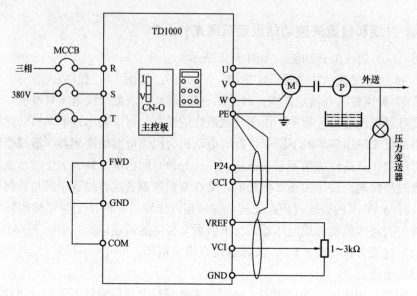

图 8-40　内置 PID 反馈控制系统示意图

这里，压力给定量用电位器设定，而压力反馈以 4～20mA 电流形式从 CCI 口输入。也可以用 TG（测速发电机）组成速度闭环控制系统，只是对测速发电机输出信号应选择在直流 0～10V 输出。

问 61 **闭环控制功能码参数范围是什么？**

答： 功能码 F051～F062 支持上述闭环控制功能。

（1）F051 闭环控制功能选择设定范围：0、1。

1）0：不选择闭环控制功能此时，功能码 F052～F062 不显示。

2）1：选择模拟反馈的闭环控制功能。

包含采用测速发电机的速度闭环。

（2）F052 给定量通道选择设定范围：0、1、2、3。

1）0：由操作面板数字给定。

2）1：由 VCI 模拟电压给定（0～10V）。

3）2：由 CCI 模拟电压 0～10V/0～20mA 模拟电流给定（由 CN10 跳线选择）。

4）3：由上位机通过 RS485 给定。

（3）F053 给定量数字设定设定范围：0～10V。

对用操作面板、上位机的数字给定值进行定义，0～10V 对应于最大给定量的 0～100％。本功能仅在 F051＝1（选择模拟闭环控制）和 F052＝0、3（用操作面板或上位机进行数字给定）时才有效。

（4）F054 反馈量输入通道选择设定范围：0、1。

1）0：由 VCI 模拟电压输入 0～10V。

2）1：由 CCI 模拟电压输入 0～10V 或模拟电流 0～20mA 输入（由 CN10 跳线选择）。

问 62 艾默生 TD1000 电动机特性参数包括哪些内容？

答： 艾默生 TD1000 电动机包括以下特性参数。

（1）F087 额定频率（基频）。设定范围：0.1～400Hz。

（2）F088 额定电压（变频器输出最大电压）。设定范围：1～变频器额定输入电压。

（3）F089 额定电流。设定范围：0.1～999.9A。

需要注意的是，基本运行频率是变频器输出最高电压时，对应的输出频率最小值，如果基频设置过低，长期运行可能会引起电动机过热甚至烧毁电动机。

问 63 中源矢量变频器 F106 控制方式设置范围包括哪些？

答： 中源矢量变频器 F106 控制方式设置范围包括 0（无速度传感器矢量控制，SVC）、1（保留）和 2（V/f 控制）。

（1）0（无速度传感器矢量控制）：适用于通用的高性能驱动控制场合，一台变频器只能驱动一台电动机。

（2）2（V/f 控制）：适用于对快速性、控制精度要求不高的场合。

问 64 上下限频率的设置范围是什么？

答： F111 可以设置变频器运行的最高频率，F112 可以设置变频器运行的最低频率，参数设置范围见表 8-56。

表 8-56　　　　　　　　　　上下限频率参数设置

F111 上限频率/Hz	设置范围：F113～650.0	出厂值：50.0Hz
F112 下限频率/Hz	设置范围：0.00～F113	出厂值：0.50Hz

变频器开始运行时从启动频率开始启动，运行过程当中如果给定频率小于下限频率，则变频器一直运行于下限频率，直到变频器停机或给定频率大于下限频率。

需要注意的是，上限频率和下限频率应根据实际受控电动机铭牌参数和运行工况谨慎设定，避免电动机长时间在低频下工作，否则会因过热而减少电动机寿命。

问 65　目标频率的范围是什么？

答：F113 目标频率（Hz）的设置范围为 F112～F111，出厂值为 50.00Hz。

目标频率指的是预设频率，即主频率源选择为"数字设定"时，该功能码值为变频器的频率数字设定初始值，在控制面板调速或者端子调速控制方式下，变频器启动后将自动运行至该设定频率。

例如：变频器上电后，保持出厂值不变，按控制面板上的"运行"键，则变频器自 0Hz 运行至该功能码所设定的目标频率出厂值 50.00Hz。

问 66　频率回避点 A、B 设置的范围是什么？

答：F127/F129 频率回避点 A、B（Hz）的设置范围为 0.00～650.0。

在电动机运行过程中，有时在某个频率点附近会引起系统共振。为了避开共振，特设置此参数。

当输出频率为该参数设定值时，变频器自动跳开该回避点频率运行。

问 67　F137 转矩补偿方式的设置范围是什么？

答：F137 转矩补偿方式的设置范围如下。

（1）0：直线型补偿。

（2）1：平方型补偿。

（3）2：自定义多点式补偿。

（4）3：自动转矩补偿。

当 F137＝0 时，选择直线补偿，适用于普通恒转矩负载；当 F137＝1 时，选择平方曲线补偿，适用于风机、水泵等类负载；当 F137＝2 时，选择自定义多点曲线补偿，适合于脱水机、离心机等特殊负载。

需要注意的是，在对转矩补偿设置时，对于较大负载，建议增大此参数，在负荷较轻时可减小此参数设置。当转矩提升过大时，电动机容易过热，变频器容易过电流，请一边确认电动机电流一边缓慢进行设定。当 F137＝3 时，选择自动转矩补偿，能自动调整低频时需要的力矩，减小电动机转差率，使转子转速接近同步转速，同时可抑制电动机的震荡，但需由客户准确设置电动机的功率、转速、级数、额定电流和定子电阻（可通过变频器自动测量获得）。

问 68 **F200 启动指令和 F201 停机指令来源设置范围是什么？**

答： F200 启动指令设置范围：0（控制面板指令）、1（端子指令）、2（控制面板＋端子）、3（Modbus）、4（控制面板＋端子＋Modbus）。

F201 停机指令来源设置范围：0（控制面板指令）、1（端子指令）、2（控制面板＋端子）、3（Modbus）、4（控制面板＋端子＋Modbus）。

变频器控制命令包括：启动、停机、正转、反转、点动等。

"控制面板指令"是指由控制面板的"运行"、"停/复"键给定启动、停机指令。

"端子指令"是由 F316～F323 定义的"运行"、"停机"端子给定起动和停机指令。例如，使用"端子指令"时，定义的"运行"端子与 CM 短接即可启动变频器。

当选择 F200＝3、F201＝3 的时候，运行命令由上位机通过通信方式给出。

当 F200＝2、F201＝2 的时候，则控制面板指令和端子指令同时有效，F200＝4、F201＝4，依次类推。

问 69 **F202 方向给定方式如何设置？**

答： 功能码 F202 确定变频器的运行方向或与其他具有方向设定功能的调速方式共同确定变频器的运转方向（当选择段速自动循环时，不受该功能码限制）。

（1）当选择没有方向控制的调速方式时，变频器运行方向由该功能码确定，如控制面板调速。

（2）当选择有方向给定的调速方式时，变频器的运转方向由两者共同确定，其原则是极性相加。例如，一正向一反向，结果是变频器按反向运行，两个都是正向则变频器正向运行，如果两个设定都是反向则负负得正，变频器正向运行。方向给定方式参数见表 8-57。

表 8-57 方向给定方式参数设定

F202 方向给定方式	设置范围 0：正转锁定 1：反转锁定 2：端子给定

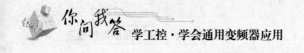

问 70 **F203 主频率来源参数如何设定？**

答：F203 主频率来源参数设定见表 8-58。

表 8-58　　　　　　　　　　　　　　主频率来源参数

	设置范围
F203 主频率来源 X	0：数字给定记忆 1：外部模拟量 AI1 2：外部模拟量 AI2 3：输入脉冲给定 4：段速调节 5：数字给定不记忆 6：控制面板电位器 A13 7：保留 8：保留 9：PID 调节 10：Modbus

该功能码设定变频器主给定频率的输入来源。

(1) 0：数字给定记忆。初始值为 F113 的值，可通过控制面板中的上升、下降键或 UP/DOWN 端子调节频率。记忆指停机后目标频率为运行时的频率，变频器再次运行，依照该目标频率运行。

(2) 1（外部模拟量 AI1）和 2（外部模拟量 AI2）。指频率由模拟量输入端子 AI1 和 AI2 来确定，模拟量类型可以是电流型（0～20mA 或者 4～20mA），也可以是电压型（0～5V 或者 0～10V）。在产品出厂时，模拟量输入通道 AI1 为直流电压输入，电压范围 0～10V；模拟量通道 AI2 为直流电流输入，输入范围为 0～20mA。若需要 4～20mA 信号输入，请设置模拟量输入下限 F406＝2，其输入电阻为 500Ω，若其存在误差，请作适当调整。

(3) 3：输入脉冲给定。频率给定通过脉冲给定。给定的脉冲只能通过 OP1 端子输入，最高脉冲频率为 50kHz。

(4) 4：段速调速。选择多段速运行方式，变频器运行频率由多段速端子或自动循环频率给定。

(5) 5：数字给定不记忆。初始值为 F113 的值，可通过上升、下降键或 UP/DOWN 端子调节频率；不记忆指停机后目标频率恢复到 F113 的值，掉电后重新上电，初始值同样为 F113 预设值。

(6) 6：控制面板电位器 AI3。频率由控制面板上的电位器给定，需选择带电位器的控制面板。

（7）9：PID 调节。选择 PID 调节控制。变频器运行频率为 PID 作用后的频率值。其中，PID 的给定源、给定量、反馈源等含义请参考 PID 参数区功能介绍。

（8）10：Modbus。Modbus 通信给定，指主频率源由上位机通过通信方式给定，上位机通过修改 F113 的值实现调整。

问 71 电动机停机方式如何选择？

答：F209 电动机停机方式选择参数见表 8-59。

表 8-59　　　　　　　　　**F209 电动机停机方式选择参数**

F209 电动机停机方式选择	设置范围 0：按减速时间停机 1：自由停机

当输入停止信号时，可通过该功能码设置停机方式。

（1）F209＝0 按减速时间停机。此时，变频器按照设定的加减速曲线和减速时间来降低输出频率，频率降为零后停机，为通常使用的停机方式；而在转速跟踪时无效，转速跟踪过程中强制自由停机。

（2）F209＝1 自由停机。停机指令有效后，变频器立即停止输出。电动机按照机械惯性自由停机。

问 72 多功能输入输出端子如何设置？

答：（1）数字多功能输出端子设置见表 8-60。

表 8-60　　　　　　　　**数字多功能输入输出端子设置**

F300 继电器表征输出	设置范围：0～18	出厂值：1
F301 DO1 表征输出	参见表 8-60 多功能输出端子详细功能说明	出厂值：14
F302 DO2 表征输出		出厂值：5

（2）数字多功能输出端子详细功能说明见表 8-61。

表 8-61　　　　　　　**数字多功能输出端子详细功能说明**

设定	功　　能	说　　明
0	无功能	输出端子无任何功能
1	变频器故障保护	当变频器发生故障时，输出 ON 信号
2	过特性频率 1	请参考 F307～F309 的说明

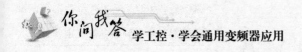 学工控·学会通用变频器应用

续表

设定	功能	说明
3	过特性频率 2	请参考 F307~F309 的说明
4	自由停机	选择自由停机,给定停机信号,输出 ON 信号并保持至变频器完全停机
5	变频器运行中 1	表示变频器正在运行,此时输出 ON 信号
6	直流制动中	表示变频器正在直流制动中,此时输出 ON 信号
7	加减速时间切换	表示变频器正处于加减速时间切换中
8	设定计数值到达	变频器执行外部计数指令时,当计数值达到 F314 设定值,输出 ON 信号
9	指定计数值到达	变频器执行外部计数指令时,当计数值达到 F315 设定值,输出 ON 信号
10	变频器过载预报警	表示变频器过载后,在保护开始计时到保护触发之间的一半时间时输出 ON 信号,在过载撤销或者过载触发之后该信号消失
11	电动机过载预报警	表示电动机过载后,在保护开始计时到保护触发之间的一半时间时输出 ON 信号,在过载撤销或者过载触发之后信号消失
12	失速中	在加减速过程失速,变频器由于失速而停止加减速,此时输出 ON 信号
13	运行准备就绪	主回路和控制回路电源建立,变频器保护功能不动作,变频器处于可运行状态时,输出 ON 信号
14	变频器运行中 2	表示变频器正在运行,此时输出 ON 信号,Ohz 运行认为是运行状态,输出 ON 信号
15	频率到达输出	表示变频器运行到达所设定的目标频率,此时输出 ON 信号,参见 F312
16	过热预报警	当检测温度到设定值的 80% 时,输出 ON 信号,保护触发后或者温度检测值回落到设定值 80% 以下时信号消失
17	过特征电流输出	表示变频器输出电流到达所设定的特征电流,此时输出 ON 信号,参见 F310、F311
18	保留	系统保留

252

（3）数字多功能输入端子设置见表 8-62。

表 8-62 　　　　　　　　　　　**数字多功能输入端子设置**

F316 OP1 端子功能设定	设置范围 0：无功能	出厂值：11
F317 OP2 端子功能设定	1：运行端子 2：停机端子 3：多段速端子 1 4：多段速端子 2	出厂值：9
F318 OP3 端子功能设定	5：多段速端子 3 6：多段速端子 4	出厂值：15
F319 OP4 端子功能设定	7：复位端子 8：自由停机端子 9：外部急停端子 10：禁止加减速端子	出厂值：16
F320 OP5 端子功能设定	11：正转点动 12：反转点动 13：UP 频率递增端子 14：DOWN 频率递减端子	出厂值：7
F321 OP6 端子功能设定	15："FWD" 端子 16："REV" 端子 17：三线式输入 "X" 端子 18：加减速时间切换端子	出厂值：8
F322 OP7 端子功能设定	19～20：保留 21：频率源切换端子 22：计数输入端子	出厂值：1
F323 OP8 端子功能设定	23：计数复位端子 24～30：保留	出厂值：2

注 1. 上述参数用于设定数字多功能输入端子对应的功能。

2. 端子的自由停机和外部急停均为最高优先级。

3. 当选择脉冲频率调速时，OP1 端子功能自动设定为脉冲信号输入口。

（4）数字多功能输入端子功能详细说明见表 8-63。

表 8-63 　　　　　　　　　　**数字多功能输入端子详细说明**

设定值	功能	说　　明
0	无功能	即使有信号输入，变频器也不动作，可以将未使用的端子设定无功能，防止误动作
1	运行端子	当启动指令来源为端子组合时，该端子有效，则执行运行功能，与控制面板的运行键功能相当
2	停机端子	当停机指令来源为端子或者组合时，该端子有效，则执行停机功能，与控制面板的停机键功能相当

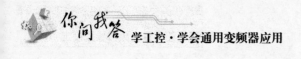

设定值	功能	说　明
3	多段速端子1	通过该组端子的数字状态组合，共可实现15段速
4	多段速端子2	
5	多段速端子3	
6	多段速端子4	
7	复位端子	故障复位功能，与控制面板上的复位键功能相同，使用该功能可以实现远距离故障复位
8	自由停机端子	变频器封锁输出，电动机停机过程不受变频器控制，对于惯量大的负载而且对停机时间没有要求时，经常采用此方法，该方式与F209所述的自由停机含义是一样的
9	外部急停端子	当外部故障信号（常开）送给变频器后，变频器报出故障并停机
10	禁止加减速端子	保证变频器不受外来信号影响（停机命令除外），维持当前输出频率
11	正转点动	点动正转运行和点动反转运行，点动运行时频率、电动加减速时间参见F124、F125、F126的详细说明
12	反转点动	
13	UP频率递增端子	在频率源设定为数字设定时，可以上下调节设定频率，其速率由F211设定
14	DOWN频率递减端子	
15	"FWD"正转运行端子	当启停指令来源为端子或者端子组合时，通过外部端子来控制变频器正转与反转
16	"REV"反转运行端子	
17	三线式输入"X端子"	选择该功能时，配合"FWD"、"REV"、"CN"端子实现三线式控制，参见F208二/三线式运行
18	加减速时间切换端子	选择该功能有效时，则切换至第二加减速时间，第二加减速时间设定参见F116、F117
19	保留	系统保留
20	保留	系统保留
21	频率源切换端子	当频率源选择F207＝2时，通过此端子来进行主频率源X和辅助频率源Y的切换；当频率源选择F207＝3时，通过此端子来进行主频率源X和（主频率源X＋辅助频率源Y）的切换
22	计数输入端子	内置计数器的计数脉冲输入口

设定值	功能	说　明
23	计数复位端子	将端子计数值清零
24～30	保留	系统保留

问 73　多段速度控制如何设置？

答：多段速控制功能相当于变频器内置一个简易可编程控制器（PLC），用以完成多段速逻辑自动控制。可以设置运行时间、运行方向和运行频率，以满足不同的工艺要求。

该系列变频器可以实现 15 段速变化及最多 8 段速自动循环运行。段速控制在转速跟踪时无效，跟踪完成后按照设定参数加减速至有效目标频率。在多段速控制中段速类型见表 8-64。

表 8-64　　　　　　　　　　多段速类型

F500 段速类型	设置范围 0：段速 1：15 段速 2：最多 8 段速度自动循环	出厂值：1

当 F203＝4 时，选择多段速控制，此时须通过 F500 选择段速的类型：

F500＝0 选择 3 段速；F500＝1 选择 15 段速；F500＝2 选择最多 8 段速度自动循环；其又分为 2 段速自动循环运行、3 段速自动循环运行、……、8 段速自动循环运行，具体使用几段速由功能码 F501 确定。

F501 选择自动循环的段数，设置范围为 2～8，出厂值为 7 段速度循环。

问 74　中源矢量变频器失速参数如何设置？

答：中源矢量变频器失速参数设置见表 8-65。

表 8-65　　　　　　　　中源矢量变频器失速参数设置

F607 失速调节功能选择	设置范围：0（无效）、1（有效）	出厂值：0
F608 失速电流调节（％）	设置范围：60～200	出厂值：160
F609 失速电压调节（％）	设置范围：60～200	出厂值：140
F610 失速保护判断时间/s	设置范围：0.1～3000.0	出厂值：5.0

（1）F607 设置失速调节是否有效，F607＝0 无效，F607＝1 有效。

（2）F608 用以设定过电流失速功能的起始点，当前电流超过额定电流乘以 F608

的值时，开始执行过电流失速调节。减速过程当中，不会触发电流失速功能。

在加速过程当中，检测输出电流超过过电流失速起始电流时，若 F607＝1，则变频器启动过电流失速功能，此时变频器暂停加速，直至输出电流降低至过电流失速起始电流之下时，重新开始加速；在稳速运行过程当中，检测输出电流超过过电流失速起始电流时，若 F607＝1，则变频器启动过电流失速功能，此时变频器频率下降，直至输出电流降低至过电流失速起始电流之下时，频率开始回升至原运行频率点。否则，频率一直下降到下限频率，持续时间达到 F610 设定的时间后保护，控制面板显示 OL1。

（3）F609 用以设定过电压失速功能的起始点，当前电压超过额定电压乘以 F609 的值时，开始执行过电压失速保护功能。

过电压失速功能在减速时有效，包括因电流失速引起的降频减速过程，在加速及稳速运行中无效。

过电压是指变频器的直流母线电压过电压，它一般是由减速引起的。减速时，由于能量回馈，直流母线电压升高。当直流母线电压高于过电压失速起始电压时，若 F607＝1 则启动过电压失速功能，此时变频器暂缓减速，保持输出频率不变，则能量回馈停止，直至直流母线电压降低至过电压失速起始电压之下，重新开始减速。

（4）F610 设定失速保护动作时间，当失速功能启动并保持至 F610 所设定的时间之后，变频器停止运行，跳 OL1 保护。

问 75 风扇控制参数如何设置？

答：风扇控制参数设置见表 8-66。

表 8-66　　　　　　　　　　　风扇控制参数设置

	设置范围	出厂值
F702 风扇控制选择	0：风扇运转受温度控制 1：风扇运转不受温度控制 2：风扇运转受运行控制	0.2～90kW：0 110kW 以上：2
F703 风扇控制温度设置	设置范围：0～100℃	出厂值：35℃

（1）通过功能码 F702 可以设置变频器冷却风扇是否受控。当风扇受温度控制时，只有散热器温度达到预设的温度时，风机开始运转；预设温度通过功能码 F703 设定；当风扇不受温度控制时，变频器得电后风扇即开始运转，直至变频器输入电源脱开；当风扇运转受运行控制时，只有在运行状态下及停机后散热器

温度达到预设温度时，风机才开始运转。

变频器冷却风扇受控可以在一定程度上延长风扇的使用寿命。

（2）F703 设置冷却风扇开始运转的起始温度，该温度值由厂家出厂时设定，用户只可以查看。

问 76 **变频器和电动机过载系数如何设置？**

答： 变频器和电动机过载系数设置见表 8-67。

表 8-67　　　　　　　　　变频器和电动机过载系数设置

F706 变频器过载系数（%）	设置范围：120～190	出厂值：150
F707 电机过载系数（%）	设置范围：20～100	出厂值：100

（1）变频器过载系数（F706）：发生过载保护时的电流与额定电流的比值，其取值应根据负载实际情况确定。

（2）电动机过载系数（F707）：当变频器拖动较小功率的电动机工作时，为了保护电动机，可以按照下式设置

$$电动机过载系数 = \frac{实际电动机功率}{变频器适配电动机功率} \times 100\%$$

该值可根据用户需求自己设定，相同条件下 F707 设定值越小，电动机过载保护越快速，如图 8-41 所示。举例说明：使用 7.5kW 的变频器带 5.5kW 电动机，F707＝5.5/7.5×100%≈70%，当电动机实际电流为 140% 的变频器额定电流时，1min 后变频器跳过载保护。

当变频器输出频率小于 10Hz 时，由于普通电动机在低速运行时散热效果变差，故在运行频率低于 10Hz 时，电动机过载阈值下调，如图 8-42 所示（F707＝100% 时）。

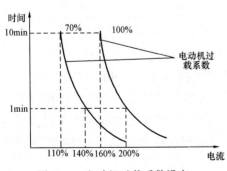

图 8-41　电动机过载系数设定

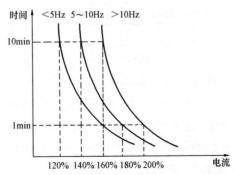

图 8-42　不同频率下的电动机过载保护值

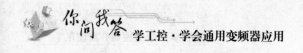

学工控·学会通用变频器应用

问 77　电动机保护参数如何设置？

答： 电动机保护参数设置见表 8-68。

表 8-68　　　　　　　　　　电动机保护参数设置

F724 输入缺相	设置范围：0：无效 1：有效	出厂值：1
F725 欠电压	设置范围：0：无效 1：有效	出厂值：1
F726 过热	设置范围：0：无效 1：有效	出厂值：1

问 78　电动机参数区包括哪些内容？

答： 电动机参数区包括的内容见表 8-69。

表 8-69　　　　　　　　　　电动机参数区包括的内容

F800 电动机参数选择	设置范围 0：不进行参数测量 1：旋转参数测量 2：静止参数测量	出厂值 0
F801 额定功率	设置范围：0.2~1000kW	
F802 额定电压	设置范围：1~440V	
F803 额定电流	设置范围：0.1~6500A	
F804 电动机极数	设置范围：2~100	4
F805 额定转速	设置范围：1~30000	
PF810 电动机的额定频率	设置范围：1.0~300.0Hz	出厂值：50.00

（1）在设定电动机参数时，请按照电动机的铭牌参数进行设置。

（2）为了保证控制性能，请按变频器标准适配电动机进行电动机配置，若电动机功率与标准适配电动机差距过大，变频器的控制性能将明显下降。

（3）F800＝0，不进行电动机参数测量，此时仍然需要按照电动机铭牌正确设置 F801~F805 以及 F810。上电后会根据 F801 里设定的电动机功率值，使用默认的电动机参数，见 F806~F809 的值，本值只是鉴于 Y 系列 4 极额定频率为 50Hz 的异步电动机的参考值。

（4）F800＝1，旋转参数测量。为保证变频器的动态控制性能，在确保电动

258

机与负载脱开或电动机空载的情况下，请选择"旋转参数测量"。进行旋转测试之前，请先正确的设定 F801～F805 及 F810。

旋转参数测量的操作过程：按控制面板中的运行键，显示"TEST"，电动机进行两个阶段的静止参数测量，之后电动机会按照 F114 设定的加速时间加速并保持一段时间，然后按照 F115 设定的时间减速停机。

自检结束，电动机相关参数将存储在 F806～F809 中，F800 自动变为 0。

（5）F800＝2，静止参数测量。适用于电动机无法与负载脱开或电动机无法空载的场合。

按下运行键后，变频器显示"TEST"，电动机进行两个阶段的静止参数测量，电动机的定子电阻、转子电阻和漏感自动存入 F806～F808，电动机互感使用的是根据电动机功率生成的默认值。自检结束，F800 自动变为 0。用户也可以手动输入电动机互感数值。

需要注意以下几点。

1）无论采取何种电动机参数测量方法，都请根据电动机铭牌正确设定电动机信息（F801～F805、F810），也可根据电动机厂家提供的参数手动输入。

2）电动机参数不正确，可能会导致电动机运行不平稳甚至无法正常运转，参数的正确测量是对矢量控制性能的根本保证。

3）每次更改 F801（电动机的额定功率），电动机的参数 F806 都会自动刷新到出厂的默认值。

电动机长时间运行发热之后参数可能会有一定变化，如果电动机负载可以脱开或者电动机可以空载运行，建议每次运行前都进行自检操作。

问 79 PID 参数区如何设置？

答：当 F203 或者 F204 选择为 PID 调节时，则该组功能起作用。

（1）PID 反馈极性见表 8-70。

表 8-70   PID 反馈极性

FA00 极性	设置范围 0：正反馈 1：负反馈	出厂值：0

1）正反馈：当反馈信号大于 PID 给定时，则要求变频器频率上升，以使 PID 趋于平衡。

2）负反馈：当反馈信号大于 PID 给定时，则要求变频器频率下降，以使

PID 趋于平衡。

（2）PID 反馈信号参考源见表 8-71。

表 8-71 PID 反馈信号参考源

FA01 参考源	设置范围 0：数字给定 1：模拟量通道 AI1 2：模拟量通道 AI2 3：输入脉冲给定 4～5：保留	出厂值：0

该组参数确定 PID 调节的目标参考源给定通道。FA01＝0，由 FA02 设定参考基准值。

（3）PID 数字给定参考源百分比见表 8-72。

表 8-72 PID 数字给定参考源百分比

FA02 数字给定参考源百分比	设置范围：0.0～100.0%	出厂值：50.0

（4）PID 反馈源参数见表 8-73。通过该功能码来选择 PID 的反馈通道。

表 8-73 PID 反馈源参数选择

FA03 反馈源	设置范围 0：模拟量通道 AI1 1：模拟量通道 AI2 2：输入脉冲频率 3～5：保留	出厂值：0

9

高性能矢量变频器
故障诊断及维护

问1 矢量变频器参数设定出现错误的显示内容及设定包含哪些内容？

答： 当变频器的参数中设定了不能使用的数值或各参数的设定之间产生矛盾时，将出现操作错误。在没有正确设定参数之前，变频器将无法启动。而且，故障触点输出及警报输出不动作。如欧姆龙 3G3RV-ZV1 变频器在发生操作错误时，需要参照表 9-1 查明原因，重新设定参数值。

表 9-1   操作错误显示及设定故障内容

显示	内　　容	设定故障内容
OPE01	变频器容量的设定故障	变频器容量的设定与主体不一致
OPE02	参数设定范围不当	参数设定值为参数设定范围以外的值，故障显示中时，如输入操作器的 ENTER 键，则显示（U1-34）"OPE 故障的参数 NO"
OPE03	多功能输入的选择不当	在 H1-01-H1-06（多功能触点输入）上进行以下的设定 ・对两个以上的多功能输入设定了相同的数值 ・UP 指令和 DOWN 指令未同时设定 ・UP/DOWM 指令和保持加减速停止被同时设定 ・外部搜索指令（最高输出频率）和外部搜索指令 2（设定频率）被同时设定 ・b5-01（PID 控制）有效时，设定了 UP/DOWN 指令 ・＋速度指令和一速度指令未同时设定 ・紧急停止指令 NONC 被同时设定 ・瞬时停电减速运行（KEB）指令和高滑差制动（HSB）被同时设定
OPE05	选购件指令的选择不当	尽管将 b1-01（频率指令的选择）设定为 3（选购卡），但没有连接选购卡（C）选购件
OPE06	控制模式的选择不当	将 A1-02（控制模式选择）设定为 1（带 PG 的 V/f 控制模式）或 3（带 PG 的矢量控制），但是没有连接 PG 速度控制卡

续表

显示	内　　容	设定故障内容
OPE07	多功能模拟量输入的选择不当	在模拟量输入选择和 PID 的功能选择上设定了相同功能 · H3-09 或 H3-05＝B 且 H6-01＝1 时 · H3-09 或 H3-05＝C 且 H6-01＝2 时 将 b1-01（频率指令的选择）设定为 4（脉冲输入），同时将 H6-01（脉冲序列输入功能选择）设定为 0（频率指令）以外的值 将 H3-1（端子 A1/A2 切换）设定为 1，H3-09 设定为 2 以外的值，或者将 H3-05 设定为 0 或 2 H3-05 和 H3-09 设定为同一数值
OPE08	参数选择不当	设定了不能在选择中的控制模式下使用的功能，例如，在不带 PG 的 V/f 控制中选择了仅在不带 PG 的矢量控制中才能使用的功能，故障显示时，如输入操作器的 ENTER 键，则显示（U1-34）"OPE 故障的参数 NO"
OPE09	PID 控制的选择不当	同时进行以下设定 · 将 b5-01（PID 控制的选择）设定为 0 以外的值（有效） · 将 b5-15（滑差功能动作值）设定为 0 以外的值 · 将 b1-03（停止方法选择）设定为 2 或 3
OPE10	V/f 数据的设定不当	E1-04、06、07、09 不满足以下的条件 · E1-04（f_{max}）≥E1-06（f_a）＞E1-07（f_b）≥E1-09（f_{min}） · E3-02（f_{max}）≥E3-04（f_a）＞E3-05（f_b）≥E3-07（f_{min}）
OPE11	参数的设定不当	发生了以下任意一个设定不当 · C6-05（载波频率比例增益）＞6 且 C6-04（载波频率下限）＞C6-03（载波频率上限） · C6-03～C6-05 的上下限错误 · C6-01 为 0 且 C6-02 为 2～E · C6-01 为 1 且 C6-02 为 7～E
OPE12	EEPROM 写入不当	EEPROM 写入时的对照不一致 · 试着开闭电源 · 重新设定参数

问 2　矢量变频器自学习中发生的故障包括哪些内容？

答：检出故障时，电动机自由运行停止。数字式操作器上将显示出故障内容。故障触点输出及警报输出不动作。自学习中发生的故障见表 9-2。

表 9-2 自学习中发生的故障

操作器 LED 显示	内　容	原　因	对　策
$Er-01$	电动机数据故障	自学习用电动机数据输入不当 电动机输出和电动机额定电流的关系异常 输入的电动机额定电流和设定的空载电流的关系异常（仅限于矢量控制模式和线向电阻的停止形自学习时）	检查输入数据 检查变频器及电动机容量 检查电动机额定电流和空载电流
$Er-02$	警告	自学习中，轻度故障检出（XXX）	检查输入数据 检查接线，机器周围 检查负载
$Er-03$	STOP 键输入	自学习按下 STOP 键，中断自学习	——
$Er-04$	线间电阻故障	自学习没有在规定时间内完成 自学习的结果为参数的设定范围之外	检查输入数据 检查电动机接线 由旋转形成自学习连接电动机和机械时，将电动机与机械系统分离
$Er-05$	空载电流故障		
$Er-06$	额定滑差故障		
$Er-09$	加速故障 （仅限旋转形自学习模式检出）	在规定时间内电动机未加速	·增大 C1-01（加速时间） ·有 L7-01、D7-02（转矩极限值）降低，则将其增大 ·当连接有电动机和机械时，将电动机与机械系统分离
$Er-10$	电动机旋转方向故障	变频器和 PG（A、B 相）、电动机（U、V、W 相）的连接不当	·检查 PG 接线 ·检查电动机接线 ·检查 PG 旋转方向和参数 F1-05
$Er-11$	电动机速度故障 （仅限旋转形自学习模式检出）	加速时转矩指令过大（100%），（仅好受不带 PG 的矢量控制）	·当连接有电动机和机械时，将电动机与机械系统分离 ·增大 C1-01（加速时间）

操作器 LED 显示	内　容	原　因	对　策
Er-12	电流检出故障	电流超过电动机额定电流 电流检出值的符号为负 U、V、W 中有一个缺相	检查电流检出回路、电动机接线、电流检测器的安装方法
Er-13	漏电感故障	自学习没有在规定时间内完成 自学习的结果为参数的设定范围之外	检查电动机接线
PGo	PG 断线检出	电动机即使旋转输出，也没有来自 PG 的脉冲输入	检查接线，修理断线部位
End1	V/f 设定过大（仅限旋转形自学习模式检出）	自学习时的转矩指令的超过 100%，同时空载电流超过 70%	· 确认设定值，并进行修改 · 当连接有电动机和机械时，将电动机与机械系统分离
End2	电动机铁心饱和系数故障（仅限旋转形自学习模式检出）	因自学习结果为参数的设定范围以外，向铁心饱和系数输入暂定设定值	· 检查输入数据 · 检查电动机接线 · 由旋转形自学习连接电动机和机械时，将电动机与机械系统分离
End3	额定电流设定警告	额定电流的设定值设定得较大	确认输入数据（尤其是电动机输出电流和电动机额定电流值）
End4	滑差调整值的下限极限值	停止形自学 1 的结果为滑差值为 0.2Hz 以下	· 检查输入数据 · 如有可能请进行旋转形自学习，不行时，进行停止形自学习 2

问3　矢量变频器警告检出故障应采取什么措施？

　　答：变频器检出"警告"级别的警报时，故障触点输出不动作。另外，警报的原因解除后将自动返回原来的状态。

数字式操作器变为闪烁显示，输出多功能输出的"警报"。

当发生"警告"级别的警报时，参照表 9-3 所示查明原因，从而采取适当的措施。

表 9-3   警告显示和对策

显 示	内 容	原 因	对 策
EF（闪烁）	正转、反转指令同时输入 正转指令和反转指令同时在 0.5s 以内的时间内被输入	—	重新设定正转指令和反转指令的顺序 发生这一警报时，电动机将减速并停止运行 （因旋转方向不明）
Uu（闪烁）	主回路低电压 无运行信号时，发生以下状况 ·主回路直流电压低于 L2-05（低电压检出值）的设定值 ·控制冲击电流用接触器被找开 ·控制电源为低电压（CUV 值）以下	参考前项（故障检出）UV1、UV2、UV3 的原因	参考前项（故障检出）UV1、UV2、UV3 的对策
OU（闪烁）	主回路过电压 主回路直流电压超过过电压检出值 200V 级：约 410V 400V 级：约 820V	电源电压过高	在电源规格范围内降低电压
OH（闪烁）	散热片过热 变频器散热片的温度大于 L8-02 的设定值	环境温度过高	设置冷却装置
		周围有发热体	去除发热体
		变频器冷却风扇停止运行	更换冷却风扇
FRn（闪烁）	变频器内部冷却风扇故障 检出变频器内部冷却风扇故障 （设定 L8-32 为无效时检测）	变频器内部冷却风扇停止运行	更换冷却风扇
OH2（闪烁）	变频器过执预警 从多功能输入端子（S3-S8）输入"变频器过热预警OH2"	—	解除多功能输入端子的变频器过热预警输入

显示	内 容	原 因	对 策
OH3（闪烁）	电动机过热 H3-05、H3-09 设定为 E，输入的电动机温度（热敏电阻）的输入超过了警报检出值	电动机过热	重新设定负载的大小、加减速时间、周期时间
			重新设定 V/f 特性
			确认由端子 A2、A3 输入的电动机温度输入
OL3（闪烁）	过转矩 1 高于设定值（L6-02）的电流并持续超过规定的时间（L6-03）	—	• 确认 L6-02、L6-03 的设定是否适当 • 确认机器的使用状况，排除故障原因
OL4（闪烁）	过转矩 2 高于设定值（L6-05）的电流并持续超过规定时间（L6-06）	—	• 确认 L6-05、L6-06 的设定是否适当 • 确认机器的使用状况，排除故障原因
UL3（闪烁）	过转矩 1 高于设定值（L6-02）的电流并持续超过规定的时间（L6-03）	—	• 确认 L6-02、L6-03 的设定是否适当 • 确认机器的使用状况，排除故障原因
UL4（闪烁）	过转矩 2 高于设定值（L6-05）的电流并持续超过规定时间（L6-06）	—	• 确认 L6-05、L6-06 的设定是否适当 • 确认机器的使用状况，排除故障原因
O5（闪烁）	过速 设定值（F1-08）以上的速度且持续时间超过规定时间（F1-09）	发生了超调/欠调	再次调整增益
		指令速度过高	重新设定指令速度及指令增益
		F1-08、F1-09 的设定值不当	确认 F1-08、F1-09 的设定值
PG0（闪烁）	PG 断线检出 在变频器输出频率的状态下，PG 脉冲不能输入	PG 接线已断开	修理断线处
		PG 接线错误	修正接线
		PG 无供电电源	进行正确供电
dEu（闪烁）	速度偏差过大 设定值（F1-10）以上的速度偏差且持续时间超过规定时间（F1-11）	负载过大	减轻负载
		加减速时间过短	增加加减速时间
		负载为锁定状态	检查机械系统
		F1-10、F1-11 的设定值不当	确认 F1-10、F1-11 的设定值

显 示	内 容	原 因	对 策
EFO（闪烁）	S1-K2 以外的通久卡的外部故障检出中 将 EFO 的动作选择选定（F6-03＝3）为继续运行，从选购卡输入外部故障	—	排除外部故障原因
EF3（闪烁）	外部故障（输入端子 S3）	从多功能输入端子（S3～S8）输入了"外部故障"	·解除各多功能输入的外部故障输入 ·排除外部故障原因
EF4（闪烁）	外部故障（输入端子 S4）		
EF5（闪烁）	外部故障（输入端子 S5）		
EF6（闪烁）	外部故障（输入端子 S6）		
EF7（闪烁）	外部故障（输入端子 S7）		
EF8（闪烁）	外部故障（输入端子 S8）		

问 4　矢量变频器的故障检出的显示与应对措施包括哪些内容？

答： 当变频器检出"故障"时，让故障触点输出动作，切断变频器输出，使电动机自由运行停止（但对于可以选择停止方法的故障，将按设定的停止方法停止）。数字式操作器上将显示出故障内容。

当发生故障时，需要参照表 9-4 查明原因，采取适当的措施。

再启动时，请务必先将运行指令 OFF 后，再采取下述的任何一种方法使故障复位。

（1）将多功能输入（H1-01 ～ H1-06）设定为 14（故障复位），使故障复位信号 ON。

（2）按下数字式操作器的 RESET 键。

（3）将主回路电源切断后再接通。

表 9-4　　　　　　　　　　　**故障检出时的显示和对策**

显 示	内 容	原 因	对 策
oC	过电流 变频器的输出电流超过了过电流检出值(约为额定电流的 200％)	·变频器输出侧发生了短路、接地短路（因电动机烧损、绝缘劣化、电缆破损所引起的接触、接地短路等） ·负载过大，加减速时间过短 ·使用特殊电动机和最大适用容量以上的电动机 ·在变频器输出侧开闭电磁开关	调查原因、采取对策后复位 注：在接通电源前，请务必确认变频器输出侧没有短路、接地短路

显示	内 容	原 因	对 策
GF	接地短路 在变频器输出侧的接地短路电流超过变频器额定输出电流的约50%	变频器输出侧发生了接地短路(因电动机烧损、绝缘劣化、电缆破损所引起的接触、接地短路等)	调查原因、采取对策后复位 注:在接通电源前,请务必确认变频器输出侧没有短路、接地短路
PUF	熔丝熔断 插入主回路的熔丝熔断	由于变频器输出侧的短路、接地短路,使输出晶体管被破坏,确认以下的端子间是否短路,如短路则引起输出晶体管的损坏 B1(⊕3)——U、V、W ⊖——U、V、W	调查原因、采取对策后更换变频器
OU	主回路过电压 主回路直流电压超过过电压检出值 200V 级;约 410V	减速时间过短,来自电动机的再生能量过大	延长减速时间或连接制动电阻器(制动电阻器单元)
		加速结束后超调时的再生能量过大	使过电压控制功能选择(L3-11)有效(1)(矢量控制时)
		电源电压过高	在电源规格范围内降低电压
Uu1	主回路低电压 主回路直流电压低于 L2-05(低电压检出值)的设定值 200V 级:约 190V 400V 级:约 380V 主回路 MC 动作不良 变频器运行中无 MC 的响应适用变频器容量 200V 级:37~110kW 400V 级:75~300kW	• 输入电源时发生缺相 • 发生了瞬时停电 • 输入电源的接线端子松动 • 输入电源的电压波动过大 • 发生冲击防止回路的动作不良	调查原因、采取对策后复位
Uu2	控制电源故障 控制电源的电压降低	控制电源的接线不当	• 修正接线 • 试着开闭电源 • 若连续出现故障,则更换变频器
Uu3	冲击防止回路故障 发生冲击防止回路的动作不良 尽管发出 MC ON 信号,但 10s 内无 MC 的响应适用变频器容量 200V 级:37~110kW 400V 级:75~300kW	• 主回路 MC 的动作不良 • MC 励磁线圈的损伤	• 试着开闭电源 • 若连续出现故障,则更换变频器

续表

显示	内　　容	原　　因	对　　策
PF	主回路电压故障 　主回路直流电压在再生以外发生异常振动 　在负载为变频器最大适用电动机容量80％以上时，检出此故障 　（将 L8-05 设定为有效时进行检出）	·输入电源发生缺相 ·发生了瞬时停电 ·输入电源的接线端子松动 ·输入电源的电压波动过大 ·相间电压失衡	调查原因、采取对策后复位
LF	输出缺相 　变频器输出侧发生缺相 （将 L8-07 设定为有效时进行检出）	·输出电缆断线 ·电动机线圈断线 ·输出端子松动	调查原因、采取对策后复位
		使用容量低于变频器额定输出电流的 1/20 的电动机	重新设定变频器容量或电动机容量
oH （oH1）	散热片过热 　变频器散热片的温度超过 L8-02 的设定值或过热保护值 　OH：超过 L8-02 　（可用 L8-03 选择停止模式） 　OH1：超过约 100℃ 　（停止模式为自由运行停止）	环境温度过高	设置冷却装置
		周围有发热体	去除冷却装置
		变频器冷却风扇停止运行	
	变频器内部冷却风扇故障 　（11kW 以上） 　（将 L8-32 设定为有效时行检出）	变频器内部冷却风扇停止运行(11kW 以上)	更换冷却风扇
FRn	变频器内部冷却风扇故障 　检出变频器内部冷却风扇的故障后，变频器的电子热敏器使变频器的过载保护动作 　（将 L8-32 设定为有效时行检出）	变频器内部冷却风扇停止后，在过载状态下继续运行	更换冷却风扇

学工控·学会通用变频器应用

续表

显 示	内 容	原 因	对 策
oH3	电动机过热警报 按照 L1-03 的设定，变频器继续运行或停止	电动机过热	重新设定负载的大小、加减速时间、周期时间
			重新设定 V/f 特性
			确认由端子 A2、A3 输入的电动机温度输入
			确认 E2-01（电动机额定电流）的设定
oH4	电动机过热故障 根据 L1-04 的设定值，变频器将停止	电动机过热	重新设定负载的大小、加减速时间、周期时间
			重新设定 V/f 特性
			确认由端子 A2、A3 输入的电动机温度输入
			确认 E2-01（电动机额定电流）的设定
CH	安装型制动电阻器过热 将 L8-01 设定为有效时，制动电阻器的保护将动作	减速时间太短，来自电动机的再生能量过大	· 减轻负载，增加减速时间，降低速度 · 变更为制动电阻器单元
CC	内置制动晶体管故障 制动晶体管动作故障	· 制动晶体管破损 · 变频器控制回路不良	· 试着开闭电源 · 若连续出现故障，则更换变频器
oL1	电动机过载 由电子热敏器使电动机过载保护动作	负载过大，加减速时间、周期时间过短	重新设定负载的大小、加减速时间、周期时间
		V/f 特性的电压过高或过低	重新设定 V/f 特性
		E2-01（电动机额定电流）、E4-01（电动机 2 的额定电流）的设定值不当	确认 E2-01（电动机额定电流）、E4-01（电动机 2 的额定电流）的设定
oL2	变频器过载 由电子热生长器使变频器过载保护动作	负载过大，加减速时间、周期时间过短	重新设定负载的大小、加减速时间、周期时间
		V/f 特性的电压过高或过低	重新设定 V/f 特性
		变频器容量过小	更换容量大的变频器

显示	内 容	原 因	对 策
oL3	过转矩检1 高于设定值(L6-02)的电流并持续超过了规定的时间(L6-03)	—	• 确认 L6-02、L6-03 的设定是否适当 • 确认机器的使用状况,排除故障原因
oL4	过转矩检1 高于设定值(L6-05)的电流并持续超过了规定的时间(L6-06)	—	• 确认 L6-05、L6-06 的设定是否适当 • 确认机器的使用状况,排除故障原因
oL7	高滑差制动 OL N3-04 设定的时间、输出频率不发生变化	负载的转动惯量过大	• 检测是否为转动惯量负载 • 将不发生 OV 的减速时间设为 N3-04 以下
UL3	转矩不足检出1 低于设定值(L6-02)的电流并持续超过了规定的时间(L6-03)	—	• 确认 L6-02、L6-03 的设定是否适当 • 确认机器的使用状况,排除原因
UL4	转矩不足检出2 低于设定值(L6-05)的电流并持续超过了规定的时间(L6-06)	—	• 确认 L6-05、L6-06 的设定是否适当 • 确认机器的使用状况,排除原因
o5	过速 设定值(F1-08)以上的速度且持续时间超过规定时间(F1-09)	发生了超调/欠调	再次调整增益
		指定速度过高	重新设定指令回路及指令增益
		F1-08、F1-09 的设定值不当	确认 F1-08、F1-09 的设定值
PH0	PG 断线检出 在变频器输出频率的状态(软启动输出≥E1-09)下,PG 脉冲不能输入	PG 接线已断开	修理断线处
		PG 接线错误	修正接线
		PG 无供电电源	进行正确供电
		电动机被制动	确认使用制动器(电动机)时是否处于"打开"状态
dEu	速度偏差过大 设定值(F1-10)以上的速度偏差且持续时间超过规定时间(F1-11)	负载过大	减轻负载
		加减速时间过短	增加加减速时间
		负载为锁定状态	检查机械系统
		F1-10、F1-11 的设定不当	确认 F1-10、F1-11 的设定值
		电动机被制动	确认使用制动器(电动机)时是否处于"打开"状态

显示	内　容	原　因	对　策
CF	控制故障 在不带 PG 矢量控制模式下的减速停止中，持续3s以上达到转矩极限	转矩极限设定值不当	确认转矩极限设定值
		电动机参数的设定不当	·检查电动机参数 ·进行自学习
FbL	PID 的反馈指令丧失 在有 PID 反馈指令丧失检出（b5-12＝2）时，PID反馈输入＜b5-13（PID）反馈丧失检出值的状态以 b5-14（PID 反馈丧失检出时间)持续	b5-13、b5-14 的设定不当	确认 b5-13、b5-14 的设定值
		PID 反馈的接线不良	修正接线
EF0	来自通信选购卡的外部故障输入	—	通过通信卡，通信信号检查
EF3	外部故障(输入端子 S3)	从多功能输入端（S3～S8）输入了外部故障	·解除各多功能输入的外部故障输入 ·排除外部故障原因
EF4	外部故障(输入端子 S4)		
EF5	外部故障(输入端子 S5)		
EF6	外部故障(输入端子 S6)		
EF7	外部故障(输入端子 S7)		
EF8	外部故障(输入端子 S8)		
SUE	零伺服故障 零伺服运行中的旋转位置错位	转矩极限值过小	增大转矩极限值
		负载过大	缩小负载转矩极限值
		—	进行 PG 信号的干扰检查
SEC	超过速度搜索重试次数 速度搜索重试动作超过了速度搜索重试次数（b3-19）	b3-17、b3-18 的设定不当	确认 b3-17、b3-18 的设定值
oPc	数字式操作器连接不良 用来自数字式操作器的运行指令进行运行时，数字式操作器断线	—	确认数字式操作器的连接是否正常
CE	MEMOBUS 通信错误 在接收 1 次控制数据后，2s 以上无法正常接收	—	检查通信机器、通信信号是否正常
bU5	选购件通信错误 在由通信选购卡设定运行指令或频率指令的模式下检出通信错误	—	检查通信机器、通信信号是否正常

显 示	内 容	原 因	对 策
E5	SI-T 监视装置错误 接收的控制数据的统一性确认错误	和指令控制器的控制数据不同步	检查通信周期等通信的时机 详细情况请参考 SI-T 选购卡的使用说明书
E-10	SI-F/G 选购件故障 SI-F/G 选内参件的动作不良	数字式操作器的跳线接触不良	拆下数字式操作器后再重新安装
		变频器控制回路不良	更换变频器
CPF00	数字式操作器通信故障1 接通电源 5s 后，也不能和数字式操作器进行通信	数字式操作器的跳线接触不良	拆下数字式操作器后再重新安装
		变频器控制回路不良	更换变频器
	CPU 的外部 RAM 不良	—	试着开闭电源
		控制回路损坏	更换变频器
CPF01	数字式操作器通信故障2 与数字式操作器开始通信后，发生了 2s 以上通信故障	数字式操作器的跳线接触不良	拆下数字式操作器后再重新安装
		变频器控制回路不良	更换变频器
CPF02	基极封锁回路不良	—	试着开闭电源
		控制回路损坏	更换变频器
CPF03	EEPROM 不良	—	试着开闭电源
		控制回路损坏	更换变频器
CPF04	CPU 内部 A/D 转换器不良	—	试着开闭电源
		控制回路损坏	更换变频器
CPF05	CPU 外部 A/D 转换器不良	—	试着开闭电源
		控制回路损坏	更换变频器
CPF06	选购卡连接故障	选购卡连接口连接故障	关闭电源，重新插卡
		变频器或选购卡不良	更换变频器或选购卡
CPF07	ASIC 内部的 RAM 不良	—	试着开闭电源
		控制回路损坏	更换变频器
CPF08	监视计时器不良	—	关闭电源，重新插卡
		控制回路损坏	更换变频器或选购卡
CPF09	CPU-ASIC 相互诊断故障	—	试着开闭电源
		控制回路损坏	更换变频器
CPF10	ASIC 版本错误	变频器控制回路不良	更换变频器

 学工控·学会通用变频器应用

续表

显示	内　容	原　因	对　策
CPF20	通信选购卡故障	选购卡连接口连接故障	关闭电源，重新插卡
		选购卡的 A/D 转换器不良	更换选购卡
CPF21	通信选购卡的自我诊断故障	通信选购卡的故障	更换选购卡
CPF22	通信选购卡的机型代码故障		
CPF23	通信选购卡的相互诊断故障		

问5 **欧姆龙 3G3RV-ZV1 变频器参数无法设定应采取何种措施?**

答: 当变频器参数无法设定时，请采取以下措施。

(1) 即使按增加键、减少键，显示仍无变化，此时，可能是以下原因所致。

1) 变频器在运行中（驱动模式），有些参数不能设定。使变频器停止运行后再进行设定。

2) 输入参数写入许可。将 H1-01～H1-06（多功能触点输入端子 S3～S8 的功能选择）设定为 1B（参数写入许可）时发生。参数写入许可的输入为 OFF 时，不能变更参数。请在参数写入许可的输入 ON 后，设定参数。

3) 密码不一致（仅在设定了密码时）。A1-04（密码）和 A1-05（密码设定）的数值不同时，无法变更部分环境设定参数，请重新设定密码。

当忘记密码时，请在显示 A1-04 的状态下，按住 RESET 键再按 MENU 键，显示 A1-05（密码设定），重新设定密码（请将重新设定的密码输入到 A1-04 中）。

(2) 显示 OPE01～OPE11。参数的设定值有故障。

(3) 显示 CPF00、CPF01。数字式操作器的通信故障。数字式操作器和变频器间的连接有故障。请拆下操作器后重新安装。

问6 **电动机不旋转应采取什么措施?**

答: 按下操作器的 RUN 键，电动机也不运行，此时，可能的原因及采取的措施如下。

(1) 未变为驱使模式时，变频器为准备状态而不起动。按下 MENU 键使 DRIVE LED 闪烁，再按下 DATA/ENTER 键，进入驱动模式。

如进入驱动模式，DRIVE LED 将点亮。

（2）运行方式的设定错误。b1-02（运行指令的选择）的设定为 1（控制回路端子）时，按下 RUN 键电动机也不旋转。请按下 LOCAL/REMOTE 键，切换为操作器的操作或将 b1-02 设定为 0（数字式操作器）。

LOCAL/REMOTE 键通过 02-01（LOCAL/REMOTE 键的选择）设定有效（1）或无效（0）。

LOCAL/REMOTE 键在进入驱动模式后有效。

（3）频率指令过低。频率指令比 E1-09（最低输出频率）设定的频率低时，变频器将不能运行。

请变更为最低输出频率以上的频率指令。

多功能模拟量输入的设定故障。

将 H3-09（多功能模拟量输入端子 A2 功能选择）或 H3-05（多功能模拟量输入端子 A3 功能选择）设定为 1（频率增益），不输入电压（电流）时，频率指令为零。请确认设定值及模拟量输入值是否适合。

问 7 **在加速及负载连接时，电动机将停止要采取什么措施？**

答：电动机将停止的原因是负载过大。变频器有防止失速功能及全自动转矩提升功能，但在加速度较大及负载过大时，将超过电动机的响应极限。请延长加速时间，减小负载。另外，还应考虑提高电动机的容量。

问 8 **电动机不加速应采取什么措施？**

答：因转矩极限（L7-01～L7-04）的设定过小、转矩指令的输入过小（转矩控制），电动机可能无法加速。请确认设定值及输入值合理。

问 9 **电动机只朝一个方向旋转应采取什么措施？**

答：电动机只朝一个方向旋转是因为选择了禁止反转。如将 b1-04（反转禁止选择）设定为 1（反转禁止）时，变频器将不接受反转指令。使用正转、反转两方时，请将 b1-04 设定为 0（可反转）。

问 10 **电动机旋转方向相反应采取什么措施？**

答：电动机朝反方向旋转是由电动机输出线连接错误所引起。若变频器的 U、V、W 与电动机的 U、V、W 的连接正确，则正转指令时电动机正转。正转方向是由电动机的生产厂家及机型决定的，应确认电动机规格。当需要进行反转时，交换 U、V、W 中的任意两根接线即可。

问 11 电动机无转矩或加速时间较长应采取什么措施？

答：当电动机无转矩或加速时间较长时，请采取以下措施进行处理。

（1）受转矩极限的限制。当设定了 L7-01 ～ L7-04（转矩极限）时，将无法输出大于该设定值的转矩，因此会出现转矩不足或加速时间长的现象。需要确认转矩极限值是否适当。

将 H3-09（多功能模拟量输入端子 A2 功能选择）或 H3-05（多功能模拟量输入端子 A3 功能选择）设定为转矩极限（设定值：10 ～ 12，15）时，请确认模拟量输入值是否合适。

（2）加速中防止失速值较低。如果 L3-02（加速中防止失速值）的设定值过低，则加速时间变长。确认设定值是否适当。

（3）运行中防止失速值较低。如果 L3-06（运行中防止失速值）的设定值过低，则在转矩输出前会使速度降低。确认设定值是否适当。

问 12 在矢量控制模式下没有进行自学习应采取什么措施？

答：如不进行自学习，将无法得到矢量控制的性能。进行自学习或通过计算设定电动机参数，或将 A1-02（控制模式的选择）变更为 0 或 1（V/f 控制）。

问 13 电动机旋转时超出指令值应采取什么措施？

答：当电动机旋转时超出指令值时，请采取以下措施。

（1）模拟量频率指令的偏置的设定故障（增益设定也相同）。H3-03（频率指令端子 A1 输入偏置）与频率指令相加。需要确认设定值是否适当。

（2）向频率指令端子 A2 或 A3 输入了信号。将 H3-09（多功能模拟量输入端子 A2 功能选择）或 H3-05（多功能模拟量输入端子 A3 功能选择）设定为 0（频率指令）时，与端子 A2 或 A3 的输入电压（电流）相符的频率将会加到频率指令中。请确认设定值及模拟量输入值是否适合。

问 14 在不带 PG 的矢量控制模式下，高速旋转时的速度控制精度较低应采取什么措施？

答：可以将电动机额定电压增高。变频器的最大输出电压由变频器的输入电压决定（例如：输入电压为 AC 200V 时，最大输出值为 AC 200V）。矢量控制计算的结果为输出电压指令值。如超出变频器的输出电压的最大值时，速度控制精度将降低。此时需要使用额定电压较低的电动机（如矢量控制专用电动机）。

问 15　电动机减速迟缓应采取什么措施？

答： 当电动机减速迟缓时，可能是以下原因导致的。

（1）制动电阻未连接或损坏。

（2）即使连接制动电阻，减速时间也较长。

此时，可采取以下措施处理。

（1）设定"减速中有防止失速功能"。连接制动电阻时，请将 L3-04（减速中防止失速功能选择）设定为 0（无效）或 3（带制动电阻）。如果设定为 1（有效：出厂设定），制动电阻将不能充分发挥作用。

（2）确认所设定的减速时间是否较长。确认 C1-02、C1-04、C1-06、C1-08（减速时间）的设定值是否适当。

问 16　电动机过热应采取什么措施？

答： 当电动机过热时，可能的原因及相应的措施如下。

（1）负载过大。在额定数值以外变频器还有短时间额定值。可以减轻负载或延长加减速时间，降低负载量。另外，还应考虑提高电动机的容量。

（2）环境温度过高。电动机的额定值由使用环境温度决定。在超过使用环境温度的环境中连续以额定转矩运行时，电动机会烧损。将电动机的环境温度降到使用环境温度范围内。

（3）电动机的相间耐压不足。如果将电动机连接至变频器的输出上，在变频器的开关切换和电动机线圈间将发生浪涌。通常，最大浪涌电压会达到变频器输入电源电压的 3 倍左右（400V 级为 1200V）。请使用相间的浪涌耐压高于最大浪涌电压的电动机。400V 级的变频器请使用变频器专用电动机。

（4）在矢量控制模式下没有进行自学习。如不进行自学习，将无法得到矢量控制的性能。进行自学习或通过计算设定电动机参数，或将 A1-02（控制模式选择）变更为 0 或 1（V/f 控制）。

问 17　启动变频器后控制装置有干扰/AM 收音机有杂音应采取什么措施？

答： 当因变频器的开关切换而产生干扰时，可采取以下措施。

（1）变更 C6-02（载波频率选择），降低载波频率。由于内部切换次数减少，具有一定效果。

（2）在变频器的电源输入处设置输入侧噪声滤波器。

（3）在变频器的输出处设置输出侧噪声滤波器。

（4）进行金属配管。因电波可用金属屏蔽，所以请在变频器的周围使用金属（铁）进行屏蔽。

（5）变频器主体及电动机务必接地。

（6）将主回路接线和控制接线分开。

问 18　变频器运行时漏电断路器动作应采取什么措施？

答： 由于变频器在内部进行切换，会产生漏电电流，因此，漏电断路器动作而切断电源。可使用漏电检出值高的断路器（每台的感应电流为 200mA 以上，动作时间为 0.1s 以上）或进行了高频处理的断路器（变频器用）。变更 C6-02（载波频率选择）、降低载波频率，也会起到一定作用。另外，电缆越长漏电电流越大。

问 19　即使变频器停止输出，电动机也继续旋转应采取什么措施？

答： 即使变频器停止，电动机也继续旋转，是因为停止时的直流制动不足。即使进行减速停止，电动机有可能仍不能完全停止，以低转速进行空转，是因为直流制动时不能进行充分的减速。按以下方法对直流制动进行调整。

（1）增大 b2-02（直流制动电流）的设定值。

（2）增大 b2-04〔停止时直流制动（初始励磁）时间〕的设定值。

问 20　安邦信 AMB-G9 故障异常诊断和处理方法包括哪些？

答： 当安邦信 AMB-G9 检测出一个故障时，在键盘上显示该故障，同时故障触点输出和电动机自由停车。此时需检查下表内的故障原因和采取纠正措施。

为了重新启动，接通复位输入信号或按 STOP/RESET 键，或者使主回路电源断开一次，使该故障停止或复位。当输入正向（反向）运行命令时，变频器是不能接收故障复位信号的。一定要在断开正向（反向）运行命令后复位。在故障显示中若要改变监视参数，首先按 DSPL 进入监视状态，再按▲或▼键选择监视参数代码，后按 ENTER 键，察看故障时的参数值。

故障异常诊断及纠正措施见表 9-5。

表 9-5　　　　故障异常诊断及纠正措施

故障显示	内　容	说　明	对　策
UV1	主回路欠电压	运转中直流主回路电压不足 检测电平：U≤320V	检查电源电压并改正
UV2	控制电路欠电压	运行期间控制电路的电压不足	

续表

故障显示	内 容	说 明	对 策
UV3	充电回路不良	可控硅未全开启	检查充电回路
OC	过电流	输出超过 OC 的检测标准	·检查电动机 ·加长加减速时间
OV	过电压	主回路直流电压超过 OV 标准	加长减速时间
GF	接地	输出侧接地电流超过额定的 50%	·检查电动绝缘有无劣变 ·检查变频器和电动机之间的连线有无损坏
PUF	主回路故障	晶体管故障或者快熔烧断	检查是否输出短路、接地
OH1	散热器过热	散热器温度超过允许值 (散热器温度≥OH1 检测值)	检查风机和周围温度
OH2	散热器过热	散热器温度超过允许值 (散热器温度≥OH2 检测值)	检查风机和周围温度
OL1	电动机过载	变频器输出超过电动机过载值	减少负载
OL2	变频器过载	变频器输出超过变频器过载值	减少负载,延长加速时间
OL3	过转矩检测	变频器输出电流超过转矩检测值(参数 F062:过转矩检测基准)	减少负载,延长加速时间
SC	负载短路	变频器输出负载短路	·检查电动机线圈电阻 ·检查电动机绝缘
EF0	来自串行通信的外部故障	外部控制电路内产生故障	检查外部控制电路
EF2	端子 S2 上的外部故障		
EF3	端子 S3 上的外部故障		
EF4	端子 S4 上的外部故障		
EF5	端子 S5 上的外部故障	外部控制电路内产生故障	检查输入端子的情况,如果未使用此端子而其仍然有故障时,更换变频器
EF6	端子 S6 上的外部故障		
SP1	主回路电流波动过大	变频器输入缺相或输入电压不平衡	检查电源电压和输入端子线螺钉
SPO	输出缺相	变频器输出缺相	检查输出接线、电动机绝缘和输出侧螺钉
CE	MODBUS 传送故障	未收到正常控制信号	检查传输设备或信号

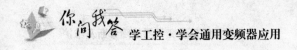

续表

故障显示	内 容	说 明	对 策
CPF0	控制回路故障 1	通电 5s 后变频器和键盘之间传输仍不能建立 MPU 外部元件检查故障（刚送电时）	·再次插入键盘 ·检查控制电路的接线 ·更换插件板
CPF1	控制回路故障 2	通电后变频器和键盘之间的传输连通了一次，但以后的传输故障连续了 2s 以上 MPU 外部元件检查故障（在操作时）	·再次插入键盘 ·检查控制电路的接线 ·更换插件板
CPF4	E2PROM 故障	变频器的控制部分故障	更换控制板
CPF5	A/D 转换器故障		

问 21 艾默生 TD-1000 故障类型和处理方法包括哪些?

答：艾默生 TD-1000 故障类型和处理方法见表 9-6。

表 9-6　　　　　　　　艾默生 TD-1000 故障类型和处理方法

故障代码	故障类型	可能的故障原因	处理方法
E001	加速中过电流	·加速时间短 ·V/f 曲线不合适 ·瞬停发生时，对旋转中的电动机实施再启动 ·外部接线错误	·延长加速时间 ·检查并调整 V/f 曲线调整转矩提升量 ·等待电动机停止后再启动 ·正确接线
E002	减速运行过电流	减速时间太短	延长减速时间
E003	恒速运行中过电流	·负载发生突变 ·负载异常	·减小负载的突变 ·进行负载检查
E004	变频器加速中过电压	·输入电压异常 ·瞬停发生时，对旋转中的电动机实施再启动	检查输入电源
E005	变频器减速运行过电压	·减速时间短（相对于再生能量） ·能耗制动电阻选择不合适 ·输入电压异常	·延长减速时间 ·重新选择制动电阻 ·检查输入电压
E006	变频器恒速运行过电压	·输入电压发生了异常变动 ·负载由于惯性产生再生能量	·安装输入电抗器 ·考虑能耗制动电阻
E007	变频器停机时控制过电压	输入电压异常	检查输入电压

故障代码	故障类型	可能的故障原因	处理方法
E008 E009 E010	保留		
E011	散热器过热	·风扇损坏 ·风道阻塞 ·IGBT 异常	·更换风扇 ·清理风道 ·寻求服务
E012	保留		
E013	变频器过载	·进行急加速 ·直流制动量过大 ·V/f 曲线不合适 ·瞬停发生时, 对还在旋转中的电动机进行了启动 ·负载过大 ·电网电压过低	·延长加速时间 ·适当减小直流制动电压, 增加制动时间 ·调整 V/f 曲线 ·等电动机停稳后, 再启动 ·选择适配的变频器 ·检查电网电压
E014	电动机过载	·V/f 曲线不合适 ·电动机堵转或负载突变过大 ·通用电动机长期低速大负载运行 ·电网电压过低	·调整 V/f 曲线 ·检查负载 ·长期低速运行, 可选择专用电动机 ·检查电网电压
E015	外部设备故障	通过 XI 端子输入的外部设备故障中断, 非操作面板运行方式下, 使用了急停 STOP 键	检查相应外部设备
E016	E2PROM 读写故障	控制参数的读写发生错误	寻求服务
E017	R-S485 通信错误	采用串行通信的通信错误	寻求服务
E018	保留		
E019	电流检测 电路故障	·霍尔器件损坏 ·辅助电源损坏	寻求服务
E020	CPU 错误	干扰或主控板 DSP 读写错误	寻求服务
E021	闭环反馈故障	·闭环反馈断线 ·测速发电动机损坏	·检查反馈信号线 ·检查测速发电动机
E022	外部给定故障	外部电压/电流给定信号断线	检查处部电压/电流给定信号线

问 22 中源矢量变频器 ZY-A900 故障诊断和处理方法包括哪些?

答: 变频器发生故障时, 不要立即复位运行而要查找原因, 彻底排除故障。

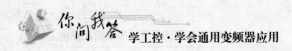

中源矢量型变频器 ZY-A900 常见故障和处理方法见表 9-7。

表 9-7　　　　　中源矢量型变频器 ZY-A900 常见故障和处理方法

故障代码	故障类型	可能的故障原因	处理方法
OC	过电流保护	·加速时间太短 ·输出侧短路 ·电动机堵转 ·电动机负载过重 ·电动机参数辨识不准确	延长加速时间 检查电动机电缆是否破损 检查电动机是否超载 降低 V/f 补偿值 正确辨识电动机参数
OL1	变频器过载保护	负载过重	降低负载 检查机械设备装置 加大变频器容量
OL2	电动机过载保护	负载过重	降低负载 检查机械设备装置 加大变频器容量
OE	直流过电压保护	电源电压过高 负载惯性过大 减速时间过短 电动机惯量回升 能耗制动效果不理想 转速环 P1 参数设置不合理	检查是否输入额定电压 加装制动电阻（选用） 增加减速时间 提升能耗制动效果 合理设置转速环 P1 参数
PF1	输入缺相保护	输入电源缺相	检查电源输入是否正常 检查参数设置是否正确
LU	欠电压保护	输入电压偏低	检查电源电压是否正常 检查参数设置是否正确
OH	变频器过热保护	环境温度过高 散热片太脏 安装位置不利通风 风扇损坏 载波频率或者补偿曲线偏高	改善通风 清洁进出风口及散热片 按要求安装 更换风扇 降低载波频率或者补偿曲线
ERR1	密码错误	在密码有效时，密码设置错误	正确输入用户密码
ERR2	参数测量错误	参数测量时未接电动机	正确接上电动机
ERR3	运行前电流故障	在运行前已经有电流报警信号	检查排线连接是否可靠 请求厂家服务
ERR4	电流零点偏移故障	排线松动 电流检测器件损坏	检查并重新插接排线 请求厂家服务

问 23 变频器在正常运行时，需要注意哪些事项？

答：（1）电动机是否有异常声音及振动。

（2）变频器及电动机是否发热异常。

（3）环境温度是否过高。

（4）负载电流表是否与往常值一样。

（5）变频器的冷却风扇是否正常运转。

问 24 变频器日常检查内容包括哪些？

答： 变频器日常检查内容见表 9-8。

表 9-8　　　　　　　　　　　　变频器日常检查内容

序号	检查项目	检查部位	检查事项	判定标准
1	显示	LED 监视器	显示是否有异常	按使用状态确定
2	冷却系统	风机	转动是否灵活，是否有异常的声音	无异常
3	本体	机箱内	温升、异声、异味	无异常
4	使用环境	周围环境	温度、湿度、灰尘、有害气体等	按说明书规定的规定值
5	电压	输入、输出端子	输入、输出电压	按说明书规定的规定值
6	负载	电动机	温升、异声、振动	无异常

问 25 变频器定期检查保养要注意哪些事项？

答： 变频器定期保养检查时，一定要切断电源，待监视器无显示及主电路电源指示灯熄灭 5min 以后，才能进行检查，以免变频器的电容器残留的电力伤及保养人员。变频器定期检查内容见表 9-9。

表 9-9　　　　　　　　　　　变频器定期检查内容

检查项目	检查内容	对　　　策
主回路端子、控制回路端子螺钉	螺钉是否松动	用螺钉旋具拧紧
散热片	是否有灰尘	用 $4\sim6\mathrm{kg/cm^2}$ 压力的干燥压缩空气吹掉
PCB 印刷电路板	是否有灰尘	用 $4\sim6\mathrm{kg/cm^2}$ 压力的干燥压缩空气吹掉

续表

检查项目	检查内容	对　　策
冷却风扇	转动是否灵活，是否有异常声音、异常振动	更换冷却风扇
功率元件	是否有灰尘	用 4～6kg/cm² 压力的干燥压缩空气吹掉
电解电容	是否变色、异味、鼓泡、漏液等	更换电解电容

　　在检查中，不可随意拆卸器件或摇动器件，更不可随意拔掉接插件，否则可能会导致变频器不能正常运行或进入故障显示状态，甚至导致器件故障或主开关器件 IGBT 模块的损坏。

　　在需要测量时，应注意各种不同仪表可能得出差别较大的测量结果。推荐使用动铁式电压表测量输入电压，用桥式电压表测量输出电压，用钳式电流表测量输入、输出电流，用电动瓦特表测量功率。在条件不具备时，可采用同一种表进行测量并做好记录以便比较。

　　如需进行波形测试，建议使用扫描频率大于 40MHz 的示波器，在测试瞬变波形时则应使用 100MHz 以上的示波器。测试前必须做好电气隔离。

　　以安邦信 G9 为例，主回路电气测量的推荐接法如图 9-1 所示，电气测量仪表的测量范围和变频器各部分使用见表 9-10。

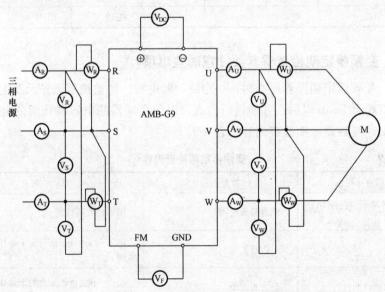

图 9-1　变频器主回路电气测量的推荐接法

表 9-10 电气测量仪表的测量范围和变频器各部分使用

项目		输入（电源）侧			直流中间环节	输出（电动机）侧			AM端子
波形	电压								
	电流								
测量仪表名称		电压表 VR、S、T	电流表 AR、S、T	功率表 WR、T	直流电压表 VDC	电压表 VU、V、W	电流表 AU、V、W	功率表 WU、V	电压表 VF
仪表种类		动铁式	电磁式	电动式	磁电式	整流式	电磁式	电动式	磁电式
所测参数		基波有效值	总有效值	总有效功率	直流电压	基波有效值	总有效值	总有效功率	直流电压

在电源严重不对称或三相电流不平衡时，建议采用三瓦特计法测量功率。

在做主回路绝缘试验时，必须将主回路端子 R、S、T、U、V、W、P、N 等全部可靠短路，然后用电压等级相近的绝缘电阻表（220V 级用 250V；380V 级用 500V；660V 级用 1000V）进行测量。

控制回路不可用绝缘电阻表测量，可用万用表高阻挡测量。

对于 380V 级的产品，主回路对地绝缘电阻不应小于 $4\mathrm{M\Omega}$，控制回路对地绝缘电阻不应小于 $1\mathrm{M\Omega}$。

问 26 变频器内部应定期更换的器件包括哪些？时限是多长？

答：为了使变频器长期可靠运行，必须针对变频器内部电子元器件的使用寿命，定期进行保养和维护。变频器电子元器件的使用寿命又因其使用环境和使用条件的不同而不同。一般连续使用时，可用表 9-11 的规定更换，当然在使用中也要根据使用环境、负荷情况及变频器现状等具体情况而定。

表 9-11 变频器部件更换时间

器件名称	标准更换年数	器件名称	标准更换年数
冷却风扇	2～3 年	印刷电路板	5～8 年
电解电容器	4～5 年	熔断器	10 年

问 27 变频器的储存与保管应注意哪些事项？

答：变频器购入后不立即使用，需暂时或长期储存时，应做到如下几点。

(1) 应放在规定的温度、湿度范围内且无潮湿、无灰尘、无金属粉尘、通风良好的场所。

(2) 如超过一年仍未使用,则应进行充电试验,以使机内主回路电解电容器的特性得以恢复。充电时,应使用调压器慢慢升高变频器的输入电压直至额定电压,通电时间在 2h 以上。

(3) 上述试验至少每年一次。

问 28　变频器模块损坏故障及解决方法包括哪些?

答: (1) 维修一台安邦信 5.5kW 变频器,该机本来是坏了一个模块,换好模块后,维修人员想测量驱动是否正常,把模块触发线拔掉,结果一通电就跳闸,检查后发现又烧掉一个模块。IGBT 模块的触发端在触发线拔掉后有可能留有小量电压,此时模块处于半导通状态,一通电就会因短路而烧坏。

(2) 某铸造厂送修一批欧姆龙 3G3RV-ZV1 变频器,都是模块坏,原因主要是保养不好,如散热器尘多堵塞、电路板太脏、散热硅脂失效等,由于这批变频器的输出模块 (PM100CSM120) 是一体化模块,就是坏一路也要整个换掉,维修价格高,所以建议要多加小心保养,特别是铸造类高温车间。

(3) 一台安川 616G5-55KW 变频器损坏严重,其原来是有一个快熔断了(三相各有一个快熔),维修人员没有检查模块是否有问题,又一时找不到快熔,就用一条铜线代替,开机后发出一声巨响,两个模块炸裂,吸收回路坏,推动板也无法维修,造成重大损失。如果快熔断则模块大多有问题,但模块坏快熔不一定完全断,用铜线代替快熔的做法要绝对禁止。

(4) 新手在维修变频器时把“N”线接地,一送电变频器就发出巨响,变频器模块损坏严重。此类故障原因为大部分变频器的“N”线与变频器的地线的位置相似,有的维修人员没看清楚就把地线接上去;有的则误认为“N”线就是地线,所以造成模块烧毁。建议新手在维修过程中一定要细心,并在接好线后检查一遍,确认无误后才能通电。

(5) 多次烧毁模块问题。经常有一些工厂自己维修变频器,造成多次烧坏模块,这是因为维修人员没经验,查到哪个模块坏就换哪个,根本就没查明为什么会烧模块,模块烧坏大多数与驱动不正常有关系,但驱动电路中比较容易老化或受伤小元件(小电容、光耦、稳压管)普通维修人员是比较难检测出来,能全都换新的是最好不过。维修变频器时还要对其作整体保养:电路板尘多就用酒精清洗,吹干后再喷绝缘漆;散热器的铝片也要除尘,散热风扇坏了或有响声就换新的;滤波电容容量降低20%也要换(一般不超过 8 年);所有主回路连接螺钉再拧紧一下。

(6) 关于拆装贴片集成元件问题。有的人拆装贴片集成块时经常由于电烙铁温度太高而使其损坏或性能下降，拆集成块之前可在集成块上贴一小片沾着水或酒精的纸作散热用，效果不错。

(7) 关于充电接触器对变频器产生的干扰。在维修很多通信故障的变频器后，我们发现大功率变频器里面的充电接触器与这故障有很大关系。当变频器显示通信故障或经常误报警时，通常的解决办法是把变频器的参数恢复出厂值就可以，但变频器在运行一段时间后这个问题又会出现。后来通过在充电接触器线圈（控制端）上并上一个滤波器，收到明显效果。同样，在变频器附近的接触器也会对变频器产生干扰，如果接触器经常动作则更应加上滤波器。

(8) 关于松香在焊锡时的应用。有的维修新手在拆装电子元件时没有用到松香，焊点的外观很粗糙，而且容易造成虚焊。松香的作用是帮助去掉氧化皮，防止虚焊。有的锡丝里虽有松香，但还是不够。有了松香的帮助，可做到让别人看不出更换了哪些元件。

(9) 关于贴片晶体管的替代件。维修变频器经常碰到驱动电路的小贴片晶体管烧坏（如富士 G9、安川 616G5），市面上难以买到，可用 A950 及 C1815 晶体管替代，不过要分清贴片晶体管哪个是 NPN，哪个是 PNP。

购买模块自己维修变频器的维修新手，有很大一部分不仅没修好反而把模块搞坏。如果对维修变频器没有什么经验，则风险会大一点，不但模块没了而且变频器损坏会更严重！变频器烧掉模块时通常会损坏驱动电路，而修好驱动电路是维修变频器的重点及难点。一方面是一些损伤的元件难以用万用表测出；另一方面是有的驱动电路的小元件不容易买到（最好是从另一同型号的板拆）。

问 29 变频器检修测量方法有哪些？

答：（1）曾经有一位电工送修一台中源变频器，说他在给变频器试机时发现变频器输出电压有 1000 多伏（输入 380V），断定是变频器故障。经过检查变频器正常，故障原因是电动机绕组匝间短路。该电工之所以判断失误是因为他不明白变频器只会降压，不会升压。并且他是用数字万用表测量的，由于变频器输出电压是高频载波，普通没防干扰功能的数字万用表在这里测量是很不准的，所以大家维修时注意测量仪表的测量范围。

（2）有一位粗心的电工在给三菱 A540 变频器的辅助电源（R1、T1）接线时没有拿掉短接片，结果在把变频器烧掉后还弄不明白其道理。原来当短接片没拿掉时，变频器内部 R 与 R1、T 与 T1 是已连在一起，该电工以为从 R、T 引来的两条线没有分别，结果把 R 接到 S1、T 接到 R1，造成相间短路，由于 R 与 R1、T 与 T1 的连线通过电源板的中间层，结果把电源板烧掉，从而使电路板爆开成两层，所以一般情况下没必要接辅助电源（R1、T1）。

（3）有一些维修新手在维修变频器时不懂利用假负载，每当驱动有故障，烧掉模块后就判断模块质量不好。假负载就是用一个几百欧的电阻（电灯泡也可以）串在主回路上（如有快熔就把它拿掉，装上电阻；没有快熔则可在主回路上任何地方断开，串上这电阻），这个电阻起到限流作用，当模块有短路时也不会把模块烧掉，等开机后测量变频器输出正常，才把假负载撤掉，从而保护模块，避免造成不必要的损失。

（4）现在很多工厂供电是用发电机做停电的备用电源，而发电机供电不稳定，经常造成输出高压电而把变频器及电子仪器烧坏的情况！有一家拉丝厂就因此一次坏了二十几台 30kW 的欧姆龙变频器，停产十几天，造成重大损失。经测量变频器输入电压很不稳定，所以判断变频器供电电压瞬间升高是造成故障的主要原因，该工厂在发电机上搞了很多保护方法可效果不太明显。后来想了一个被动的保护方法，就是在变频器或仪器的输入端的断路器上加了压敏电阻（380V 用 821kΩ，220V 用 471kΩ），这样当有高压电时压敏就会短路，断路器跳闸，保护了变频器，变频器故障率大大降低，压敏电阻很便宜，这个方法可说是在实际生产过程中花小钱办大事的典型例子。

有的朋友会说，有的变频器里面输入端也有压敏电阻，也应该有保护作用，但根据我们修过的变频器的实际情况来看，轻伤的就只烧断电路板的铜线，重伤的就会烧坏整流模块、开关电源、CPU 板、电容。造成重伤的原因可能是当压敏电阻短路爆炸时它的金属碎片到处飞，爆炸时发出强大的静电及电磁波（很像雷击），烧断电路板的铜线使断路器不动作，所以在变频器外面另加压敏电阻情况就好很多。

（5）模块代换问题。有的变频器维修人员在测量和维修变频器模块时要求型号一字不差，测量值和模块厂家推荐值完全一致。其实完全没必要这样，如模块 7MBR25NF-120 与 7MBR25NE-120 的参数是一样的，前者只多了四个定位脚。由于 IGBT 模块的驱动是电压控制，有更好的互换性，只要耐压、电流参数一样，不同型号的 IGBT 模块很多是可互换的。而在维修时对地电阻等测量值要根据不同的电路板而区别对待，有的变频器模块由于安装尺寸不同还可选用另钻孔等实际维修办法。

对于判定模块的质量问题，首先要看模块是否被拆开过（看外观痕迹），现在有很多模块是维修过的，参数正常但质量很差！耐压值是最重要的参数，在选购时可用耐压表测量，输入 380V 的变频器的输出模块耐压值要大于 1000V，220V 的则要大于 600V。IGBT 模块还可以用指针式万用表 10k 挡检测其是否能动作，用指针（黑—红）去触发模块的 G—E，可使模块 C—E 导通，当 G—E 短接时则 C—E 关闭。这是最简单、最基本的测量方法，是维修新手可以做到的。

（6）不检查故障原因，直接换电路主板造成故障。某厂一位没有维修变频器经验的电工，发现一台中源 22kW 变频器没有显示，电源有工作，电工就从另一台变频器上拆下主板试，还是没显示，又装回去，发现主板已坏了。送专业人员检查后发现主板坏是因为电源板输出不稳定所致，更换其中一只稳压二极管问题即可解决。所以维修变频器最好能找出真正故障原因，这样才能减少不必要的损失。

问 30　变频器螺钉紧固不到位故障及解决方法是什么？

答：有不少人维修变频器更换的模块没几天又坏掉，弄不清原因，经查原来是有的螺钉没拧紧。这看起来好像是小事，但对变频器却是致命的。有很多变频器当装在有振动的设备上（如工业洗衣机、机床等）运行一段时间后，其主回路的连接螺钉和模块的紧固螺钉容易松动，此时最先损坏一般是模块，如果换了模块后没有紧固其他螺钉，则模块很快坏掉，所以在这里特别提醒，必须紧固好固定模块的螺钉。

问 31　维修时的假负载问题如何解决？

答：在维修变频器时，经常有人维修变频器不用假负载，觉得太麻烦，结果造成多次烧模块的故障。

假负载的接法要注意几个问题。

（1）要接在电容与模块之间，而不是接在整流与电容之间，因为电容放电就足以烧坏模块。

（2）当开关电源供电是经过快熔时（如安邦信 G9-11kW），就不能把假负载放在快熔上，不然送电后灯泡会亮，开关电源有时不工作。

（3）假负载也要接在直流电压检测点后面，这样当变频器输出不正常电灯亮时，变频器就不会跳"低压"，才可检查是哪一路输出有故障。

问 32　散热硅胶问题如何解决？

答：许多维修新手在买模块回去自己修变频器时没有在模块底面涂上散热硅

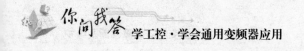

胶,这样会使模块的热量不能很好地传给散热器,会因温度太高而烧毁变频器。

问 33 变频器安装环境有何注意事项?

答:对于变频器的安装环境,如果你的车间同一个角落有很多变频器,或者是啤酒厂、饮料厂(环境潮湿),或者是化工厂、陶瓷厂(尘多),或者是锅炉车间、铸造车间或炼钢车间(温度高),建议最好能把变频器安装在有空调的房间里,可大大降低变频器的故障率,大大延长变频器的寿命。

问 34 在电源输入端安装断路器应采取什么措施?

答:有的公司在安装变频器时,没有给变频器的电源输入端安装断路器,一旦模块损坏,则会造成电路板烧毁严重,甚至无法维修(尤其是变频器里面不带熔断器的一些品牌更是这样)。对于变频器熔断器的电流值不能选太大,需要选择质量好一些的。

问 35 安装时的地线问题应如何解决?

答:有一个啤酒厂同时损坏了十几台变频器,现象是主板接线端子出现强电打火,烧坏主板。经现场调查,是由于有一个电动机漏电,工厂的地线也刚好生锈断掉,强电经变频器地线反串入变频器主板。地线对防雷也很重要,所以维修人员要检查一下地线连接情况。

问 36 为提高转矩而调高转矩提升参数应如何操作?

答:有的变频器安装维修人员为了提高电动机的转矩,常把变频器的转矩提升参数(或最低输出电压)调到很高,这样变频器的启动电流会很大,会经常跳"过流",也容易损坏模块。转矩提升应适当,可慢慢调上去并观察电流大小,负载大的最好用"矢量控制",这时变频器能自动地输出最大转矩,变频器要进行"调谐(自学习)"。对于国内电动机设计基本频率是50Hz,当变频器的基本频率调小后,虽然可提高转矩,但电流会急升,对变频器及电动机都会造成伤害。

问 37 加减速时间调整问题如何解决?

答:有的人在调试变频器时没有顾及变频器的"感受",只根据生产需要把加减速时间调至1s以下,变频器经常坏。当加速太快时,电动机电流大,性能好的变频器会自动限制输出电流,延长加速时间,性能差的变频器会因为电流大而减小寿命。加速时间最好不少于2s。当减速太快时,变频器在停车时会受电动机反电动势冲击，模块也容易损坏。电动机要急停的最好用刹车单元，不然就延长减速时间或采用自由停车方式，特别是惯性非常大的大风机，减速时间一般要几分钟。

问 38　关于变频供水"一拖几"要注意哪些问题？

答：（1）切换过程不能在变频器有输出时断开电动机线，因为断开电感性负载时，其会产生反电动势高压，对变频器有冲击。要让变频器惯性停车，变频器会马上停止输出再进行切换。更不能在变频器有输出时接上电动机。

（2）不管是否在电动机停下来才切换，切换电流有可能同样大（相位关系），所以大功率电动机则最好是让其先停下来再用软启动器启动，等以后变频器相对便宜时可用"一拖一"形式，很多公司已把变频器当软启动器用。

（3）接触器经常动作，寿命短，如果触点打火或烧熔在一起，则容易损坏变频器，而且通常损坏严重，所以要用质量好的接触器。由于多种原因，恒压供水的变频器故障率相对比较高，当维修好变频器后，一般都要到现场检查一下其切换是否有问题，不然变频器可能很快又会发生故障。

问 39　关于高速电动机的基频问题应如何解决？

答：有的人在给高速电动机装上变频器后，发现变频器经常显示过流，电动机容易烧掉。经检查后发现其没有把基频参数调好，因为变频器基频的出厂设置是 50Hz，如果用在基频是 400Hz 的高速电动机上，变频器会因为在低频时输出电压太高而造成电动机电流太大。

问 40　整流模块炸的原因是什么？

答：在维修变频器时，如果发现只坏整流部分，通常是由于电源电压波动大，有瞬间高压输入到变频器导致的。380V 输入的变频器的整流模块耐压值一般是 1600V，所以能把整流模块击穿的电压是很高的。另外，当整流模块后面的负载（如滤波电容、输出模块）发生短路时，由于电流太大也可烧坏整流模块。

电容器出现问题会到导致以下故障。

（1）滤波电容的容量变小会使变频器主回路直流电压不稳定，容易坏模块，变频器会经常出现跳"低压"的显示故障。

（2）制动器损坏，一般是制动电流设置太大或控制失灵（电路板尘多）造成的。

问 41 变频器主板故障应如何解决？

答： 变频器最怕的就是坏主板，一般是难以维修，换板价格又高，有的坏主板是某个型号变频器的通病（设计有问题），有的则有其他原因，如环境温度高（如锅炉车间）、静电多（如纺织厂）、干扰大（如附近有经常动作的接触器）。有时模块爆炸，强大的电磁波可损坏主板，被雷击中也一样；有的是开关电源故障烧坏主板。当变频器出现主板故障时，有的显示通信故障，有的显示正常但没有输出，有的一开机就是最大输出，不受控制。此时可将参数恢复出厂值一次，如果这样无效或参数都打不开，则一般要换板。

问 42 关于变频器干扰问题应如何解决？

答： 变频器在运行时就好像一台功率强劲的干扰器，干扰的源头就在输出模块的 6 个 IGBT 管上，有的变频器开关电源也会造成一定的干扰，电源线及电动机线就是干扰器的天线，地线接地不良则干扰信号也可通过接在外壳的地线发出去，线路越长则干扰范围就越大，不仅干扰周围的电子设备，也可干扰变频器本身。有些型号的变频器在防止干扰信号辐射及输入上下了一定的工夫，变频器不会经常误动作，一些偷工减料的变频器则有时因干扰问题令你头痛。如果控制系统在使用变频器的同时还有一些靠模拟信号、脉冲信号通信的电子设备，如电子计算机，人机界面、感应器等，在选购变频器及布线时就要很小心。防干扰有很多措施，如加电抗器、滤波器、控制线加磁环，用屏蔽线（没有屏蔽线的要把控制线绞在一起）、变频器放在铁柜里（变频器是铁壳比较好），进出电源线套在铁管里，控制线不要与电源线一起走线，布线纵横有序、调低载波频率、接地良好。很多变频器控制线公共端并不能接地（很多人接了）。检查变频器对周围干扰有多大也很简单，带上一个小收音机即可。

问 43 关于除尘问题应如何解决？

答： 请不要用压缩空气吹变频器。一家塑料厂的一台中源 110kW 变频器发生故障，原因是电工用压缩空气给变频器吹尘，压缩空气一般含有水气，加上变频器尘比较多，开机后变频器没显示，经检查该机主板有短路而损坏了电源。所以建议在给变频器吹尘时最好用高速电吹风除尘。

问 44 关于大功率变频器电流互感器问题应如何解决？

答： 大功率变频器的一个通病，当变频器的电流互感器有故障时，一送电

（未启动）就显示"OC"故障，其实其故障通常只是损坏了一个电流互感器，此时可轮流拔去一个再送电看是否正常，哪一个坏就不接上，非矢量控制的变频器用两个输出电流互感器就可以了。

问 45　安川 616G5 变频器的常见问题及解决方法有哪些？

答： 22kW 以上功率的变频器，有时会跳"OH1"故障，变频器不能运行，按说明书检查风扇及变频器的温度、电流都是正常的，弄不清是什么原因。可能是位于变频器里面（模块上头）的一个三线（带有检测线）风扇坏了，有时风扇能运转但尘多也会使变频器显示故障。由于变频器散热器的风扇是正常的，一般人又不知变频器里面还有这风扇，造成很多人的迷惑，所以请维修人员先检查变频器里面（而不是外面所看到的）的风扇。

问 46　电路板的绝缘漆受到破坏应如何解决？

答： 维修变频器的电路板时，由于拆装元件，原来电路板的绝缘漆受到破坏，很多人修好变频器后没有在电路板上再喷一下绝缘漆，结果当电路板受潮或尘多时，则容易出很多故障。特别是开关电源等强电部分，没有绝缘漆也可用松香溶于酒精中刷到电路板上，再用电吹风吹干。

问 47　在变频器电路中增加保险管应如何操作？

答： 某些品牌的变频器开关电源没安装保险管，当开关管损坏短路时，经常会把开关电源变压器一次绕组烧断，而某些变频器的变压器不容易找到，价格也很高。为了保护变压器，在电路板上切断开关管与一次绕组的回路，在切口焊上一个保险管（5A）或一个（0.6～1）Ω/1W 的电阻，这样如果开关管短路，变压器也平安无事。

问 48　参数复位解决变频器部分疑难故障的操作方法是什么？

答： 一些杂牌变频器防干扰能力比较差，运行一段时间后经常出现误报警动作（如过流、过载、过压等），有的则启动不了或无故停车，大部分由于通信程序出错所致。这时可把变频器的参数恢复出厂值，"参数恢复出厂值"应该是"灵丹妙药"，维修变频器会经常用到。干扰有时也可使变频器显示通信故障，参数都打不开，通常是变频器的寄存器坏了，如果换了寄存器还不行则可能要换主板！

模块损坏需注意检查哪些部分?

答: 有一位电工买了 IGBT 模块维修安邦信 G9-15kW 变频器,修了两次都没修好,奇怪是每次都可以用十几天,后来经仔细检查,发现驱动电路有一个小电容有漏电现象,电容竟然有 100kΩ 左右阻值(正常是无穷大),因为该电容对地阻值还比较大,在电路板上比较难查出,当时这一路也没烧坏其他元件,所以这位电工就没去注意这个电容。所以在维修变频器时的做法是把驱动电路的小电容全部拆下来测一下是否漏电及其电容量。

IGBT 模块烧坏大多情况下会损坏驱动电路的元件,最容易坏是稳压管、光耦。反过来,如果驱动电路的元件有问题(如小电容漏电、PC923 老化),也会导致 IGBT 模块烧坏或变频器输出电压不平衡。检查驱动电路是否有问题,可在没通电时比较一下各路触发端电阻是否一致,通电时可比较一下开机后触发端的电压波形(但有的变频器不装模块开不了机),这时最好装有假负载,防止检查时误碰触发端其他线路引起模块烧毁。变频器过压保护只是停止输出,不能保护本身不烧毁。

问 50 **变频器通用维修方法有哪些?**

答:(1)看:看故障现象,看故障原因点,看整块单板和整台机器。

(2)量:用万用表量怀疑的器件、虚焊点、连锡点。

(3)测:测波形,上工装测单板。

(4)听:继电器吸合的声音,电感、变压器、接触器有无啸叫声。

(5)摸:摸 IC、MOS 管、变压器是否过热。

(6)断:指断开信号连线(断开印制线或某些元器件的管脚)。

(7)短:把某一控制信号短接到另一点。

(8)压:由于板件虚焊或连接件松动,用手压紧后故障可能会消失。

(9)敲:此办法对判断继电器是否动作有较好效果。

(10)放:在拆卸单板或量电阻阻值前要先把电容的电放掉。

问 51 **变频器的万用表维修经验有哪些?**

答:(1)静态测试。

1)测试整流电路。找到变频器内部直流电源的 P 端和 N 端,将万用表调到电阻×10 挡,红表棒接到 P,黑表棒分别依到 R、S、T,正常时有几十欧的阻值,且基本平衡。相反将黑表棒接到 P 端,红表棒依次接到 R、S、T,有一个接近于无穷大的阻值。将红表棒接到 N 端，重复以上步骤，都应得到相同结果。如果有阻值三相不平衡，说明整流桥有故障。

2）测试逆变电路。将红表棒接到 P 端，黑表棒分别接到 U、V、W 上，应该有几十欧的阻值，且各相阻值基本相同，反相应该为无穷大。将黑表棒 N 端，重复以上步骤应得到相同结果，否则可确定逆变模块有故障。

（2）动态测试。在静态测试结果正常以后，才可进行动态测试，即上电试机。在上电前后必须注意以下几点。

1）上电之前，须确认输入电压是否有误，将 380V 电源接入 220V 级变频器之中会出现炸机（炸电容、压敏电阻、模块等）。

2）检查变频器各接插口是否已正确连接、连接是否松动，连接异常有时可能会导致变频器出现故障，严重时会出炸机等情况。

3）上电后检测故障显示内容，并初步断定故障及原因。

4）如未显示故障，首先检查参数是否有异常，将参数复归后，在空载（不接电动机）情况下启动变频器，并测试 U、V、W 三相输出电压值。如出现缺相、三相不平衡等情况，则模块或驱动板等有故障。

5）在输出电压正常（无缺相、三相平衡）的情况下，进行负载测试，尽量是满负载测试。

问 52　变频器故障有哪些？

答：（1）整流模块损坏。通常是由于电网电压或内部短路引起的。在排除内部短路情况下，更换整流桥。在现场处理故障时，应重点检查用户电网情况，如电网电压、有无电焊机等对电网有污染的设备等。

（2）逆变模块损坏。通常是由于电动机或电缆损坏及驱动电路故障引起的。在修复驱动电路之后，测驱动波形良好的状态下，更换模块。在现场服务中更换驱动板之后，须注意检查电动机及连接电缆。在确定无任何故障下，才能运行变频器。

（3）上电无显示。通常是由于开关电源损坏或软充电电路损坏使直流电路无直流电引起的，如启动电阻损坏、操作面板损坏同样会产生这种状况。

（4）显示过电压或欠电压。通常由输入缺相、电路老化及电路板受潮引起。解决方法是找出其电压检测电路及检测点，更换损坏的器件。

（5）显示过电流或接地短路。通常是由于电流检测电路损坏，如霍尔元件、运放电路等损坏。

（6）电源与驱动板启动显示过电流。通常是由于驱动电路或逆变模块损坏引

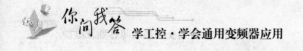

起的。

（7）空载输出电压正常，带载后显示过载或过电流。通常是由于参数设置不当或驱动电路老化、模块损坏引起的。

问 53　变频器过电流保护的原因是什么？

答：（1）工作中过电流，即拖动系统在工作过程中出现过电流，其原因大致来自以下几方面。

1）电动机遇到冲击负载，或传动机构出现"卡住"现象，引起电动机电流的突然增加。

2）变频器的输出侧短路，如输出端到电动机之间的连接线发生相互短路，或电动机内部发生短路等。

3）变频器自身工作的不正常，如逆变桥中同一桥臂的两个逆变器件在不断交替的工作过程中出现异常。例如由于环境温度过高，或逆变器件本身老化等原因，使逆变器件的参数发生变化，导致在交替过程中，一个器件已经导通、而另一个器件却还未来得及关断，引起同一个桥臂的上、下两个器件的"直通"，使直流电压的正、负极间处于短路状态。

（2）升速时过电流。当负载的惯性较大，而升速时间又设定得太短时，意味着在升速过程中，变频器的工作效率上升太快，电动机的同步转速迅速上升，而电动机转子的转速因负载惯性较大而跟不上去，结果是升速电流太大。

（3）降速中的过电流。当负载的惯性较大，而降速时间设定得太短时，也会引起过电流。因为降速时间太短，同步转速迅速下降，而电动机转子因负载的惯性大，仍维持较高的转速，这时同样可以是转子绕组切割磁力线的速度太大而产生过电流。

问 54　变频器过电流的处理方法是什么？

答：（1）启动时一升速就跳闸，这是过电流十分严重的现象，主要检查：

1）工作机械有没有卡住；

2）负载侧有没有短路，用绝缘电阻表检查对地有没有短路；

3）变频器功率模块有没有损坏；

4）电动机的启动转矩过小，拖动系统转不起来。

（2）启动时不马上跳闸，而在运行过程中跳闸，主要检查：

1）升速时间设定太短，加长加速时间；

2）减速时间设定太短，加长减速时间；

3）转矩补偿（U/F 比）设定太大，引起低频时空载电流过大；

4）电子热继电器整定不当，动作电流设定得太小，引起变频器误动作。

问 55 变频器过电压保护原因及处理方法是什么？

答：产生过电压的原因及处理方法如下。

（1）电源电压太高，调低电压。

（2）降速时间太短，延长降速时间。

（3）降速过程中，再生制动的放电单元工作不理想，来不及放电，增加外接制动电阻和制动单元。

（4）检查放电回路有没有发生故障，实际并不放电。对于小功率的变频器很有可能是放电电阻损坏。

问 56 变频器欠电压保护的原因是什么？

答：变频器产生欠电压的原因如下。

（1）电源电压太低。

（2）电源缺相。

（3）整流桥故障。如果 6 个整流二极管中有部分因损坏而短路，整流后的电压将下降，对于整流器件和晶闸管的损坏，应注意检查，及时更换。

问 57 变频器过电流（OC）故障现象与维修方法是什么？

答：过电流是变频器报警最为频繁的现象。

（1）现象。

1）重新启动时，一升速就跳闸，这是过电流十分严重的现象。主要原因有：负载短路，机械部位有卡住；逆变模块损坏；电动机的转矩过小等。

2）上电就跳，这种现象一般不能复位，主要原因有：模块坏、驱动电路坏、电流检测电路坏。

3）重新启动时并不立即跳闸而是在加速时，主要原因有：加速时间设置太短、电流上限设置太小、转矩补偿（V/f）设定较高。

（2）实例。

1）一台安邦信 3.7kW 变频器一启动就跳"OC"。

分析与维修：打开机盖没有发现任何烧坏的迹象，在线测量 IGBT（7MBR25NF-120）基本判断没有问题，为进一步判断问题，把 IGBT 拆下后测量 7 个单元的大功率晶体管开通与关闭都很好。在测量上半桥的驱动电路时发现有一路与其他两路有明显区别，经仔细检查发现一只光耦 A3120 输出脚与电源负极短路，更换后三路基本一样。模块装上上电运行一切良好。

2）一台中原 18.5kW 变频通电就跳显示"过电流"且不能复位。

分析与维修：首先检查逆变模块没有发现问题；其次检查驱动电路也没有异常现象，估计问题不在这一块，可能出在过流信号处理这一部位。将其电路传感器拆掉后上电，显示一切正常，故认为传感器已坏，找一新品换上后带负载实验一切正常。

问 58 变频器过电压（OU、OE 或 OV）故障现象与维修方法是什么？

答：过电压报警一般是出现在停机的时候，其主要原因是减速时间太短或制动电阻及制动单元有问题。

实例：一台欧姆龙 3G3RV-ZV1 变频器系列 5.5kW 变频器在停机时跳"OU"。

分析与维修：在修这台机器之前，首先要搞清楚"OU"报警的原因何在，这是因为变频器在减速时，电动机转子绕组切割旋转磁场的速度加快，转子的电动势和电流增大，使电动机处于发电状态，回馈的能量通过逆变环节中与大功率开关管并联的二极管流向直流环节，使直流母线电压升高所致，所以我们应该着重检查制动回路，测量放电电阻没有问题，在测量制动管（ET191）时发现已击穿，更换后上电运行，且快速停车都没有问题。

问 59 变频器欠电压（Uv1 或 LU）故障现象与维修方法是什么？

答：欠电压也是在使用变频器过程中经常碰到的问题，主要是因为主回路电压太低（220V 系列低于 200V，380V 系列低于 400V）。主要原因：整流桥某一路损坏或可控硅三路中有工作不正常的，都有可能导致欠电压故障的出现；其次主回路接触器损坏，导致直流母线电压损耗在充电电阻上面有可能导致欠电压；还有就是电压检测电路发生故障而出现欠电压问题。

实例 1：一台欧姆龙 3G3RV-ZV1 变频器 18.5kW 变频器上电跳"Uv1"。

分析与维修：经检查这台变频器的整流桥充电电阻都是好的，但是上电后没有听到接触器动作，因为这台变频器的充电回路不是利用可控硅而是靠接触器的吸合来完成充电过程的，因此认为故障可能出在接触器或控制回路以及电源部分，拆掉接触器单独加 24V 直流电接触器工作正常。继而检查 24V 直流电源，经仔细检查该电压是经过 LM7824 稳压管稳压后输出的，测量该稳压管已损坏，找一新品更换后上电工作正常。

实例 2：一台中源变频器，上电显示正常，但是加负载后显示"LU"。

分析与维修：这台变频器同样也是通过充电回路、接触器来完成充电过程的，上电时没有发现任何异常现象，估计是加负载时直流回路的电压下降所引起的，而直流回路的电压又是通过整流桥全波整流，然后由电容平波后提供的，所以应着重检查整流桥，经测量发现该整流桥有一路桥臂开路，更换新品后问题解决。

问 60 变频器过热（OH、E011）故障现象与维修方法是什么？

答：过热是一种比较常见的故障，主要原因：周围温度过高，风机堵转，温度传感器性能不良，电动机过热。

实例 1：一台中源 22kW 变频器客户反映在运行半小时左右跳"OH"。

分析与维修：因为是在运行一段时间后才有故障，所以温度传感器坏的可能性不大，可能变频器的温度确实太高，通电后发现风机转动缓慢，防护罩里面堵满了很多棉絮（因该变频器是用在纺织行业），经打扫后开机风机运行良好，运行数小时后没有再跳此故障。

实例 2：一台艾默生 TD-1000 变频器开机五分钟保护停机，显示 E011。

分析与维修：拆开机箱盖检查，发现风扇不转，且有一股焦糊味，更换新风扇后，正常运行。

问 61 变频器输出不平衡故障现象与维修方法是什么？

答：输出不平衡一般表现为电动机抖动，转速不稳，主要原因：模块坏，驱动电路坏，电抗器坏等。

实例：一台安邦信 G9 11kW 变频器，输出电压相差 100V 左右。

分析与维修：打开机器初步在线检查逆变模块（6MBI50N-120）没发现问题，测量六路驱动电路也没发现故障，将其模块拆下测量发现有一路上桥大功率晶体管不能正常导通和关闭，该模块已经损坏，经确认驱动电路无故障后更换新品，一切正常。

问 62 变频器过载故障现象与维修方法是什么？

答：过载也是变频器跳动比较频繁的故障之一，平时看到过载现象首先应该分析一下到底是电动机过载还是变频器自身过载，一般来讲电动机由于过载能力较强，只要变频器参数表的电动机参数设置得当，一般不大会出现电动机过载。而变频器本身由于过载能力较差很容易出现过载报警，可以增大变频器容量而解

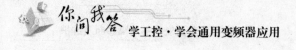

决问题。

问 63 变频器开关电源损坏故障现象与维修方法是什么?

答:变频器开关电源损坏是众多变频器最常见的故障,通常是由于开关电源的负载发生短路造成的,现代变频器采用了新型脉宽集成控制器来调整开关电源的输出,同时控制器还带有电流检测、电压反馈等功能,当发生无显示,控制端子无电压,DC12V、24V 风扇不运转等现象时,首先应该考虑是否开关电源损坏了。

问 64 变频器驱动电路故障现象与维修方法是什么?

答:驱动电路故障是变频器较常见的故障。IGBT 模块损坏是引起驱动电路故障报警的原因之一。变频器在驱动电路的设计上,上桥和下桥驱动基本采用光耦器件,所以光耦器件是检查的重点。此外电动机抖动、三相电流、电压不平衡、有频率显示却无电压输出,这些现象都有可能是因为 IGBT 模块损坏。IGBT 模块损坏的原因有多种,首先是外部负载发生故障而导致 IGBT 模块的损坏,如负载发生短路、堵转等。其次驱动电路老化也有可能导致驱动波形失真,或驱动电压波动太大而导致 IGBT 损坏。需要注意的是,在检修过程中,一定要排除掉 IGBT 的驱动电路故障再更换损坏的 IGBT 管。

问 65 变频器接地故障现象方法与维修方法是什么?

答:接地故障也是平时会碰到的故障,在排除电动机接地存在问题的原因外,最可能发生故障的部分就是霍尔传感器了。霍尔传感器由于受温度、湿度等环境因素的影响,工作点很容易发生飘移,导致接地故障报警。

问 66 电压型与电流型变频器有什么不同?

答:变频器的主电路大体上可分为两类:电压型和电流型。电压型是将电压源的直流变换为交流的变频器,直流回路的滤波是电容;电流型是将电流源的直流变换为交流的变频器,其直流回路滤波是电感。

问 67 为什么变频器的电压与频率成比例的改变?

答:任何电动机的电磁转矩都是电流和磁通相互作用的结果,电流是不允许超过额定值的,否则将引起电动机发热。因此,如果磁通减小,电磁转矩也必减小,导致带载能力降低。

可以看出，在变频调速时，电动机的磁路随着 fX 变化，fX 是在相当大的范围内变化，它极容易使电动机的磁路严重饱和，导致励磁电流的波形严重畸变，产生峰值很高的尖峰电流。

因此，频率与电压要成比例地改变，即改变频率的同时控制变频器输出电压，使电动机的磁通保持恒定，避免弱磁和磁饱和现象的产生。这种控制方式多用于风机、泵类节能型变频器。

电动机的定子电压：$U = E + IR$（I 为电流；R 为电子电阻；E 为感应电动势），而 $E = kf\Phi$（k 为常数；f 为频率；Φ 为磁通）。

问 68 **电动机使用工频电源驱动时，电压下降则电流增加，对于变频器驱动，如果频率下降时电压也下降，那么电流是否增加？**

答：频率下降（低速）时，如果输出相同的功率，则电流增加，但在转矩一定的条件下，电流几乎不变。

问 69 **采用变频器运转时，电动机的启动电流、启动转矩怎样？**

答：采用变频器运转，随着电动机的加速相应提高频率和电压，启动电流被限制在 150％ 额定电流以下（根据机种不同，为 125％～200％）。用工频电源直接启动时，启动电流为额定电流的 6～7 倍，因此，将产生机械电气上的冲击。采用变频器传动可以平滑地启动（启动时间变长）。启动电流为额定电流的 1.2～1.5 倍，启动转矩为 70％～120％ 额定转矩；对于带有转矩自动增强功能的变频器，启动转矩为 100％ 以上，可以带全负载启动。

问 70 **V/f 模式是什么意思？**

答：频率下降时电压 V 也成比例下降。V 与 f 的比例关系是考虑了电动机特性而预先决定的，通常在控制器的存储装置（ROM）中存有几种特性，可以用开关或标度盘进行选择。

问 71 **变频器的给定电位器的阻值多大？**

答：变频器的给定电位器的阻值一般为 1～10kΩ。

问 72 **为什么变频器不能用作变频电源？**

答：变频电源的整个电路由交流—直流—交流—滤波等部分构成，因此它输出的电压和电流波形均为纯正的正弦波，非常接近理想的交流供电电源，可以输出世界任何国家的电网电压和频率。而变频器是由交流—直流—交流（调制波）等电路构成的，变频器标准叫法应为变频调速器。其输出电压的波形为脉冲方波，且谐波成分多，电压和频率同时按比例变化，不可分别调整，不符合交流电源的要求，原则上不能作供电电源的使用，一般仅用于三相异步电动机的调速。

问 73　按比例改变 V 和 f 时，电动机的转矩如何变化？

答：频率下降时完全成比例地降低电压，那么由于交流阻抗变小而直流电阻不变，将造成在低速下产生的转矩有减小的倾向。因此，在低频时给定 V/f，要使输出电压提高一些，以便获得一定的启动转矩，这种补偿称为增强启动。可以采用各种方法实现，有自动进行的方法、选择 V/f 模式或调整电位器等方法。

问 74　在说明书上写着变速范围 60～6Hz，即 10∶1，那么在 6Hz 以下就没有输出功率吗？

答：在 6Hz 以下仍可输出功率，但根据电动机温升和启动转矩的大小等条件，最低使用频率取 6Hz 左右，此时电动机可输出额定转矩而不会引起严重的发热问题。变频器实际输出频率（启动频率）根据机种为 0.5～3Hz。

问 75　对于一般电动机的组合是在 60Hz 以上也要求转矩一定，是否可以？

答：通常情况下时不可以的。在 60Hz 以上（也有 50Hz 以上的模式）电压不变，大体为恒功率特性，在高速下要求相同转矩时，必须注意电动机与变频器容量的选择。

问 76　所谓"开环"是什么意思？

答：给所使用的电动机装置设速度检测器（PG），将实际转速反馈给控制装置进行控制的，称为"闭环"，不用 PG 运转的就叫作"开环"。通用变频器多为开环方式，也有的机种利用选件可进行 PG 反馈。无速度传感器闭环控制方式是根据建立的数学模型根据磁通推算电动机的实际速度，相当于用一个虚拟的速度传感器形成闭环控制。

问 77　实际转速对于给定速度有偏差时如何办？

答：开环时，变频器输出给定频率，电动机在带负载运行时，电动机的转速在额定转差率的范围内（1%～5%）变动。对于要求调速精度比较高，即使负载变动也要求在近于给定速度下运转的场合，可采用具有 PG 反馈功能的变频器（选用件）。

问 78 **如果用带有 PG 的电动机，进行反馈后速度精度能提高吗？**

答：使用具有 PG 反馈功能的变频器，精度有提高，但速度精度的值取决于 PG 本身的精度和变频器输出频率的分辨率。

问 79 **失速防止功能是什么意思？**

答：如果给定的加速时间过短，变频器的输出频率变化远远超过转速（电角频率）的变化，变频器将因流过过电流而跳闸，运转停止，这就叫作失速。为了防止失速使电动机继续运转，就要检出电流的大小进行频率控制。当加速电流过大时适当放慢加速速率，减速时也是如此，两者结合起来就是失速防止功能。

问 80 **有加减速时间可以分别给定的机种，也有加减速时间共同给定的机种，这有什么意义？**

答：加减速可以分别给定的机种，对于短时间加速、缓慢减速场合，或者对于小型机床需要严格给定生产节拍时间的场合是适宜的，但对于风机传动等场合，加减速时间都较长，加速时间和减速时间可以共同给定。

问 81 **什么是再生制动？**

答：电动机在运转中如果降低指令频率，则电动机变为异步发电动机状态运行，作为制动器而工作，这就叫做再生（电气）制动。

问 82 **再生制动是否能得到更大的制动力？**

答：从电动机再生出来的能量贮积在变频器的滤波电容器中，由于电容器的容量和耐压的关系，通用变频器的再生制动力约为额定转矩的 $10\% \sim 20\%$。如采用选用制动单元，可以达到 $50\% \sim 100\%$。

问 83 **变频器的保护功能有几种？**

答：变频器的保护功能可分为以下两类。

1）检知异常状态后自动地进行修正动作，如过电流失速防止、再生过电压失速防止。

2）检知异常后封锁电力半导体器件 PWM 控制信号，使电动机自动停车。

如过电流切断、再生过电压切断、半导体冷却风扇过热和瞬时停电保护等。

问 84 为什么用离合器连接负载时，变频器的保护功能就动作？

答：用离合器连接负载时，在连接的瞬间，电动机从空载状态向转差率大的区域急剧变化，流过的大电流导致变频器过电流跳闸，不能运转。

问 85 在同一工厂内大型电动机一起动，运转中的变频器就停止，这是为什么？

答：电动机启动时将流过和容量相对应的启动电流，电动机定子侧的变压器产生电压降，电动机容量大时此压降影响也大，连接在同一变压器上的变频器将作出欠电压或瞬停的判断，因而有时保护功能（IPE）动作，造成停止运转。

问 86 什么是变频分辨率？有什么意义？

答：对于数字控制的变频器，即使频率指令为模拟信号，输出频率也是有级给定，这个级差的最小单位就称为变频分辨率。变频分辨率通常取值为 0.015～0.5Hz。例如，分辨率为 0.5Hz，那么 23Hz 的上面可变为 23.5Hz、24.0Hz，因此电动机的动作也是有级的跟随。这样对于像连续卷取控制的用途就造成问题。在这种情况下，如果分辨率为 0.015Hz 左右，对于 4 级电动机 1 个级差为 1r/min 以下的，也可充分适应。另外，有的机种给定分辨率与输出分辨率不相同。

问 87 装设变频器时安装方向是否有限制？

答：变频器内部和背面的结构考虑了冷却效果，上下的关系对通风也是重要的，因此，对于单元型在盘内、挂在墙上的都取纵向位，尽可能垂直安装。

问 88 不采用软起动，将电动机直接投入到某固定频率的变频器时是否可以？

答：在很低的频率下是可以的，但如果给定频率高则同工频电源直接启动的条件相近，将流过大的启动电流（6～7 倍额定电流），由于变频器切断过电流，电动机不能起动。

问 89 电动机超过 60Hz 运转时应注意什么问题？

答：电动机超过 60Hz 运转时应注意以下事项。

（1）机械装置在该速度下运转要充分可能（机械强度、噪声、振动等）。

（2）电动机进入恒功率输出范围，其输出转矩要能够维持工作（风机、泵等轴输出功率与速度的立方成比例增加，所以转速少许升高时也要注意）。

（3）产生轴承的寿命问题，要充分加以考虑。

（4）对于中容量以上的电动机特别是二极电机，在 60Hz 以上运转时要与厂家仔细商讨。

问 90　变频器可以传动齿轮电动机吗？

答：根据减速机的结构和润滑方式不同，需要注意若干问题。在齿轮的结构上通常可考虑 70～80Hz 为最大极限，采用油润滑时，在低速下连续运转关系到齿轮的寿命等。

问 91　变频器能用来驱动单相电动机吗？可以使用单相电源吗？

答：基本上不能用。对于调速器开关启动式的单相电动机，在工作点以下的调速范围时将烧毁辅助绕组；对于电容启动或电容运转方式的，将诱发电容器爆炸。变频器的电源通常为三相，但对于小容量的，也有用单相电源运转的机种。

问 92　变频器本身消耗的功率有多少？

答：它与变频器的机种、运行状态、使用频率等有关，但要回答很困难。不过在 60Hz 以下的变频器效率大约为 94%～96%，据此可推算损耗，但内藏再生制动式（FR-K）变频器，如果把制动时的损耗也考虑进去，功率消耗将变大，对于操作盘设计等必须注意。

问 93　变频器为什么不能在 6～60Hz 全区域连续运转使用？

答：一般电动机利用装在轴上的外扇或转子端环上的叶片进行冷却，若速度降低则冷却效果下降，因而不能承受与高速运转相同的发热，必须降低在低速下的负载转矩，或采用容量大的变频器与电动机组合，或采用专用电动机。

问 94　使用带制动器的电动机时应注意什么？

答：制动器励磁回路电源应取自变频器的输入侧。如果变频器正在输出功率时制动器动作，将造成过电流切断。所以要在变频器停止输出后再使制动器动作。

问 95 想用变频器传动带有改善功率因数用电容器的电动机，电动机却不动，原因是什么？

答： 变频器的电流流入改善功率因数用的电容器，由于其充电电流造成变频器过电流（OCT），所以不能启动，作为对策，请将电容器拆除后运转，至于改善功率因数，在变频器的输入侧接入 AC 电抗器是有效的。

问 96 变频器的寿命有多久？

答： 变频器虽为静止装置，但也有像滤波电容器、冷却风扇那样的消耗器件，如果对它们进行定期的维护，可望有 10 年以上的寿命。

问 97 变频器内藏有冷却风扇，风的方向如何？风扇若是坏了会怎样？

答： 对于小容量变频器也有无冷却风扇的机种。对于有风扇的机种，风的方向是从下向上的，所以装设变频器的地方，上、下部不要放置妨碍吸、排气的机械器材。还有，变频器上方不要放置怕热的零件等。风扇发生故障时，由电扇停止检测或冷却风扇上的过热检测进行保护。

问 98 滤波电容器为消耗品，那么怎样判断它的寿命？

答： 作为滤波电容器使用的电容器，其静电容量随着时间的推移而缓缓减少，定期地测量静电容量，以达到产品额定容量的 85% 时为基准来判断寿命。

问 99 装设变频器时安装方向是否有限制？

答： 装设变频器时应基本收藏在盘内，问题是采用全封闭结构的盘外形尺寸大，占用空间大，成本比较高。其措施有：
（1）盘的设计要针对实际装置所需要的散热；
（2）利用铝散热片、翼片冷却剂等增加冷却面积；
（3）采用热导管。

问 100 变频器直流电抗器的作用是什么？

答： 变频器直流电抗器的作用是减小输入电流的高次谐波干扰，提高输入电源的功率因数。

问 101 变频器附件正弦滤波器有什么作用？

答： 正弦滤波器允许变频器使用较长的电动机电缆运行，也适用于在变频器与电动机之间有中间变压器的回路。

问 102 变频器有哪些干扰方式？一般如何处理？

答： 变频器干扰方式包括辐射干扰和传导干扰。

抗干扰措施：对于通过辐射方式传播的干扰信号，主要通过布线以及对放射源和对被干扰的线路进行屏蔽的方式来削弱。对于通过线路传播的干扰信号，主要通过在变频器输入输出侧加装滤波器、电抗器或磁环等方式来处理。具体方法及注意事项如下。

（1）信号线与动力线要垂直交叉或分槽布线。

（2）不要采用不同金属的导线相互连接。

（3）屏蔽管（层）应可靠接地，并保证整个长度上连续可靠接地。

（4）信号电路中要使用双绞线屏蔽电缆。

（5）屏蔽层接地点尽量远离变频器，并与变频器接地点分开。

（6）磁环可以在变频器输入电源线和输出线上使用，具体方法为：输入线一起朝同一方向绕四圈，而输出线朝同一方向绕三圈即可。绕线时需注意，尽量将磁环靠近变频器。

（7）一般对被干扰设备仪器，均可采取屏蔽及其他抗干扰措施。

问 103 想提高原有输送带的速度，以 80Hz 运转，变频器的容量该怎样选择？

答： 输送带消耗的功率与转速成正比，因此若想以 80Hz 运转，变频器和电动机的功率都要按照比例增加为 80Hz/50Hz，即提高 60% 的容量。

问 104 采用 PWM 和 VVC＋的区别是什么？

答： 在 VVC 中，控制电路用一个数学模型来计算电动机负载变化时的最佳的电动机励磁，并对负载加以补偿。此外集成于 ASIC 电路上的同步 60°。PWM 方法决定了逆变器半导体器件（IGBTS）的最佳开关时间。

决定开关时间要遵循以下原则。

（1）数值上最大的一相在 1/6 个周期（60°）内保持它的正电位或负电位不变。

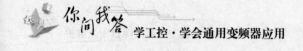

（2）其他两相按比例变化，使输出线电压保持正弦并达到所需的幅值。

与正弦控制 PWM 不同，VVC 是依据所需输出电压的数字量来工作的。这能保证变频器的输出达到电压的额定值，电动机电流为正弦波，电动机的运行与电动机直接接电时一样。由于在变频器计算最佳的输出电压时考虑了电动机的常数（定子电阻和电感），所以可得到最佳的电动机励磁。

因为变频器连续地检测负载电流，变频器就能调节输出电压与负载相匹配，所以电动机电压可适应电动机的类型，跟随负载的变化而变化。